模糊动态系统智能控制与应用

苏晓杰　文　瑶　谭瑶瑶　杨　玥　著

U0252466

科学出版社

北　京

内 容 简 介

本书主要阐述模糊动态系统的性能分析和综合设计问题，介绍相关领域的国内外最新研究成果。本书主要内容是模糊动态系统智能控制与应用，具体包括模糊动态系统状态反馈控制、降阶控制、事件触发控制、基于模糊观测器的跟踪控制等。此外，本书还给出相关的仿真算例，并将部分创新成果应用至卡车拖车系统模型和六轮滑移转向车辆模型控制中，以验证设计方法的有效性和适用性。

本书可供高等学校控制理论与控制工程以及相关专业的本科生、研究生使用，也可供研究模糊控制和滑模控制理论的科研工作者参考。

图书在版编目(CIP)数据

模糊动态系统智能控制与应用/苏晓杰等著. —北京：科学出版社, 2024.4
ISBN 978-7-03-074928-4

Ⅰ. ①模…　Ⅱ. ①苏…　Ⅲ. ①模糊控制–研究　Ⅳ. ①TP273

中国国家版本馆 CIP 数据核字(2023)第 033451 号

责任编辑：叶苏苏　程雷星／责任校对：彭　映
责任印制：罗　科／封面设计：义和文创

科学出版社 出版
北京东黄城根北街 16 号
邮政编码：100717
http://www.sciencep.com
四川煤田地质制图印务有限责任公司印刷
科学出版社发行　各地新华书店经销
*
2024 年 4 月第 一 版　开本：B5 (720×1000)
2024 年 4 月第一次印刷　印张：9 3/4
字数：202 000

定价：149.00 元

(如有印装质量问题，我社负责调换)

前　　言

随着现代控制系统规模和复杂程度的不断增加，控制系统常会受到未建模动态、随机扰动等不确定性因素的影响，导致难以建立精确的数学模型。人们发现当无法建立系统的精确数学模型时，通过大脑的认知推断和先前的实战经验，可对实际工业过程进行有效控制。因此，大量学者致力于研究非线性系统的智能控制问题，模糊控制理论应运而生。模糊逻辑具有人类自然语言定性描述的特点，为复杂非线性系统的刻画提供了一个通用的技术框架。模糊控制思想能针对不同状态的被控系统给出相应的控制方法，对于具有非线性、时变性、多参数间耦合的系统可以达到很好的控制效果。模糊逻辑方法在自动控制领域和工业生产过程中的成功应用证明了其有效性和重要性，但由于模糊动态系统固有的非线性特性，目前仍有很多问题亟待解决。此外，随着控制系统的自动化程度和工作效率不断提高，对被控对象的稳定性、安全性和可靠性提出了更苛刻的要求，模糊动态系统的智能控制和应用研究很有必要。

本书系自动化控制领域的专业性学术专著，展现模糊动态系统的理论分析和综合设计的新发展领域，较为全面地对一类模糊系统的状态反馈控制、输出反馈控制、跟踪控制、滑模控制、降阶逼近等问题进行了综合分析和深入研究。本书研究了 Takagi-Sugeno（T-S）模糊系统的稳定性分析和控制器设计问题，解决了模糊系统的状态估计和降阶逼近问题，最后将提出的理论方法扩展到典型的卡车拖车系统模型和六轮滑移转向车辆模型中，通过实际应用来证明设计方案的可行性和实用性。

本书由重庆大学苏晓杰教授统稿，参与各章节编写的有重庆邮电大学文瑶，重庆大学谭瑶瑶，西安建筑科技大学杨玥。本书的编写得到了国内同行专家的支持和鼓励，在此一并表示感谢！本书介绍的研究成果得到了科技部重点研发计划“政府间国际科技创新合作”重点专项（2022 YFE0107300）、国家自然科学基金联合重点项目（U22A20101）和重庆市技术创新与应用发展专项重点项目（CSTB2022TIAD-CUX0015）的资助。

由于作者水平有限，本书难免有不足之处，殷切希望广大读者不吝赐教。

苏晓杰

2023 年 12 月

目　　录

第 1 章　绪论 ······ 1
1.1 研究背景及意义 ······ 1
1.2 模糊动态系统的产生与发展 ······ 2
1.3 模糊动态系统的稳定性分析 ······ 5
1.4 非线性动态系统的智能控制 ······ 7
1.4.1 反馈控制的研究现状 ······ 8
1.4.2 滑模控制的研究现状 ······ 10
1.4.3 事件触发控制的研究现状 ······ 11
1.5 本书主要内容 ······ 13
第 2 章　基于模糊模型的非线性系统状态反馈控制 ······ 16
2.1 含标量非线性系统的模糊建模问题描述 ······ 16
2.2 模糊系统 $\mathcal{H}_\infty$ 性能分析 ······ 20
2.3 事件触发控制器设计 ······ 24
2.4 仿真验证 ······ 26
2.5 本章小结 ······ 31
第 3 章　基于事件触发策略的模糊动态系统滑模控制 ······ 32
3.1 模糊动态系统问题描述 ······ 32
3.2 系统渐近稳定性分析 ······ 36
3.3 滑模控制器设计 ······ 40
3.4 滑模面可达性分析 ······ 41
3.5 仿真验证 ······ 43
3.6 本章小结 ······ 46
第 4 章　基于观测器的模糊动态系统状态估计与滑模控制 ······ 47
4.1 系统描述与观测器构建 ······ 47
4.2 积分型滑模控制器设计 ······ 49
4.3 系统耗散性能分析 ······ 52
4.4 滑模面可达性分析 ······ 60
4.5 仿真验证 ······ 61
4.6 本章小结 ······ 66

第 5 章　多模态模糊系统的动态输出反馈控制器设计 ······ 67
5.1　系统描述 ······ 67
5.1.1　模型形式 ······ 67
5.1.2　动态输出反馈控制形式 ······ 69
5.2　系统性能分析 ······ 71
5.3　动态输出反馈控制 ······ 76
5.3.1　降阶控制器设计 ······ 76
5.3.2　全阶控制器设计 ······ 79
5.4　仿真验证 ······ 81
5.5　本章小结 ······ 87
第 6 章　基于降阶策略的模糊动态系统输出反馈控制 ······ 88
6.1　问题描述和建模 ······ 88
6.1.1　高阶闭环系统 ······ 89
6.1.2　降阶闭环系统 ······ 90
6.2　误差系统渐近稳定性分析 ······ 93
6.3　降阶控制器综合方法 ······ 94
6.4　仿真验证 ······ 97
6.5　本章小结 ······ 104
第 7 章　基于干扰观测器的六轮滑移转向车辆模糊滑模跟踪控制 ······ 105
7.1　车辆运动学模型构建 ······ 105
7.2　车辆动力学模型构建 ······ 106
7.3　用于上层控制系统的抗扰动模糊滑模控制器设计 ······ 108
7.3.1　模糊非线性干扰观测 ······ 109
7.3.2　模糊滑模控制器设计 ······ 110
7.4　用于下层控制系统的力矩分配器设计 ······ 114
7.5　仿真验证 ······ 117
7.6　本章小结 ······ 121
第 8 章　基于模糊模型的卡车拖车系统事件触发控制 ······ 122
8.1　非线性卡车拖车系统 ······ 122
8.2　T-S 模糊建模 ······ 124
8.3　系统稳定性能分析 ······ 126
8.4　模糊控制方案设计 ······ 131
8.5　仿真验证 ······ 134
8.6　本章小结 ······ 137
参考文献 ······ 138

第 1 章　绪　论

1.1　研究背景及意义

我国新一轮科技革命和产业变革加速发展，新技术、新产品、新业态、新模式不断涌现，以智能制造为核心的产业化水平不断提升 [1]。20 世纪 60 年代，现代控制理论在国防工业、航空航天、能源制造等诸多领域广泛应用。传统的控制理论主要分析简单的非线性系统问题或基于被控对象具有精确的数学模型，在系统分析过程中，控制效果的好坏与系统模型的精确程度成正比，即数学模型越精确，系统的控制效果越好。然而在工程实践中，大型的智能制造过程往往存在高度的非线性，还可能伴随着随机干扰、强耦合、数据丢失等现象。针对此类复杂的非线性系统，采用传统的控制理论方法很难建立精确的数学模型，从而影响系统的控制器设计及性能分析过程，无法达到预期的控制效果。因此，非线性系统的动态建模和鲁棒控制问题研究具有至关重要的作用。智能控制是人工智能、信息论、控制论和仿生学等多种学科的高度综合和集成 [2]，运用智能技术研究控制系统，能够处理模型不确定性引发的复杂问题，进而为动态系统的性能分析与鲁棒控制提供有效途径。目前，融合智能技术的先进控制方法已在智能交通 [3]、生产管理 [4]、军事科技 [5] 等领域得到了广泛的应用。

随着智能制造技术的不断成熟，人们发现当无法建立系统的精确数学模型时，通过大脑的认知推断和先前的实践经验，可对实际工业过程进行有效控制。因此，大量学者致力于研究非线性系统的智能控制问题，模糊控制理论应运而生 [6]。1974 年，英国学者 E. H. Mamdani 利用模糊逻辑和模糊推理方法将人工操作的控制规则转换为自动控制策略，创造了世界上第一台蒸汽机控制器 [7]，该控制器比传统数字控制方法的效果更好，此模型被研究者们称为 Mamdani 模型。自此，模糊逻辑算法不仅能从理论角度解决复杂非线性系统的控制问题，而且开启了实际工程中的应用先例，基于模型的模糊控制方法得到长足的发展，模糊控制系统示意图如图 1.1所示。日本研究员 Takagi 和 Sugeno 于 1985 年提出的 Takagi-Sugeno(T-S) 模型在众多的模糊控制理论中脱颖而出 [8]。该模型通过一个局部线性输入-输出关联的紧凑集合近似非线性系统，运用模糊隶属度函数和 IF-THEN 规则将局部线性子系统平滑组合，获得非线性系统的完整模糊模型。相比于 Mamdani 模型，T-S 模型不仅能提高模糊化处理的效率，而且已被证明可在任意精度上一致逼近定义在致密集中的所有非线性函数。针对 T-S 模糊系统的稳定性分析、控制器设计等问题被广泛研究，并成功应用于能源系统 [9−10]、工业制造 [11]、航空航天 [12] 等领域。然而，实际研究对象容易受模型不确定、多参数耦合等复杂特性影响。在动态网络环境中，模糊系统还会出现网络传输时滞、状态不可测、传感器故障等现象。因此，如何降低结果保守性并减少冗余设计，如何处理系统中的不确定性和网络诱导问题，如何完善状态有效估计和故障实时诊断的研究方案，仍然是模糊动态系统面临的新挑战。

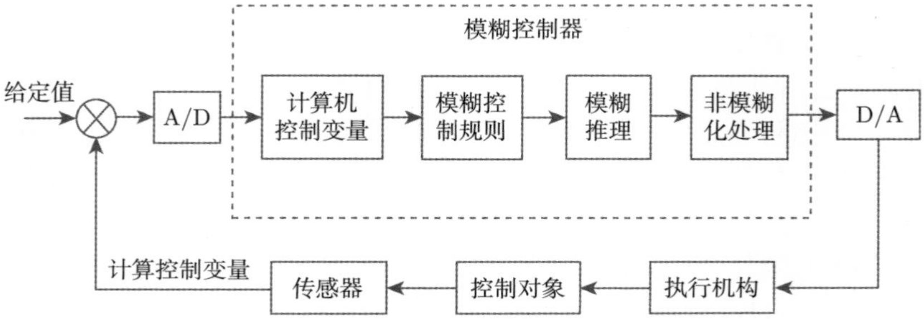

图 1.1　模糊控制系统示意图

A/D 表示模数转换器; D/A 表示数模转换器

本书将充分利用 T-S 模糊系统的优势，针对模糊模型框架下的非线性系统，提出基于事件触发策略的智能控制新方法，给出相应的综合协调设计方案，为解决具体的控制问题、滤波问题以及故障诊断问题等提供理论参考。在设计算法的实现上，本书将运用滑模控制方法、锥互补线性化技术、时滞模型分析理论等，研究模糊动态系统的鲁棒控制和状态估计问题，并给出切实可行的解决方案。

1.2　模糊动态系统的产生与发展

非线性控制系统普遍存在于实际工业过程中，如汽车导航、航空航天、兵器船舶等 [13]，由于其本身模型的复杂度、固有的强非线性及数据远程传输的特点，非线性系统的建模和控制仍有一定难度，很难使用传统的理论方法来分析处理 [14−15]。近几十年来，越来越多的研究人员致力于解决实际系统的非线性问题 [16−17]。随着模糊建模和模糊集理论的出现，模糊模型已成为分析复杂非线性系统的有效工具 [18]。模糊逻辑系统运用模糊推理方法，基于一类 IF-THEN 模糊规则描述非线性系统的局部线性输入–输出关系，通过混合局部线性模型和分段模糊隶属度函数得到描述复杂非线性系统的完整模型 [19]。模糊控制基于模糊理论，运用语言变量、逻辑推理及人的经验知识，在决策中融入直觉推理，是一种重要的智能控制方式。模糊系统的基本结构图如图 1.2所示，其主要由四个部分组成：知识库、模糊化接口、推理机及解模糊化接口 [20]。其中，模糊化接口给出从真实值空间到模糊值空间的映射关系，通过隶属度函数将清晰的输入映射为模糊输入；由数据库和控制规则库构成的知识库涵盖了全部控制信息。具体而言，数据库用于给定研究目标（概念、术语、事实）的信息和模糊规则中隶属度函数的定义，控制规则库用于将目标信息转换为新的控制行为；模糊控制系统的关键核心是推理机，运用模糊输入信息对控制规则和其他限制条件进行推理，从而获得模糊输出信息，完成恰当的控制任务；解模糊化接口给出从模糊值空间到真实值空间的映射关系，将模糊输出转换为清晰输出。

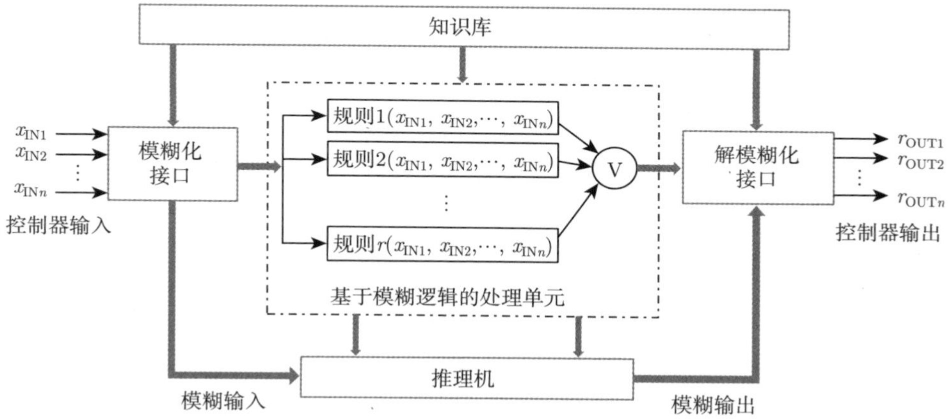

图 1.2 模糊系统的基本结构图

模糊系统，如 T-S 模糊系统 [21] 和二型模糊系统 [22–24]，是非线性系统建模的有效方法。其中，T-S 模糊系统是一类动态模糊系统，其作为模糊控制理论的重要组成部分，具备优越的半线性化特征和逼近能力，通过隶属度函数对局部线性化模型进行整合，从而实现描述原非线性系统的目标 [25–26]。一般来说，可以通过两种方法建立 T-S 模糊模型：① 使用基于输入–输出数据的系统识别算法 [27]，这种方法适用于很难建立精确的数学模型，但能够获得输入–输出数据的非线性系统；② 如果非线性系统的数学模型可用，则可以利用局部近似法或扇形非线性从数学模型中推导出 T-S 模糊模型 [28]。需要注意的是，在第二种方法中，如果隶属度等级包含了不确定的系统参数，那么它们可能是不确定的。在这种情况下，受参数不确定性影响的非线性被控对象可以表示为隶属度等级不确定的 T-S 模糊模型。典型的 T-S 模糊系统一般由如下模型描述。

模糊规则 i: 如果 $\theta_1(\boldsymbol{x}(t))$ 是 $\mathcal{M}_{i1}$, $\mathcal{M}_{i2}$, $\cdots$, $\theta_p(\boldsymbol{x}(t))$ 是 $\mathcal{M}_{ip}$, 那么,

$$\delta \boldsymbol{x}(t) = \boldsymbol{A}_i \boldsymbol{x}(t) + \boldsymbol{B}_i \boldsymbol{u}(t), \quad i = 1, 2, \cdots, r \tag{1.1}$$

其中，$\boldsymbol{x}(t) \in \mathbf{R}^n$，表示 n 维状态向量；$\boldsymbol{u}(t) \in \mathbf{R}^m$，表示 m 维控制输入；δ 表示连续时间的导数算子 [即 $\delta\boldsymbol{x}(t) = \dot{x}(t)$] 和离散时间的前移算子 [即 $\delta\boldsymbol{x}(t) = \boldsymbol{x}(t+1)$]；$\{\mathcal{M}_{i1}, \mathcal{M}_{i2}, \cdots, \mathcal{M}_{ip}\}$ 表示模糊集；$\{\theta_1(\boldsymbol{x}(t)), \theta_2(\boldsymbol{x}(t)), \cdots, \theta_p(\boldsymbol{x}(t))\}$ 表示可测的前提变量函数。$\boldsymbol{A}_i \in \mathbf{R}^{n\times n}$ 和 $\boldsymbol{B}_i \in \mathbf{R}^{n\times m}$ 表示局部模型的系统参数矩阵。假设前提变量不依赖于输入变量 $\boldsymbol{u}(t)$，该假设是为了避免模糊控制器复杂的解模糊化过程。给定一对 $\{\boldsymbol{x}(t), \boldsymbol{u}(t)\}$，可以推导出式 (1.1) 的 T-S 模糊动态模型：

$$\delta\boldsymbol{x}(t) = \sum_{i=1}^{r} h_i(\boldsymbol{x}(t))\left[\boldsymbol{A}_i\boldsymbol{x}(t) + \boldsymbol{B}_i\boldsymbol{u}(t)\right] \tag{1.2}$$

其中，$h_i(\boldsymbol{x}(t))$ 表示归一化的模糊隶属度函数，定义如下：

$$h_i(\boldsymbol{x}(t)) = \frac{\nu_i(\boldsymbol{x}(t))}{\displaystyle\sum_{i=1}^{r}\nu_i(\boldsymbol{x}(t))}, \quad \nu_i(\boldsymbol{x}(t)) = \prod_{m=1}^{p}\mu_{\mathcal{M}_{im}}\left(\theta_m(\boldsymbol{x}(t))\right)$$

其中，$\mu_{\mathcal{M}_{im}}\left(\theta_m(\boldsymbol{x}(t))\right)$ 表示前提变量 $\theta_m(\boldsymbol{x}(t))$ 对模糊集 $\mathcal{M}_{im}$ 的隶属度函数，$i = 1, 2, \cdots, r$, $j = 1, 2, \cdots, p$; r 表示模糊规则数，并且 $\sum\limits_{i=1}^{r} h_i(\boldsymbol{x}(t)) = 1, h_i(\boldsymbol{x}(t)) \geqslant 0$。

最常用的模糊控制方法是状态反馈控制器，它的结构类似于 T-S 模糊模型，由几个线性状态反馈子控制器的加权和表示，根据特定的语言规则描述对应的控制动作 [29−30]。考虑如下的状态反馈控制器。

模糊规则 j: 如果 $\vartheta_1(\boldsymbol{x}(t))$ 是 $\mathcal{N}_{j1}$, $\cdots$, $\vartheta_q(\boldsymbol{x}(t))$ 是 $\mathcal{N}_{jq}$, 那么,

$$\boldsymbol{u}(t) = \boldsymbol{K}_j\boldsymbol{x}(t), \quad j = 1, 2, \cdots, s \tag{1.3}$$

其中，$\{\mathcal{N}_{j1}, \mathcal{N}_{j2}, \cdots, \mathcal{N}_{jq}\}$ 表示模糊集；$\{\vartheta_1(\boldsymbol{x}(t)), \vartheta_2(\boldsymbol{x}(t)), \cdots, \vartheta_q(\boldsymbol{x}(t))\}$ 表示可测的前提变量函数；$\boldsymbol{K}_j \in \mathbf{R}^{m\times n}$ 表示各个规则中状态反馈控制器的增益矩阵。模糊控制器的完整形式表示为

$$\boldsymbol{u}(t) = \sum_{j=1}^{s} g_j(\boldsymbol{x}(t))\boldsymbol{K}_j\boldsymbol{x}(t) \tag{1.4}$$

其中

$$g_j(\boldsymbol{x}(t)) = \frac{\nu_j(\boldsymbol{x}(t))}{\displaystyle\sum_{j=1}^{s}\nu_j(\boldsymbol{x}(t))}, \quad \nu_j(\boldsymbol{x}(t)) = \prod_{n=1}^{q}\mu_{\mathcal{N}_{jn}}\left(\theta_n(\boldsymbol{x}(t))\right)$$

满足

$$g_j(\boldsymbol{x}(t)) \geqslant 0, \quad \sum_{j=1}^{s} g_j(\boldsymbol{x}(t)) = 1 \tag{1.5}$$

其中，$g_j(\boldsymbol{x}(t))$ 表示归一化的模糊隶属度函数;$\mu_{\mathcal{N}_{jn}}(\theta_n(\boldsymbol{x}(t)))$ 表示前提变量 $\theta_n(\boldsymbol{x}(t))$ 对模糊集 $\mathcal{N}_{jn}$ 的隶属度函数，$j = 1, 2, \cdots, s$, $n = 1, 2, \cdots, q$。

基于 T-S 模糊模型框架下的非线性系统式 (1.2) 和模糊控制器式 (1.4)，共同构建的模糊动态闭环控制系统描述如下：

$$\begin{aligned}\delta\boldsymbol{x}(t) &= \sum_{i=1}^{r} h_i(\boldsymbol{x}(t))\left[A_i\boldsymbol{x}(t) + B_i\sum_{j=1}^{s} g_j(\boldsymbol{x}(t))K_j\boldsymbol{x}(t)\right] \\ &= \sum_{i=1}^{r}\sum_{j=1}^{s} h_i(\boldsymbol{x}(t))g_j(\boldsymbol{x}(t))A_{ij}\boldsymbol{x}(t)\end{aligned} \tag{1.6}$$

其中，$A_{ij} \triangleq A_i + B_iK_j$。

由于模糊动态模型能够有效分析和综合非线性系统，近年来得到了广泛应用，如文献 [31] 针对具有分布式时变延迟的模糊神经网络系统，研究了基于观测器的耗散控制问题；文献 [32] 考虑了模糊规则数量和隶属度函数的优化问题，通过使用分层遗传算法对模糊系统进行优化；文献 [33] 针对连续的网络化 T-S 模糊仿射系统，基于状态观测器构建了非同步输出反馈控制器；文献 [34] 提出了具有极点配置约束的奇异摄动模糊系统输出反馈控制方案；针对具有不完整测量的离散模糊系统，文献 [35] 考虑了传感器饱和、量化误差、通信延迟等网络不确定因素，解决了系统的分布式滤波问题；文献 [36] 运用事件触发通信思想对纯反馈非线性系统进行了自适应神经网络控制研究；文献 [37] 研究了一类包含未知光滑函数和不可测量状态的非线性系统，讨论了模糊自适应事件触发控制问题；文献 [38] 针对一类高阶非线性多智能体系统，结合反步法，提出了基于观测器的自适应一致性跟踪控制策略。

1.3 模糊动态系统的稳定性分析

众所周知，稳定性是保证系统性能首要考虑的因素，也是动态系统能够正常、无误甚至高速运行最基本和最重要的指标，是所有控制理论的核心问题。其中，模糊系统的稳定性研究更是控制界学者关注的焦点 [39–41]。考虑非线性系统的复杂特性和运行环境的不确定性，传统的控制方法在模糊动态系统中具有一定的局限性和片面性 [42, 43]。实际工程的成功应用必须基于恰当的理论方法，针对模糊系统建立相应的稳定性条件，进而设计可行有效的控制器，保证系统的理想性能。因此，稳定性指标是衡量系统控制效果的核心指标之一 [44–46]，针对模糊动态系统寻找可行的稳定性分析方法受到了大量学者的关注。在基于模糊模型的控制系统稳定性分析中，保守性主要和以下几个因素有关。

(1) Lyapunov(李雅普诺夫) 函数的类型：Lyapunov 函数是用于研究模糊控制系统稳定性问题的常用数学工具，通过使用不同类型或形式的 Lyapunov 函数来逼近可行解的域，得到不同保守程度的稳定性条件。

(2) 稳定性分析的类型：在不依赖隶属函数或依赖隶属函数的稳定性分析过程中，分别不考虑或考虑了隶属函数信息，进而设置稳定性条件。在后者情况下，稳定性分析结果取决于研究的非线性模型，并且通常对应于松弛稳定性条件。

(3) 稳定性分析的方法：考虑基于 T-S 模糊模型的控制系统，运用 Lyapunov 稳定性理论对系统进行性能分析，分析方法可以分为不包含模糊信息和包含模糊信息两种情况。由于不包含模糊信息的分析方法没有考虑模糊模型相关信息，其稳定性分析结果往往比后者的结果更为保守。

实际上，T-S 模糊系统是一类特殊的非线性系统，如何更精准地分析该类系统并获得保守性更低的稳定性条件是富有挑战性的研究课题。现有文献中主要运用 Lyapunov 函数法对模糊动态系统进行稳定性分析 [47]。按照系统的多种类型或要实现的不同目标，Lyapunov 函数通常可以分为二次型 Lyapunov 函数 [48]、分段二次型 Lyapunov 函数 [49]、模糊 Lyapunov 函数 [50] 和分段模糊 Lyapunov 函数 [51] 等。

(1) 二次型 Lyapunov 函数：在设计分析过程中，所有子系统都依赖于一个共用的 Lyapunov 函数，通常将其定义为该函数的关键问题是要找到合适的正定矩阵，它是使模糊系统全局稳定的核心。该方法可以对 T-S 模糊系统进行有效的稳定性分析和控制器设计。然而，此类函数要求局部子系统都具有共用的二次型函数，还忽略了所有子系统之间的相互作用关系。不难看出，通过二次型 Lyapunov 函数方法提出的稳定性条件保守性较高。因此，研究者们改进了传统的二次型 Lyapunov 函数方法，以获得低保守稳定性分析条件。

(2) 分段二次型 Lyapunov 函数：在设计过程中，首先根据不同形式的隶属度函数划分模糊空间，接着对子系统进行重组，得到新的模糊模型，然后对新模型进行性能分析与综合设计。基于划分规则的不同，此类函数主要分为两种类型：一是划分子区域数和模糊规则数相等；二是在系统状态空间被划分成多个独立区域的过程中，将对应的区域设置为清晰（操作）区域和模糊（插值）区域。考虑区域间的函数连续性，在清晰区域和模糊区域分别给定不同的二次型 Lyapunov 函数。由于分段二次型 Lyapunov 函数在划分模糊空间的过程中分析了隶属度函数对系统的影响，获得的稳定性条件保守性相对较低 [52–53]。然而，此类函数只是传统二次型函数的延伸，保守性仍有较大的下降空间。

(3) 模糊 Lyapunov 函数：在该类方法中，主要是运用模糊逻辑思想将多个单一的 Lyapunov 函数融合，设计函数的前提变量规则与模糊系统的规则是相同的，因此模糊 Lyapunov 函数也被称为多 Lyapunov 函数。该类函数中的线性子系统都有各自对应的 Lyapunov 函数和模糊隶属度信息。对连续系统来说，函数的求导过程包含了求解隶属度函数的导数。考虑不同子系统的隶属度函数又不完全相同，因此，通过上述条件只能给出隶属度函数导数的区间范围。由于模糊 Lyapunov 函数包含了模糊隶属度函数的有关信息，能够进一步降低模糊动态系统稳定性分析条件的保守性 [54]。

(4) 分段模糊 Lyapunov 函数：从理论角度而言，分段二次型 Lyapunov 函数和模糊 Lyapunov 函数拥有各自的优点和缺陷，改进后的分段模糊 Lyapunov 函数具备分段二次型 Lyapunov 函数和模糊 Lyapunov 函数两者的特征，在分析模糊动态系统性能时能够获得形式更多样、保守性更低的稳定条件。

在某种程度上，传统二次型 Lyapunov 函数是分段/模糊 Lyapunov 函数的一类特殊情况，选择不同的 Lyapunov 函数会导致系统保守性结果的差异。在当前的模糊系统研究中，几种分析方法相辅相成，互为补充 [55]。为了解决系统的综合性能问题，寻找可行方案进一步降低系统稳定条件的保守性受到大量学者的关注，涌现出许多研究成果，如时滞分割技术、交互凸组合技术、小增益方法等 [56−57]。针对模糊动态系统，采取适当的措施以平衡分析结果的保守性和求解过程的复杂度，进一步改善系统性能指标，是本书研究的关键问题之一。

1.4　非线性动态系统的智能控制

智能控制是人工智能、模糊集理论、运筹学和控制论相结合的产物，是一门新型的交叉学科，具有非常广阔的应用领域。文献 [58] 基于内环和外环的增益与相位裕度规范提出了一种用于级联控制系统的内部模型控制，根据每一个环路的期望频率响应调节内部模型的控制参数；文献 [59] 针对工业微波旋转干燥设备的温度控制问题，设计了一类使用遗传算法在线调节参数的 PID（proportion integration differentiation，比例–积分–微分）控制器，文献 [60] 提出了一种自适应轨迹跟踪神经网络控制，即使用径向基函数网络对链路机器人的机械手进行鲁棒补偿以实现高精度位置跟踪；文献 [61] 考虑使用永磁同步电机伺服驱动系统的 V 带式无级变速器的非线性和时变特性，同时考虑使用线性控制器对其进行参数调节耗时问题，提出了一类基于 Lyapunov 稳定性定理和梯度下降法的在线神经网络控制算法；文献 [62] 通过递归神经网络方法，以矿渣微粉生产过程为研究对象，设计了具有控制约束的跟踪控制器。

复杂控制问题往往具有高维度、非线性、强相关性和多噪声等特点，智能控制算法特别适合解决这类复杂问题，而非智能控制算法则主要应用于相对较为简单的问题。在应用于较为简单的问题时，非智能控制算法既具有精度优势也具有速度优势，因此两者并不能相互取代。

1.4.1　反馈控制的研究现状

控制理论最基本的任务是，对给定的被控系统设计能满足所期望的性能指标的闭环控制系统，即寻找反馈控制律。状态反馈和输出反馈是控制系统设计中两种主要的反馈策略，其意义分别为将观测到的状态和输出取作反馈量以构成反馈律，实现对系统的闭环控制，以达到期望的对系统的性能指标要求。在经典控制理论中，一般只考虑由系统的输出变量来构成反馈律，即输出反馈。在现代控制理论的状态空间分析方法中，多考虑采用状态变量来构成反馈律，即状态反馈。

之所以采用状态变量来构成反馈律，是因为状态空间分析中所采用的模型为状态空间模型，其状态变量可完全描述系统内部动态特性。由于状态变量所得到的关于系统动静态的信息比输出变量提供的信息更丰富、更全面，用状态来构成反馈控制律，它与用输出反馈构成的反馈控制律相比，有更大的可选择范围，闭环系统也能达到更佳的性能。另外，从状态空间模型输出方程可以看出，输出反馈可视为状态反馈的一个特例。因此，采用状态反馈应能达到更高的性能指标。近年来基于状态反馈思想的控制方法引起了学者的广泛关注并且获得许多有意义的成果。如文献 [63] 研究带有时滞的自适应反馈线性系统，文献 [64] 通过状态反馈研究了严格前馈系统的全局鲁棒输出调节问题。对于不含有随机噪声的系统的全局输出反馈稳定性问题通过文献 [65] 解决。文献 [66] 考虑隶属函数的信息，结合平方和方法和 Lyapunov 稳定性理论，基于前提不匹配技术，设计了 T-S 模糊时滞系统的隶属函数依赖的多项式模糊状态反馈控制器。文献 [67] 构造了一个新的有限和不等式，给出了新的时滞依赖的稳定性条件。基于前提不匹配技术，考虑参数不确定性和数据包丢失的情况，给出了二型模糊时滞系统的状态反馈控制器设计方法。另外，对于时滞系统的镇定问题，就控制输入中有无时滞而言，时滞系统的控制器可分为记忆控制器和无记忆控制器。记忆控制器，就是控制输入中含有时滞；而控制输入没有时滞，称之为无记忆控制器。控制输入中加入时滞可以对系统中的时滞项加以控制，减少系统中时滞的影响 [68]。文献 [69] 构造了包含模糊线性积分 Lyapunov 函数的 Lyapunov-Krasovskii（克拉索夫斯基）泛函，运用 Wirtinger 不等式处理积分项，引入松弛变量，基于 PDC（parallel distributed compensation，并行分布式补偿）算法，给出了 T-S 模糊时滞系统的记忆状态反馈控制器的设计方法。在文献 [70] 中，Lyapunov-Krasovskii 泛函的被积函数不仅取决于积分变量，还取决于隶属函数，同时考虑隶属函数导数的信息，给出了保守性较小的 T-S 模糊时滞系统的稳定性准则，基于 PDC 技术，提出了记忆状态反馈控制器的设计方法。

在工业生产的实际情况中，系统的输出信息是可以直接测量得到的，而系统的全部状态通常是不可测的。尽管状态反馈控制具有较好的理论完备性，但输出反馈控制在工程中具有很高的应用价值。鉴于此，输出反馈控制问题的研究就显得尤为重要。目前，主要存在两种输出反馈控制方法：一是先设计状态观测器用以估计未知的系统状态，然后基于观测器设计理想的控制器；二是直接基于系统的输出信息进行输出反馈控制器的设计。近年来，由于 T-S 模糊模型具有良好的非线性函数逼近能力，大量学者将目光投向基于 T-S 模糊模型的输出反馈控制问题中，并取得了很多有价值的成果 [71−72]。作者在文献 [73] 中为一类典型的 T-S 模糊系统设计了基于状态观测器的输出反馈控制策略，并通过分离定理和线性矩阵不等式技术，给出了状态观测器增益和控制器增益的求解方法。文献 [74] 分别针对连续时间和离散时间情形，直接采用系统的输出信息，为带有参数不确定性的 T-S 模糊系统设计了鲁棒输出反馈控制器，保证了闭环系统渐近稳定且具有鲁棒 $\mathcal{H}_\infty$ 干扰抑制性能。文献 [75] 为一类离散时间时滞 T-S 模糊系统设计了全阶的输出反馈控制器，保证闭环系统的鲁棒 $\mathcal{H}_\infty$ 性能。但是在上述文献中，控制器的求解均采用公共二次型 Lyapunov 函数的方法，在一定程度上给分析过程带来了保守性。

近年来，众多学者采用分段二次型 Lyapunov 函数方法处理 T-S 模糊系统的输出反馈控制问题，从而降低控制器设计的保守性 [76−78]。其中，文献 [76] 针对一类连续时间 T-S 模糊仿射系统设计了静态的分段仿射输出反馈控制器，虚拟系统的引入提高了计算的复杂程度。作者在文献 [77] 中，考虑了信号传输存在丢包的情况，为一类离散时间网络化 T-S 模糊系统设计了静态输出反馈控制器，信号传输的丢包过程可以通过两个相互独立的伯努利过程来表征。需要注意的是，文献 [76] [77] 中所设计的分段仿射控制器的空间划分均与系统的输出信号空间划分方式相同，即控制器是同步的。由于模糊系统的前件变量不完全可测，无法保证系统状态与控制输入信号在同一时刻均处于同一区间，换言之，它们很有可能在区间的传递上是非同步的。基于这种情况，作者在文献 [78] 针对一类连续时间网络化 T-S 模糊系统设计了基于状态观测器的非同步输出反馈控制器，主要采用了公共和分段二次型 Lyapunov 函数法及凸优化技术。注意到，文献 [76]–[78] 中均要求系统的输出矩阵不含有参数不确定性，这限制了所设计的输出反馈控制器的应用范围，因为某些实际工况中的系统输出通道常常存在参数摄动。

鉴于此，部分学者采用“状态–输入”或“状态–输出”增广的方法，这可在一定程度上放松上述限制条件，并取得了丰硕的成果 [79−80]。其中，文献 [79] 基于分段二次型 Lyapunov 函数并使用马尔可夫过程表示执行器的错误，采用“状态–输出”增广技术，为一类离散时间 T-S 模糊仿射系统设计了可靠的静态输出反馈控制器。在文献 [80] 中，作者考虑了传感器存在错误的情况，基于分段二次型 Lyapunov 函数为连续 T-S 模糊系统提出了一种输出反馈分段仿射控制器设计方法，保证了闭环系统的随机渐近稳定性。由于采取了“状态–输入”增广的方法，相比于文献 [76]，文献 [80] 避免了对分段二次型 Lyapunov 函数矩阵求逆，也不必引入稳定的虚拟系统，降低了计算的复杂程度。文献 [81] 研究了带有匹配扰动的线性不确定系统的输出反馈滑模控制问题。文献 [82] 为一类奇异半马尔可夫随机跳变系统提出了一种基于状态观测器的自适应积分滑模控制器。考虑 T-S 模糊系统优秀的非线性函数逼近新能，Zhang 等在文献 [83] 中针对带有非匹配参数不确定性和匹配扰动的非线性系统提出了模糊自适应输出反馈控制器设计方法，并采用了有效的自适应律来估计外部扰动的上界。文献 [84] 为一类 delta 算子 T-S 模糊系统设计了一个自适应输出反馈控制器。

1.4.2　滑模控制的研究现状

目前针对网络化控制系统的研究主要集中在线性系统上，或者是把非线性系统近似为线性系统来进行分析，大多是在平衡位置进行近似线性化处理的单一系统，或者加入一些参数不确定因素。非线性网络化控制系统普遍存在于实际工业过程中，如汽车导航、航空航天、兵器系统等，由于非线性系统本身建模的复杂性、被控模型固有的强非线性及远程传输的特点，非线性网络化控制系统的建模和控制器设计还存在一定困难，很难使用传统的理论和方法来分析处理。近几十年来，越来越多的研究人员致力于解决网络化控制系统的非线性问题 [85–86]。

20 世纪 50 年代末，苏联学者 Utkin 首次介绍了一种基于继电器的控制理论，60 年代，苏联学者 Emelyanov 等共同提出变结构控制的概念，它是滑模控制理论的开端，这一阶段研究的对象大多是二阶线性系统。1977 年，Utkin 等通过完善和拓展，提出了变结构系统的变结构控制与滑模控制方法，进一步推动了滑模控制理论的发展。自 70 年代以后，基于状态空间方程的线性系统的变结构控制研究不断增多，滑模控制（变结构控制）方法逐渐成为控制领域一个相对独立的重要分支，形成了控制系统的一般设计方法，并在电机、机器人等领域得到了广泛应用 [87–89]。滑模控制是一种非线性控制，它采用控制切换法则，通过在不同控制作用之间的切换，产生一种与原系统无关、按照预定“滑动模态”的状态轨迹的运动，使系统状态达到期望点，从而实现对系统的控制。由于预定轨迹和控制对象内部参数与外部扰动无关，滑模控制方法具有很好的鲁棒性 [90]。滑模控制的实现过程是根据系统所期望的动态特性来设计系统的滑模面，通过滑模控制器使系统状态从滑模面以外向滑模面运动，系统一旦到达滑模面，控制作用将保证系统沿滑模面到达系统原点。显而易见，滑模控制系统的运动主要分为两个阶段，即趋近运动和滑动模态运动。趋近运动是处于滑模面以外的运动或有限次穿越滑模面的运动；滑动模态运动是位于滑模面上的运动，系统性能由滑模面动态特性决定，该阶段运动对系统参数摄动、外部扰动具有较高的鲁棒性。滑模控制系统的设计主要包括两部分：① 设计滑模切换函数，使系统进入滑模运动后收敛于控制期望点，并具有良好的动态性能；② 设计滑模控制律，使系统能够到达滑模面，并形成滑动模态运动。滑模控制系统的性能很大程度上取决于滑模面，因此滑模面的选择成为滑模系统设计中最关键的问题。

目前，滑模控制技术的相关研究已取得大量有意义的成果，如无模型滑模变结构控制方法 [91]、二阶切换系统的滑模控制策略 [92]、滑模控制方法的均匀性加权和鲁棒性研究 [93]、高精度的输出反馈滑模控制器设计 [94] 及滑模控制设计原理在电力驱动中的应用 [95] 等。不同于常见的滑模控制方法，一种新的控制策略引起学者们的关注 [96]，它利用了积分滑动模态的特点，从初始时间开始，整个滑动轨迹都可以保证系统的鲁棒性能，并且闭环系统能够达到更快的收敛速度。近年来，滑模控制方法在实际控制领域中受到了广泛的关注及应用，并获得了一些重要的研究成果。文献 [97] 针对一类非线性模糊逻辑系统提出了新的自适应终端滑模跟踪控制方法，该方法比线性超平面的滑动控制方法的收敛速度更快、控制精度更高；文献 [98] 分析了基于匹配扰动的多输入多输出系统滑模控制问题；文献 [99] 研究了基于自适应区间二型模糊推理系统的倒立摆智能控制，由 Nie-Tan 类型缩减方法支持输入输出映射，基于滑模控制理论推导了区间二型模糊后继参数的自适应律。此外，基于滑模方法的滑模观测器或滑模滤波器的拓展研究也逐渐受到关注，如文献 [100] 针对存在多输入多输出延迟的模糊动态系统，提出了基于滑模观测器的容错控制方法；文献 [101] 将基于扰动观测器的滑模控制方法推广到具有不匹配型扰动的一般 n 阶不确定系统。这些观测器或滤波器具有处理系统不确定性的优势，进一步扩大了滑模控制方法的设计思想和适用范围，能有效解决模糊动态系统的鲁棒控制和状态估计问题。

1.4.3 事件触发控制的研究现状

在动态网络环境下的非线性模糊系统中，控制器、执行器和传感器等模块通过共享通道交换信息，需要注意的是控制器是否有足够的通信空间来反馈信号并将控制指令传送到执行器和被控模型 [102–103]。如果在系统中插入有限容量的通信信道，可能会引起控制系统通信不良，造成信号抖动、瞬态延迟和数据包丢失等问题，从而导致系统振荡或不稳定，使得综合性能降低。因此，降低通信成本和传输数据量是模糊动态系统面临的一项艰难挑战 [104–105]。随着控制系统规模的不断扩大和信息技术的飞速发展，计算机技术、网络通信技术与智能控制技术的深入研究和相互渗透 [106–108]，传统的点对点控制系统已不再适用于实际情况。网络化控制系统通过共享数字通信网络实现传感器、控制器和执行器等组成部件之间的信息交互,形成分布式实时反馈控制网络,引起越来越多专家学者的关注 [109–110]。与传统控制模式相比,网络化控制系统突破了地域、资源等诸多限制,具有信息共享、可靠性高、成本较低、维护方便等优点 [111–112],其研究成果广泛应用于先进智能通信 [113–114]、无人飞行器 [115–116]、电力传输设备 [117–118]、工业生产 [119–120] 等领域。网络化模糊动态系统具备模块化、集成化、数字化与节点智能化的特征,其稳定性分析和控制器设计问题被大量关注,成为控制系统发展的重要趋势之一 [121–123]。

在传统的数据采样系统中,传感器、控制器和执行器通常使用时间触发通信方案,其控制任务是周期性执行的,使用固定的采样间隔,在规定的采样周期内持续更新传输信息 [124–125]。尽管周期性传输方案布线成本低、分析简单、便于实现,但对网络化模糊动态系统是不实用的,它可能使得系统过度采样,浪费有限的通信资源,导致网络信息的低效利用,尤其是在使用电池供电的无线设备时,信息传输量的减少对电池寿命起着关键作用 [126]。因此,从推进节能降耗和资源综合利用的角度来看,以最大限度减少有限网络资源的不必要使用,缓解通信信道的巨大压力,设计新的信息传输方案具有较大的现实意义 [127–128]。近年来,由于事件触发策略能有效减少数据传输量并保持理想的系统性能,得到了专家学者们的广泛关注 [129–131]。对于采用事件触发方法的控制系统,其控制任务是否被执行取决于提前设计的触发机制,而不是某个过去的时间段。如果在某个时刻满足了预设的触发条件,系统才能完成信息的传输过程,进而执行当前控制任务,基于事件触发机制的控制系统结构如图 1.3所示。如此一来,实时信息采样不再是网络化控制系统的必要条件,高效的事件触发策略可以降低网络带宽、节省计算资源及减少能源消耗。

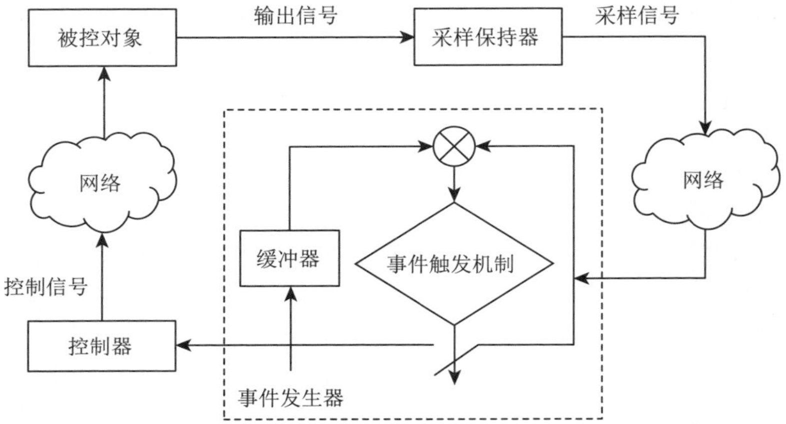

图 1.3 基于事件触发机制的控制系统结构

专家学者针对线性复杂动力网络 [132]、T-S 模糊系统 [133]、孤立混合动力系统 [134] 和多智能体模型 [135] 等不同系统运用事件触发技术，获得了丰富的研究成果。文献 [136] 介绍了基于输出信号的分散动态事件触发控制方法；文献 [137] 提出了事件触发策略下的非线性模型预测控制方法；文献 [138] 设计了一种新颖的事件触发次优跟踪控制器；文献 [139] 研究了具有扰动的离散二维 Roesser（罗瑟）系统的事件触发滑模控制问题；文献 [140] 引入了具有事件触发思想的控制器，用于处理存在网络通信延迟的控制系统；文献 [141] 通过运用积分二次约束技术，解决了网络系统的事件触发控制问题；文献 [142] 研究了模糊马尔可夫跳变系统的有限时间事件触发控制问题。从理论分析和性能综合来看，大部分学者都是基于已有事件触发方法开展研究工作。如何在有限的网络带宽和传输通道情况下，进一步优化事件触发策略，以及如何处理模糊动态系统在受限通信环境下的非线性特征和网络时滞问题等，仍然是富有挑战性的工作。

自 20 世纪 60 年代以后，基于状态空间方程的系统滑模控制（变结构控制）研究引起了国内外大量学者的高度关注，滑模控制方法作为现代控制方法的一种通用设计体系，在化工过程、电力系统、仿生设计等方面得到了广泛应用 [143–146]，成为控制领域不可或缺的一个重要分支。目前，滑模控制技术的相关研究已经取得大量成果，滑模控制方法与事件触发策略的结合也成为控制领域的热门话题。文献 [147] 针对线性时不变系统，提出了基于事件触发思想的滑模控制方案；文献 [148] 通过事件触发方法研究了切换系统的控制问题；文献 [149] 设计了带有不确定忆阻器的蔡氏电路的滑模控制方案；文献 [150] 讨论了非线性系统的事件触发控制及稳定性分析问题。

1.5 本书主要内容

模糊逻辑方法在自动控制理论和工业生产过程中的成功应用证明了其有效性和重要性，但在考虑时变时滞、外界干扰及系统故障等不确定因素时，基于事件触发策略的非线性系统的反馈控制、滑模控制及状态估计等问题还有待解决。此外，随着控制系统的自动化程度和工作效率不断提高，对被控对象的稳定性、安全性和可靠性提出了更苛刻的要求，开展模糊控制系统的智能控制和扩展应用研究具有理论和实践的双重意义。本书将从理论方法、技术实现以及应用仿真等多层次阐述模糊动态系统的性能分析及控制器设计问题，整体研究框架如图 1.4所示，具体内容安排如下。

第 2 章主要研究具有标量非线性的模糊动态系统的 $\mathcal{H}_\infty$ 状态反馈控制器设计和稳定性分析问题。首先，利用新的 Lyapunov 函数建立事件触发策略下的模糊控制算法的可解性条件，保证模糊系统满足特定 $\mathcal{H}_\infty$ 性能下的渐近稳定性。然

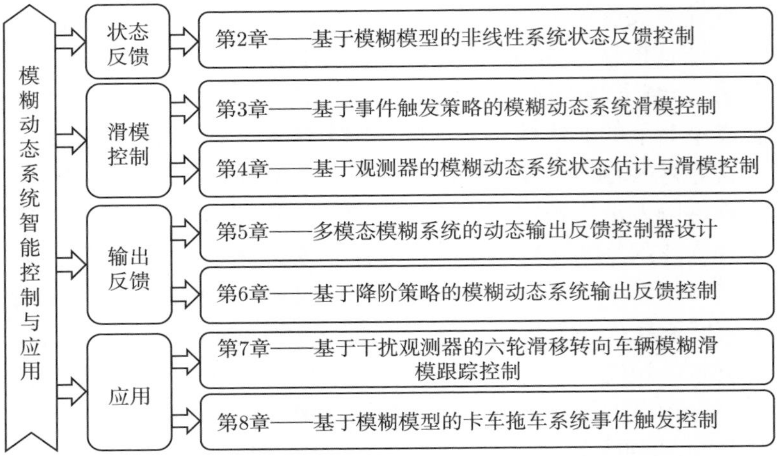

图 1.4 本书研究框架

后，进一步提出所期望的模糊控制器的可行性研究方案，将非凸问题转化为顺序最小化问题，其可以通过 Matlab LMI（线性矩阵不等式）工具箱求解。最后，通过典型的蔡氏电路系统验证了所提出控制方案的有效性。

第 3 章针对 T-S 模糊建模下的一类非线性系统，首先，设计基于事件触发策略的滑模控制器，建立具有时滞的完整滑模动力学系统，利用 Lyapunov 稳定性理论和交互式凸组合法，得到闭环系统满足渐近稳定性能的条件，并求得滑模控制器的相关参数。然后，提出保证理想滑动模态的条件，使得模糊系统的状态轨迹可以在有限时间内运动到滑模面并保持稳定。最后，通过一个数值例子证明所提出设计方案的适用性和有效性。

第 4 章针对具有外部扰动的模糊动态系统，设计基于观测器的事件触发滑模控制方案。首先，提出一个观测器来估计系统的状态，运用灵活的积分型滑模面和有效的事件触发策略构建闭环控制系统。然后，建立闭环控制系统满足特定耗散性能的渐近稳定性可解条件，并设计相应的滑模控制器保证滑模面的可达性。最后，通过仿真实例验证所提出的控制方案是可行的。

第 5 章研究 T-S 模糊切换系统的动态输出反馈控制。首先，应用平均驻留时间技术通过任意切换规则以指数收敛方式稳定切换系统。然后，构造一个分段 Lyapunov 函数，并导出充分条件，以确保相应的闭环系统满足特定 $\mathcal{L}_2$–$\mathcal{L}_\infty$ 的性能水平 (γ, a)。此外，通过线性化导出依赖于模糊规则的动态输出反馈控制可行条件，可以使用标准工具箱求解。最后，提出仿真实例说明所提出方案的优势。

第 6 章研究一类离散非线性 T-S 模糊系统的动态输出反馈控制器的降阶问题。首先构造由高阶和低阶闭环系统组成的误差辅助系统。然后提出误差系统具

有 $\mathcal{H}_\infty$ 误差性能水平 γ 下的渐近稳定的充分条件，并通过投影定理和锥互补线性化算法给出降阶控制器参数设计方法。最后通过两个实例验证方法的有效性。

第 7 章针对六轮滑移转向车辆，采用模块化控制策略，实现分层结构的独立控制。在上层控制系统中，设计两个模糊非线性扰动观测器，并以此作为模糊滑模运动控制器的一部分，通过实施干扰补偿达到跟踪期望指令的目的。值得注意的是，运动跟踪过程是一种指数收敛和渐近收敛的混合方式，可以保证跟踪的有效性和及时性。在下层力矩系统中，提出一种基于双目标函数的力矩优化分配算法，以提高车辆的横摆稳定性并在某些情况下降低能量消耗。最后，仿真结果验证所提方法的有效性和实用性。

第 8 章研究事件触发策略下模糊逻辑系统的耗散控制问题，并以卡车拖车模型为例说明其潜在的应用性。首先，运用基于辅助函数积分不等式的经典二次函数法，建立保证模糊闭环控制系统渐近稳定且具有特定耗散性能的充分条件，并以线性矩阵不等式的形式给出。然后，引入典型的事件触发通信方案，构建事件驱动模糊控制器，以稳定整个闭环系统。最后，针对卡车拖车模型进行仿真研究，验证所提出的控制方案的有效性和适用性。

第 2 章　基于模糊模型的非线性系统状态反馈控制

由于一些实际系统，如基于超立方体的神经网络、基于决策信息的生产系统、周期性人工神经网络、具有饱和非线性的数字控制过程等可以通过标量非线性系统进行建模，有关标量非线性系统的理论和应用研究取得了重大突破。受其影响的离散状态空间系统最初是由学者 Chu 和 Glover 提出的 [151]。研究具有标量非线性的模糊系统相关问题将揭示非线性模糊系统的动态特性，从而启发当前的工作。此外，典型的电路系统常常存在混沌和分叉等多种动态非线性现象，其中蔡氏电路系统具有简单又通用的特点，其基础理论和工业应用研究引起了学者们的极大兴趣。在实际应用中，模型的不确定性和外部干扰是不可避免的，对系统性能有一定的影响。因此，开发有效的技术方案实现不确定蔡氏电路系统的鲁棒跟踪控制尤为重要。近年来，模糊逻辑方法受到广泛关注 [152–154]，部分成果用于处理混沌电路的控制问题。

本章将借鉴和优化相关理论方法，对蔡氏电路系统进行分析，解决具有标量非线性的模糊系统的事件触发控制问题。首先，基于模糊规则依赖的 Lyapunov 函数和正定对角占优矩阵，提出闭环动态系统稳定的可行解，不仅能降低系统保守性，还能保证系统满足特定的干扰衰减性能下的渐近稳定性。然后，给出状态反馈控制器存在的充分条件，并采用锥互补线性化方法，将非凸可行性问题转换为满足线性矩阵不等式的序列最小化问题。为验证方法的有效性和适用性，本章最后给出仿真算例，将设计方案推广到蔡氏电路系统的控制问题中。

2.1　含标量非线性系统的模糊建模问题描述

在非线性连续动态系统的框架下，基于 r 个规则构造具有标量非线性的模糊模型，表示如下。

模糊规则 i：如果 $\zeta_1(t)$ 是 ϑ_{i1}, $\zeta_2(t)$ 是 ϑ_{i2}, $\cdots$, $\zeta_p(t)$ 是 ϑ_{ip}, 那么，

$$\left\{\begin{aligned} \dot{\boldsymbol{x}}(t) &= \boldsymbol{A}_i\boldsymbol{x}(t) + \boldsymbol{A}_{hi}\boldsymbol{h}\big(\boldsymbol{x}(t)\big) + \boldsymbol{B}_i\boldsymbol{u}(t) + \boldsymbol{C}_i\boldsymbol{\omega}(t) \\ \boldsymbol{z}(t) &= \boldsymbol{D}_i\boldsymbol{x}(t) + \boldsymbol{D}_{hi}\boldsymbol{h}\big(\boldsymbol{x}(t)\big) + \boldsymbol{E}_i\boldsymbol{u}(t) + \boldsymbol{F}_i\boldsymbol{\omega}(t) \end{aligned}\right. \tag{2.1}$$

其中，$\boldsymbol{x}(t) \in \mathbf{R}^n$，表示系统状态向量；$\boldsymbol{u}(t) \in \mathbf{R}^s$，表示控制输入；$\boldsymbol{\omega}(t) \in \mathbf{R}^q$，表示外部干扰输入，属于 $\mathcal{L}_2[0,\infty)$；$\boldsymbol{z}(t)$ 表示控制输出；$\boldsymbol{A}_i$、$\boldsymbol{A}_{hi}$、$\boldsymbol{B}_i$、$\boldsymbol{C}_i$、$\boldsymbol{D}_i$、

$\boldsymbol{D}_{hi}$、$\boldsymbol{E}_i$、$\boldsymbol{F}_i$ 表示一系列具有适当维数的系统矩阵；$\boldsymbol{h}(\cdot)$ 表示受假设式 (2.1) 约束的非线性函数。

假设 2.1 $\forall a,b\in\mathbf{R}^n,\quad |\boldsymbol{h}(a)+\boldsymbol{h}(b)|\leqslant|a+b|$。

此外，对于 $\boldsymbol{x}=\begin{bmatrix} x_1 & x_2 & \cdots & x_n\end{bmatrix}^{\mathrm{T}}$，定义

$$\boldsymbol{h}(\boldsymbol{x})\triangleq\begin{bmatrix} h(x_1) & h(x_2) & \cdots & h(x_n)\end{bmatrix}^{\mathrm{T}}$$

注 2.1 模型式 (2.1) 被称为具有标量非线性的系统，其中，$\boldsymbol{h}(\cdot)$ 满足 1–利普希茨条件（通过选择 $b=-b$），并且是奇函数（通过选择 $b=-a$）。因此，$\boldsymbol{h}(\cdot)$ 包含了一些具有代表性的非线性，例如，

(1) 半线性化函数（即标准饱和度，当 $|s|>1$ 时，$\mathrm{sat}(s)=\mathrm{sgn}(s)$；当 $|s|\leqslant 1$ 时，$\mathrm{sat}(s)=s$）；

(2) 双曲正切函数，被广泛用作神经网络分析中的激活函数；

(3) 一些常用函数，如正弦函数等。

模糊基函数构建如下：

$$f_i\big(\zeta(t)\big)=\frac{\prod_{j=1}^{p}\mathcal{W}_{ij}\big(\zeta_j(t)\big)}{\sum\limits_{i=1}^{r}\prod_{j=1}^{p}\mathcal{W}_{ij}\big(\zeta_j(t)\big)}$$

其中，$\zeta(t)=\big[\zeta_1(t),\zeta_2(t),\cdots,\zeta_p(t)\big]$，表示前提变量；$\mathcal{W}_{ij}\big(\zeta_j(t)\big)$ 表示 $\zeta_j(t)$ 对 $\mathcal{W}_{ij}$ 的隶属度函数，$\mathcal{W}_{ij}$ 表示模糊集，$i=1,2,\cdots,r$，$j=1,2,\cdots,p$。归一化的模糊基函数 $f_i\big(\zeta(t)\big)$ 满足 $f_i\big(\zeta(t)\big)\geqslant 0$，$\sum\limits_{i=1}^{r}f_i\big(\zeta(t)\big)=1$。因此，模型式 (2.1) 可进一步表示为如下模糊形式：

$$\begin{cases}\dot{\boldsymbol{x}}(t)=\sum\limits_{i=1}^{r}f_i\big(\zeta(t)\big)\Big\{\boldsymbol{A}_i\boldsymbol{x}(t)+\boldsymbol{A}_{hi}\boldsymbol{h}\big(\boldsymbol{x}(t)\big)+\boldsymbol{B}_i\boldsymbol{u}(t)+\boldsymbol{C}_i\boldsymbol{\omega}(t)\Big\}\\ \boldsymbol{z}(t)=\sum\limits_{i=1}^{r}f_i\big(\zeta(t)\big)\Big\{\boldsymbol{D}_i\boldsymbol{x}(t)+\boldsymbol{D}_{hi}\boldsymbol{h}\big(\boldsymbol{x}(t)\big)+\boldsymbol{E}_i\boldsymbol{u}(t)+\boldsymbol{F}_i\boldsymbol{\omega}(t)\Big\}\end{cases}\tag{2.2}$$

T-S 模糊模型构建方法如图 2.1所示。对于含有标量非线性的模糊系统式 (2.2)，本章构造基于模糊规则的状态反馈控制器。假设控制器的模糊隶属度函数和相关前提变量与上述模糊模型相同，采用同样的模糊规则及并行分布补偿方法，设计如下控制器。

模糊规则 i：如果 $\zeta_1(t)$ 是 ϑ_{i1}，$\zeta_2(t)$ 是 ϑ_{i2}，$\cdots$，$\zeta_p(t)$ 是 ϑ_{ip}，那么，

$$\boldsymbol{u}(t)\ =\ G_i\boldsymbol{x}(t_k),\quad i=1,2,\cdots,r\tag{2.3}$$

其中，$\boldsymbol{x}(t_k) \in \mathbf{R}^n$，表示控制器输入；$\boldsymbol{u}(t) \in \mathbf{R}^s$，表示控制器输出；$G_i$ 表示具有适当维数的待求控制器增益。式 (2.3) 中的控制器进而可以表示为

$$\boldsymbol{u}(t) = \sum_{i=1}^{r} f_i\big(\zeta(t)\big) G_i \boldsymbol{x}(t_k) \tag{2.4}$$

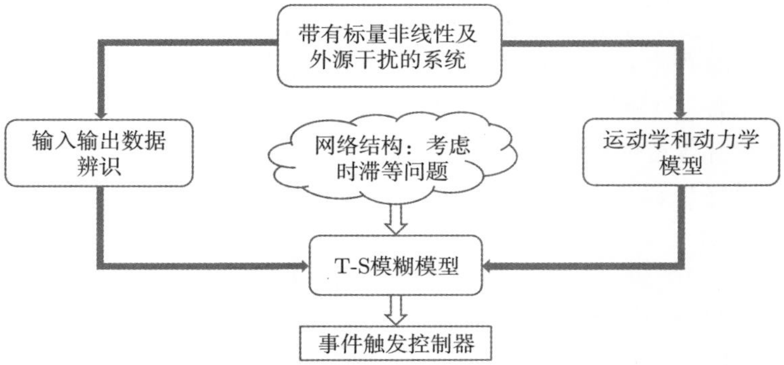

图 2.1 T-S 模糊模型构建方法

提出有效的事件触发方案来判断采样数据包 $\boldsymbol{x}(t)$ 是否传送到通信网络。通过选择合适的采样周期 T，$\boldsymbol{x}(t_k + nT)$ 和 $\boldsymbol{x}(t_k)$ 分别表示当前采样数据和最新传输数据。因此，一旦 $\boldsymbol{x}(t_k)$ 传输成功，下一次的触发时间由下式确定：

$$\begin{aligned} t_{k+1} = t_k + \min_{n \geqslant 1} \Big\{ nT \Big| \big[\boldsymbol{x}(t_k + nT) - \boldsymbol{x}(t_k)\big]^{\mathrm{T}} \boldsymbol{\Upsilon}_1 \\ \times \big[\boldsymbol{x}(t_k + nT) - \boldsymbol{x}(t_k)\big] > \varphi \boldsymbol{x}^{\mathrm{T}}(t_k) \boldsymbol{\Upsilon}_2 \boldsymbol{x}(t_k) \Big\} \end{aligned}$$

在通信网络中运用采样器和零阶保持器，当阈值条件满足以下约束条件时，当前采样数据 $\boldsymbol{x}(t_k + nT)$ 被释放：

$$\Big[\boldsymbol{x}(t_k + nT) - \boldsymbol{x}(t_k)\Big]^{\mathrm{T}} \boldsymbol{\Upsilon}_1 \Big[\boldsymbol{x}(t_k + nT) - \boldsymbol{x}(t_k)\Big] \leqslant \varphi \boldsymbol{x}^{\mathrm{T}}(t_k) \boldsymbol{\Upsilon}_2 \boldsymbol{x}(t_k) \tag{2.5}$$

其中，$\varphi \in [0, 1)$；$\boldsymbol{\Upsilon}_1$ 和 $\boldsymbol{\Upsilon}_2$ 表示正定对称矩阵。

定义 $\boldsymbol{e}(t_k) = \boldsymbol{x}(t_k + nT) - \boldsymbol{x}(t_k)$，表示当前采样数据和最新触发数据之间的传输误差。定义当前采样时刻 t_k 到下一个采样时刻 t_{k+1} 的时间 $s_k T = t_k + nT$。那么，传输误差可以转换为

$$\boldsymbol{e}(t_k) = \boldsymbol{x}(s_k T) - \boldsymbol{x}(t_k) \tag{2.6}$$

网络时延选取为 $d(t)=t-(t_k+nT)=t-s_kT$, $0\leqslant d(t)\leqslant T+\bar{d}=d$, 其中，$t\in\Lambda_{n,k}$, $\Lambda_{n,k}\triangleq\big[t_k+nT+\tau_{t_k+n},t_k+(n+1)T+\tau_{t_k+n+1}\big),n=0,1,\cdots,q$。

那么，模糊控制器的实际输入为

$$\boldsymbol{x}(t_k)=\boldsymbol{x}(s_kT)-\boldsymbol{e}(t_k)=\boldsymbol{x}\big(t-d(t)\big)-\boldsymbol{e}(t_k),t\in[t_k+\tau_{t_k},t_{k+1}+\tau_{t_{k+1}})\tag{2.7}$$

新的事件触发条件表示如下：

$$\boldsymbol{e}^{\mathrm{T}}(t_k)\boldsymbol{\Upsilon}_1\boldsymbol{e}(t_k)\leqslant\varphi\big[\boldsymbol{x}\big(t-d(t)\big)-\boldsymbol{e}(t_k)\big]^{\mathrm{T}}\boldsymbol{\Upsilon}_2\big[\boldsymbol{x}\big(t-d(t)\big)-\boldsymbol{e}(t_k)\big]\tag{2.8}$$

因此，得到完整的闭环控制系统：

$$\begin{cases}\dot{\boldsymbol{x}}(t)= & \displaystyle\sum_{i=1}^{r}\sum_{j=1}^{r}f_i\big(\zeta(t)\big)f_j\big(\zeta(t)\big)\Big\{\boldsymbol{A}_i\boldsymbol{x}(t)+\boldsymbol{A}_{hi}\boldsymbol{h}\big(\boldsymbol{x}(t)\big)\\ & +\boldsymbol{B}_iG_j\boldsymbol{x}\big(t-d(t)\big)-\boldsymbol{B}_iG_je(t_k)+\boldsymbol{C}_i\boldsymbol{\omega}(t)\Big\}\\ \boldsymbol{z}(t)= & \displaystyle\sum_{i=1}^{r}\sum_{j=1}^{r}f_i\big(\zeta(t)\big)f_j\big(\zeta(t)\big)\Big\{\boldsymbol{D}_i\boldsymbol{x}(t)+\boldsymbol{D}_{hi}\boldsymbol{h}\big(\boldsymbol{x}(t)\big)\\ & +\boldsymbol{E}_iG_j\boldsymbol{x}\big(t-d(t)\big)-\boldsymbol{E}_iG_je(t_k)+\boldsymbol{F}_i\boldsymbol{\omega}(t)\Big\}\end{cases}\tag{2.9}$$

定义 2.1 当下列条件成立时，系统式 (2.9) 满足 $\mathcal{H}_\infty$ 性能指标下的渐近稳定:

(1) 当 $\boldsymbol{\omega}(t)=0$ 时，系统式 (2.9) 是渐近稳定的；

(2) 在零初始条件下，对于所有非零 $\boldsymbol{\omega}(t)\in\mathcal{L}_2[0,\infty)$，满足

$$\int_0^\infty\boldsymbol{z}^{\mathrm{T}}(t)\boldsymbol{z}(t)\mathrm{d}t\leqslant\varepsilon^2\int_0^\infty\boldsymbol{\omega}^{\mathrm{T}}(t)\boldsymbol{\omega}(t)\mathrm{d}t$$

其中，$\varepsilon>0$ 是 $\mathcal{H}_\infty$ 干扰抑制性能指标。

定义 2.2 [151] 给定一个矩阵 $\boldsymbol{P}\triangleq[p_{ij}]\in\mathbf{R}^{n\times n}$, 如果 $\boldsymbol{P}>0$ ($\boldsymbol{P}\geqslant0$)，且满足如下所示的（行）对角占优特性，那么矩阵 $\boldsymbol{P}$ 被称为是正定（半正定）对角占优:

$$\forall i,|p_{ii}|\geqslant\sum_{j\neq i}|p_{ij}|$$

引理 2.1 [151] 如果矩阵 $\boldsymbol{P}>0$ 是正定对角占优矩阵，那么对于所有满足假设 2.1的非线性函数 $\boldsymbol{h}(\cdot)$，则有

$$\boldsymbol{h}^{\mathrm{T}}(x)\boldsymbol{P}\boldsymbol{h}(\boldsymbol{x})\leqslant\boldsymbol{x}^{\mathrm{T}}\boldsymbol{P}\boldsymbol{x},\quad\forall\boldsymbol{x}\in\mathbf{R}^n$$

引理 2.2 [151] 对于给定的矩阵 $\boldsymbol{P} \triangleq [p_{ij}] \in \mathbf{R}^{n\times n}$，要使其为正定对角占优矩阵，当且仅当 $\boldsymbol{P} > 0$，且引入一个对称矩阵 $\boldsymbol{R} \triangleq [r_{ij}] \in \mathbf{R}^{n\times n}$ 时，满足下列条件：

$$\forall i \neq j, \quad r_{ij} \geqslant 0, \quad p_{ij} + r_{ij} \geqslant 0$$
$$\forall i, \quad p_{ii} \geqslant \sum_{j\neq i}(p_{ij} + 2r_{ij})$$

其中，包含 $n(n-1)/2$ 个变量 r_{ij} 和 n^2 个不等式。

2.2 模糊系统 $\mathcal{H}_\infty$ 性能分析

基于上述标量非线性模糊系统的分析与讨论，给出闭环控制系统式 (2.9) 满足特定的 $\mathcal{H}_\infty$ 性能指标渐近稳定性的充分条件。

定理 2.1 给定标量 $\psi \in [0,1)$, $\varphi \in [0,1)$, $\varepsilon > 0$, $\kappa > 0$, $d_M > d_m > 0$，闭环控制系统式 (2.9) 满足 $\mathcal{H}_\infty$ 性能指标的渐近稳定性条件是：存在具有合适维数的正定实矩阵 $\boldsymbol{\Upsilon}_1$, $\boldsymbol{\Upsilon}_2$, $\boldsymbol{P}$, $\boldsymbol{Q}_{1i}$, $\boldsymbol{Q}_{2i}$, $\boldsymbol{Q}_{3i}$, $\boldsymbol{R}_1$, $\boldsymbol{R}_2$, $\boldsymbol{R}_3$ 和 $\boldsymbol{S}$，满足

$$\frac{1}{r-1}\boldsymbol{\varLambda}^{iiuvw} + \frac{1}{2}(\boldsymbol{\varLambda}^{ijuvw} + \boldsymbol{\varLambda}^{jiuvw}) < 0 \tag{2.10}$$

$$\boldsymbol{\varLambda}^{iiuvw} < 0 \tag{2.11}$$

$$\Xi \triangleq \begin{bmatrix} \boldsymbol{R}_3 & \boldsymbol{S} \\ \star & \boldsymbol{R}_3 \end{bmatrix} \geqslant 0 \tag{2.12}$$

其中

$$\boldsymbol{\varLambda}^{ijuvw} = \begin{bmatrix} \varLambda_{11}^{iju} & \varLambda_{12}^{ii} & \varLambda_{13}^{ij} & \varLambda_{14}^{ij} \\ \star & \varLambda_{22}^{vw} & 0 & \varLambda_{24}^{ii} \\ \star & \star & \varLambda_{33} & \varLambda_{34}^{ij} \\ \star & \star & \star & -I \end{bmatrix}$$

$$\boldsymbol{\varLambda}_{11}^{iju} \triangleq \left[\begin{matrix} 2\boldsymbol{P}\boldsymbol{A}_i - \psi(\boldsymbol{R}_1 + \boldsymbol{R}_2) + \boldsymbol{Q}_{1i} + \boldsymbol{Q}_{2i} + \boldsymbol{Q}_{3i} \\ \star \end{matrix}\right.$$
$$\left.\begin{matrix} \boldsymbol{P}\boldsymbol{B}_i\boldsymbol{G}_j \\ -(1-\kappa)\boldsymbol{Q}_{3u} + 2(\boldsymbol{S} - \boldsymbol{R}_3) + \varphi\boldsymbol{\Upsilon}_2 \end{matrix}\right]$$

$$\boldsymbol{\varLambda}_{12}^{ii} \triangleq \begin{bmatrix} \boldsymbol{R}_1 & \boldsymbol{R}_2 & \boldsymbol{P}\boldsymbol{A}_{hi} \\ \boldsymbol{R}_3 - \boldsymbol{S}^{\mathrm{T}} & \boldsymbol{R}_3 - \boldsymbol{S} & 0 \end{bmatrix}$$

$$\boldsymbol{\Lambda}_{13}^{ij} \triangleq \begin{bmatrix} -\boldsymbol{P}\boldsymbol{B}_i\boldsymbol{G}_j & \boldsymbol{P}\boldsymbol{C}_i \\ -\varphi\boldsymbol{\Upsilon}_2 & 0 \end{bmatrix}, \quad \boldsymbol{\Lambda}_{14}^{ij} \triangleq \begin{bmatrix} \boldsymbol{D}_i^{\mathrm{T}} \\ \boldsymbol{G}_j^{\mathrm{T}}\boldsymbol{E}_i^{\mathrm{T}} \end{bmatrix}$$

$$\boldsymbol{\Lambda}_{22}^{vw} \triangleq \begin{bmatrix} -\boldsymbol{Q}_{1v} - \boldsymbol{R}_1 - \boldsymbol{R}_3 & \boldsymbol{S} & 0 \\ \star & -\boldsymbol{Q}_{2w} - \boldsymbol{R}_2 - \boldsymbol{R}_3 & 0 \\ \star & \star & -(1-\psi)(\boldsymbol{R}_1 + \boldsymbol{R}_2) \end{bmatrix}$$

$$\boldsymbol{\Lambda}_{24}^{ii} \triangleq \begin{bmatrix} 0 \\ 0 \\ \boldsymbol{D}_{hi}^{\mathrm{T}} \end{bmatrix}, \quad \boldsymbol{\Lambda}_{33} \triangleq \begin{bmatrix} \varphi\boldsymbol{\Upsilon}_2 - \boldsymbol{\Upsilon}_1 & 0 \\ \star & -\varepsilon^2 I \end{bmatrix}, \quad \boldsymbol{\Lambda}_{34}^{ij} \triangleq \begin{bmatrix} -\boldsymbol{G}_j^{\mathrm{T}}\boldsymbol{E}_i^{\mathrm{T}} \\ \boldsymbol{F}_i^{\mathrm{T}} \end{bmatrix}$$

证明 选择 Lyapunov 函数：$V(t) \triangleq \sum\limits_{l=1}^{3} V_l(t)$，其中，

$$\begin{aligned} V_1(t) &\triangleq \boldsymbol{x}^{\mathrm{T}}(t)\boldsymbol{P}\boldsymbol{x}(t) \\ V_2(t) &\triangleq \int_{t-d_m}^{t} \boldsymbol{x}^{\mathrm{T}}(s)\boldsymbol{Q}_1(s)\boldsymbol{x}(s)\mathrm{d}s + \int_{t-d_M}^{t} \boldsymbol{x}^{\mathrm{T}}(s)\boldsymbol{Q}_2(s)\boldsymbol{x}(s)\mathrm{d}s \\ &\quad + \int_{t-d(t)}^{t} \boldsymbol{x}^{\mathrm{T}}(s)\boldsymbol{Q}_3(s)\boldsymbol{x}(s)\mathrm{d}s \\ V_3(t) &\triangleq d_m \int_{-d_m}^{0}\int_{t+\theta}^{t} \dot{\boldsymbol{x}}^{\mathrm{T}}(s)\boldsymbol{R}_1\dot{\boldsymbol{x}}(s)\mathrm{d}s\mathrm{d}\theta + d_M \int_{-d_M}^{0}\int_{t+\theta}^{t} \dot{\boldsymbol{x}}^{\mathrm{T}}(s)\boldsymbol{R}_2\dot{\boldsymbol{x}}(s)\mathrm{d}s\mathrm{d}\theta \\ &\quad + d_{Mm} \int_{-d_M}^{-d_m}\int_{t+\theta}^{t} \dot{\boldsymbol{x}}^{\mathrm{T}}(s)\boldsymbol{R}_3\dot{\boldsymbol{x}}(s)\mathrm{d}s\mathrm{d}\theta \end{aligned} \tag{2.13}$$

其中，$\boldsymbol{Q}_1(s) \triangleq \sum\limits_{i=1}^{r} f_i(\zeta(t))\boldsymbol{Q}_{1i}$, $\boldsymbol{Q}_2(s) \triangleq \sum\limits_{i=1}^{r} f_i(\zeta(t))\boldsymbol{Q}_{2i}$, $\boldsymbol{Q}_3(s) \triangleq \sum\limits_{i=1}^{r} f_i(\zeta(t))\boldsymbol{Q}_{3i}$ 表示包含了隶属度函数的模糊加权矩阵；$\boldsymbol{P}$, $\boldsymbol{Q}_{1i}$, $\boldsymbol{Q}_{2i}$, $\boldsymbol{Q}_{3i}$, $\boldsymbol{R}_1$, $\boldsymbol{R}_2$, $\boldsymbol{R}_3$ 表示待确定的正定实矩阵，其中 $\boldsymbol{R}_1$, $\boldsymbol{R}_2$ 为正定对角占优矩阵；d_m 和 d_M 为满足 $d_m < d(t) < d_M$ 的常数，引入 $d_{Mm} = d_M - d_m$，那么，沿着闭环系统式 (2.9) 的状态轨迹，可得

$$\begin{aligned} \dot{V}_1(t) &= 2\boldsymbol{x}^{\mathrm{T}}(t)\boldsymbol{P}\dot{\boldsymbol{x}}(t) \\ &= 2\boldsymbol{x}^{\mathrm{T}}(t)\boldsymbol{P}\sum_{i=1}^{r}\sum_{j=1}^{r} f_i(\zeta(t))f_j(\zeta(t))\big[\boldsymbol{A}_i\boldsymbol{x}(t) + \boldsymbol{A}_{hi}\boldsymbol{h}(\boldsymbol{x}(t)) + \boldsymbol{B}_i\boldsymbol{G}_j\boldsymbol{x}(t-d(t)) \\ &\quad - \boldsymbol{B}_i\boldsymbol{G}_j\boldsymbol{e}(t_k) + \boldsymbol{C}_i\boldsymbol{w}(t)\big] \end{aligned}$$

$$
\begin{aligned}
\dot{V}_2(t) &= \boldsymbol{x}^{\mathrm{T}}(t)\boldsymbol{Q}_1(t)\boldsymbol{x}(t) - \boldsymbol{x}^{\mathrm{T}}(t-d_m)\boldsymbol{Q}_1(t-d_m)\boldsymbol{x}(t-d_m) \\
&\quad + \boldsymbol{x}^{\mathrm{T}}(t)\boldsymbol{Q}_2(t)\boldsymbol{x}(t) + \boldsymbol{x}^{\mathrm{T}}(t)\boldsymbol{Q}_3(t)\boldsymbol{x}(t) - \boldsymbol{x}^{\mathrm{T}}(t-d_M)\boldsymbol{Q}_2(t-d_M)\boldsymbol{x}(t-d_M) \\
&\quad - [1-\dot{d}(t)]\boldsymbol{x}^{\mathrm{T}}\big(t-d(t)\big)\boldsymbol{Q}_3\big(t-d(t)\big)\boldsymbol{x}\big(t-d(t)\big) \\
&\leqslant \boldsymbol{x}^{\mathrm{T}}(t)\big[\boldsymbol{Q}_1(t)+\boldsymbol{Q}_2(t)+\boldsymbol{Q}_3(t)\big]\boldsymbol{x}(t) \\
&\quad - \boldsymbol{x}^{\mathrm{T}}(t-d_m)\boldsymbol{Q}_1(t-d_m)\boldsymbol{x}(t-d_m) - \boldsymbol{x}^{\mathrm{T}}(t-d_M)\boldsymbol{Q}_2(t-d_M)\boldsymbol{x}(t-d_M) \\
&\quad - (1-\kappa)\boldsymbol{x}^{\mathrm{T}}\big(t-d(t)\big)\boldsymbol{Q}_3\big(t-d(t)\big)\boldsymbol{x}\big(t-d(t)\big)
\end{aligned}
$$

$$
\begin{aligned}
\dot{V}_3(t) &= d_m^2\dot{\boldsymbol{x}}^{\mathrm{T}}(t)\boldsymbol{R}_1\dot{\boldsymbol{x}}(t) - d_m\int_{t-d_m}^{t}\dot{\boldsymbol{x}}^{\mathrm{T}}(s)\boldsymbol{R}_1\dot{\boldsymbol{x}}(s)\mathrm{d}s \\
&\quad + d_M^2\dot{\boldsymbol{x}}^{\mathrm{T}}(t)\boldsymbol{R}_2\dot{\boldsymbol{x}}(t) - d_M\int_{t-d_M}^{t}\dot{\boldsymbol{x}}^{\mathrm{T}}(s)\boldsymbol{R}_2\dot{\boldsymbol{x}}(s)\mathrm{d}s \\
&\quad + d_{Mm}^2\dot{\boldsymbol{x}}^{\mathrm{T}}(t)\boldsymbol{R}_3\dot{\boldsymbol{x}}(t) - d_{Mm}\int_{t-d_M}^{t-d(t)}\dot{\boldsymbol{x}}^{\mathrm{T}}(s)\boldsymbol{R}_3\dot{\boldsymbol{x}}(s)\mathrm{d}s \\
&\quad - d_{Mm}\int_{t-d(t)}^{t-d_m}\dot{\boldsymbol{x}}^{\mathrm{T}}(s)\boldsymbol{R}_3\dot{\boldsymbol{x}}(s)\mathrm{d}s \\
&\leqslant d_m^2\dot{\boldsymbol{x}}^{\mathrm{T}}(t)\boldsymbol{R}_1\dot{\boldsymbol{x}}(t) + d_M^2\dot{\boldsymbol{x}}^{\mathrm{T}}(t)\boldsymbol{R}_2\dot{\boldsymbol{x}}(t) + d_{Mm}^2\dot{\boldsymbol{x}}^{\mathrm{T}}(t)\boldsymbol{R}_3\dot{\boldsymbol{x}}(t) \\
&\quad - \boldsymbol{x}^{\mathrm{T}}(t-d_m)\boldsymbol{R}_1\boldsymbol{x}(t-d_m) - \boldsymbol{x}^{\mathrm{T}}(t)\big[\boldsymbol{R}_1+\boldsymbol{R}_2\big]\boldsymbol{x}(t) \\
&\quad - \boldsymbol{x}^{\mathrm{T}}(t-d_M)\boldsymbol{R}_2\boldsymbol{x}(t-d_M) + 2\boldsymbol{x}^{\mathrm{T}}(t)\boldsymbol{R}_1\boldsymbol{x}(t-d_m) \\
&\quad + 2\boldsymbol{x}^{\mathrm{T}}(t)\boldsymbol{R}_2\boldsymbol{x}(t-d_M) - \boldsymbol{X}^{\mathrm{T}}\Xi\boldsymbol{X} \\
\boldsymbol{X} &= \begin{bmatrix} \boldsymbol{x}(t-d_m) - \boldsymbol{x}\big(t-d(t)\big) \\ \boldsymbol{x}\big(t-d(t)\big) - \boldsymbol{x}(t-d_M) \end{bmatrix}
\end{aligned} \tag{2.14}
$$

当 $d(t)=d_m$ 或 $d(t)=d_M$ 时，上式仍然成立，因为 $\boldsymbol{x}(t-d_m)-\boldsymbol{x}\big(t-d(t)\big)=0$ 或 $\boldsymbol{x}\big(t-d(t)\big)-\boldsymbol{x}(t-d_M)=0$。

运用引理 2.1，可以得到

$$
\boldsymbol{h}^{\mathrm{T}}\big(\boldsymbol{x}(t)\big)\big[\boldsymbol{R}_1+\boldsymbol{R}_2\big]\boldsymbol{h}\big(\boldsymbol{x}(t)\big) \leqslant \boldsymbol{x}^{\mathrm{T}}(t)\big[\boldsymbol{R}_1+\boldsymbol{R}_2\big]\boldsymbol{x}(t)
$$

那么，对于 $\psi \in [0,1)$,

$$
-(1-\psi)\boldsymbol{x}^{\mathrm{T}}(t)\big[\boldsymbol{R}_1+\boldsymbol{R}_2\big]\boldsymbol{x}(t) \leqslant -(1-\psi)\boldsymbol{h}^{\mathrm{T}}\big(\boldsymbol{x}(t)\big)\big[\boldsymbol{R}_1+\boldsymbol{R}_2\big]\boldsymbol{h}\big(\boldsymbol{x}(t)\big) \tag{2.15}
$$

因此，由 (2.14) 可得

$$
\dot{V}(t) \leqslant 2\boldsymbol{x}^{\mathrm{T}}(t)\boldsymbol{P}\boldsymbol{A}_i\boldsymbol{x}(t) + 2\boldsymbol{x}^{\mathrm{T}}(t)\boldsymbol{P}\boldsymbol{A}_{hi}h\big(\boldsymbol{x}(t)\big) + 2\boldsymbol{x}^{\mathrm{T}}(t)\boldsymbol{P}\boldsymbol{B}_i\boldsymbol{G}_j\boldsymbol{x}\big(t-d(t)\big)
$$

$$\begin{aligned}&-2\boldsymbol{x}^{\mathrm{T}}(t)\boldsymbol{P}\boldsymbol{B}_i\boldsymbol{G}_j\boldsymbol{e}(t_k)+2\boldsymbol{x}^{\mathrm{T}}(t)\boldsymbol{P}\boldsymbol{C}_i\boldsymbol{w}(t)+d_m^2\dot{\boldsymbol{x}}^{\mathrm{T}}(t)\boldsymbol{R}_1\dot{\boldsymbol{x}}(t)\\&+d_M^2\dot{\boldsymbol{x}}^{\mathrm{T}}(t)\boldsymbol{R}_2\dot{\boldsymbol{x}}(t)+d_{Mm}^2\dot{\boldsymbol{x}}^{\mathrm{T}}(t)\boldsymbol{R}_3\dot{\boldsymbol{x}}(t)+\boldsymbol{x}^{\mathrm{T}}(t)\big[\boldsymbol{Q}_1(t)+\boldsymbol{Q}_2(t)+\boldsymbol{Q}_3(t)\big]\boldsymbol{x}(t)\\&-\boldsymbol{x}^{\mathrm{T}}(t-d_m)\boldsymbol{Q}_1(t-d_m)\boldsymbol{x}(t-d_m)-\boldsymbol{x}^{\mathrm{T}}(t-d_M)\boldsymbol{Q}_2(t-d_M)\boldsymbol{x}(t-d_M)\\&-(1-\kappa)\boldsymbol{x}^{\mathrm{T}}\big(t-d(t)\big)\boldsymbol{Q}_3\big(t-d(t)\big)\boldsymbol{x}\big(t-d(t)\big)-\boldsymbol{x}^{\mathrm{T}}(t-d_m)\boldsymbol{R}_1\boldsymbol{x}(t-d_m)\\&-\boldsymbol{x}^{\mathrm{T}}(t)\big[\boldsymbol{R}_1+\boldsymbol{R}_2\big]\boldsymbol{x}(t)-\boldsymbol{x}^{\mathrm{T}}(t-d_M)\boldsymbol{R}_2\boldsymbol{x}(t-d_M)+2\boldsymbol{x}^{\mathrm{T}}(t)\boldsymbol{R}_1\boldsymbol{x}(t-d_m)\\&+2\boldsymbol{x}^{\mathrm{T}}(t)\boldsymbol{R}_2\boldsymbol{x}(t-d_M)-\boldsymbol{X}^{\mathrm{T}}\boldsymbol{Y}\boldsymbol{X}\end{aligned}$$

定义

$$\begin{aligned}\boldsymbol{\Gamma}(t)&\triangleq\Big[\boldsymbol{x}^{\mathrm{T}}(t)\quad\boldsymbol{\Gamma}_1^{\mathrm{T}}(t)\quad\boldsymbol{h}^{\mathrm{T}}\big(\boldsymbol{x}(t)\big)\quad\boldsymbol{e}^{\mathrm{T}}(t_k)\quad\boldsymbol{\omega}^{\mathrm{T}}(t)\Big]^{\mathrm{T}}\\\boldsymbol{\Gamma}_1(t)&\triangleq\Big[\boldsymbol{x}^{\mathrm{T}}\big(t-d(t)\big)\quad\boldsymbol{x}^{\mathrm{T}}(t-d_m)\quad\boldsymbol{x}^{\mathrm{T}}(t-d_M)\Big]^{\mathrm{T}}\end{aligned}$$

考虑式 (2.8) 中的事件触发条件, 设置

$$\boldsymbol{\Theta}(t)\triangleq\varphi\big[\boldsymbol{x}\big(t-d(t)\big)-\boldsymbol{e}(t_k)\big]^{\mathrm{T}}\boldsymbol{\Upsilon}_2\big[\boldsymbol{x}\big(t-d(t)\big)-\boldsymbol{e}(t_k)\big]-\boldsymbol{e}^{\mathrm{T}}(t_k)\boldsymbol{\Upsilon}_1\boldsymbol{e}(t_k)>0 \tag{2.16}$$

然后，研究模糊动态系统具有特定 $\mathcal{H}_\infty$ 性能指标的渐近稳定性。引入指标：

$$\begin{aligned}\mathcal{J}(t)&\triangleq\int_0^\infty\Big[\boldsymbol{z}^{\mathrm{T}}(t)\boldsymbol{z}(t)-\varepsilon^2\boldsymbol{\omega}^{\mathrm{T}}(t)\boldsymbol{\omega}(t)\Big]\mathrm{d}t\\&\leqslant\int_0^\infty\Big[\boldsymbol{z}^{\mathrm{T}}(t)\boldsymbol{z}(t)-\varepsilon^2\boldsymbol{\omega}^{\mathrm{T}}(t)\boldsymbol{\omega}(t)\Big]\mathrm{d}t+V(t)-V(0)\\&\triangleq\int_0^\infty\Big[\boldsymbol{z}^{\mathrm{T}}(t)\boldsymbol{z}(t)-\varepsilon^2\boldsymbol{\omega}^{\mathrm{T}}(t)\boldsymbol{\omega}(t)+\dot{V}(t)\Big]\mathrm{d}t\end{aligned} \tag{2.17}$$

对式 (2.10) 和式 (2.11) 运用舒尔补定理，由式 (2.14)~ 式 (2.17) 可得

$$\begin{aligned}&\dot{V}(t)+\boldsymbol{z}^{\mathrm{T}}(t)\boldsymbol{z}(t)-\varepsilon^2\boldsymbol{\omega}^{\mathrm{T}}(t)\boldsymbol{\omega}(t)+\boldsymbol{\Theta}(t)\\\leqslant&\sum_{i=1}^r\sum_{j=1}^r f_i\big(\zeta(t)\big)f_j\big(\zeta(t)\big)\Big\{\boldsymbol{\Gamma}^{\mathrm{T}}(t)\bar{\Lambda}^{ijuvw}\boldsymbol{\Gamma}(t)\Big\}\end{aligned} \tag{2.18}$$

考虑式 (2.16) 中的条件 $\boldsymbol{\Theta}(t)>0$ ，则有

$$\dot{V}(t)+\boldsymbol{z}^{\mathrm{T}}(t)\boldsymbol{z}(t)-\varepsilon^2\boldsymbol{\omega}^{\mathrm{T}}(t)\boldsymbol{\omega}(t)<0 \tag{2.19}$$

当扰动输入 $\boldsymbol{\omega}(t)=0$，可得 $\dot{V}(t)<0$ ，那么闭环控制系统式 (2.9) 渐近稳定。

当扰动输入 $\boldsymbol{\omega}(t) \neq 0$ 时，基于零初始条件，对不等式 (2.19) 的左右两边分别从 $0 \sim \infty$ 进行积分可得 $\mathcal{J}(t) < 0$，意味着 $\int_0^\infty \| \boldsymbol{z}(t) \|^2 \, \mathrm{d}t < \varepsilon^2 \int_0^\infty \| \boldsymbol{\omega}(t) \|^2 \, \mathrm{d}t$。因此，系统式 (2.9) 渐近稳定，且满足 $\mathcal{H}_\infty$ 性能指标 ε。定理得证。

2.3　事件触发控制器设计

基于定理 2.1得到的稳定性分析结果，推导出模糊动态系统的 $\mathcal{H}_\infty$ 事件触发控制器设计的可解性条件，提出如下定理。

定理 2.2　给定标量 $\psi \in [0,1)$, $\varphi \in [0,1)$, $\varepsilon > 0$, $\kappa > 0$, $d_M > d_m > 0$，闭环控制系统式 (2.9) 满足渐近稳定及特定的 $\mathcal{H}_\infty$ 性能指标的条件是：存在具有合适维数的正定实矩阵 $\boldsymbol{L}, \hat{\boldsymbol{\Upsilon}}_1, \hat{\boldsymbol{\Upsilon}}_2, \hat{\boldsymbol{Q}}_{1i}, \hat{\boldsymbol{Q}}_{2i}, \hat{\boldsymbol{Q}}_{3i}, \hat{\boldsymbol{R}}_3, \hat{\boldsymbol{S}}$, 以及 $0 < \hat{\boldsymbol{R}}_1 \triangleq [r_1^{ab}] \in \mathbf{R}^{n\times n}$, $0 < \hat{\boldsymbol{R}}_2 \triangleq [r_2^{ab}] \in \mathbf{R}^{n\times n}$, $\boldsymbol{T}_1 = \boldsymbol{T}_1^{\mathrm{T}} \triangleq [t_1^{ab}] \in \mathbf{R}^{n\times n}$, $\boldsymbol{T}_2 = \boldsymbol{T}_2^{\mathrm{T}} \triangleq [t_2^{ab}] \in \mathbf{R}^{n\times n}$, $a, b \in \{1, 2, \cdots, n\}$, $\epsilon = 1, 2$，满足

$$\frac{1}{r-1}\hat{\boldsymbol{\Lambda}}^{iiuvw} + \frac{1}{2}(\hat{\boldsymbol{\Lambda}}^{ijuvw} + \hat{\boldsymbol{\Lambda}}^{jiuvw}) < 0 \tag{2.20}$$

$$\hat{\boldsymbol{\Lambda}}^{iiuvw} < 0 \tag{2.21}$$

$$\hat{\Xi} \triangleq \begin{bmatrix} \hat{\boldsymbol{R}}_3 & \hat{\boldsymbol{S}} \\ \star & \hat{\boldsymbol{R}}_3 \end{bmatrix} \geqslant 0 \tag{2.22}$$

$$\forall a \neq b, \quad t_\epsilon^{ab} \geqslant 0 \tag{2.23}$$

$$\forall a \neq b, \quad r_\epsilon^{ab} + t_\epsilon^{ab} \geqslant 0 \tag{2.24}$$

$$\forall a, \quad r_\epsilon^{aa} - \sum_{a\neq b}(r_\epsilon^{ab} + 2t_\epsilon^{ab}) \geqslant 0 \tag{2.25}$$

$$\boldsymbol{PL} = \boldsymbol{I} \tag{2.26}$$

其中，$\hat{\boldsymbol{\Lambda}}^{ijuvw} = \begin{bmatrix} \hat{\boldsymbol{\Lambda}}_{11}^{iju} & \hat{\boldsymbol{\Lambda}}_{12}^{ii} & \hat{\boldsymbol{\Lambda}}_{13}^{ij} & \hat{\boldsymbol{\Lambda}}_{14}^{ij} \\ \star & \hat{\boldsymbol{\Lambda}}_{22}^{vw} & 0 & \hat{\boldsymbol{\Lambda}}_{24}^{ii} \\ \star & \star & \hat{\boldsymbol{\Lambda}}_{33} & \hat{\boldsymbol{\Lambda}}_{34}^{ij} \\ \star & \star & \star & -\boldsymbol{I} \end{bmatrix}$,

$$\hat{\boldsymbol{\Lambda}}_{11}^{iju} \triangleq \left[\begin{array}{l} 2\boldsymbol{A}_i\boldsymbol{L} - \psi(\hat{\boldsymbol{R}}_1 + \hat{\boldsymbol{R}}_2) + \hat{\boldsymbol{Q}}_{1i} + \hat{\boldsymbol{Q}}_{2i} + \hat{\boldsymbol{Q}}_{3i} \\ \star \end{array} \right.$$

$$\begin{bmatrix} \boldsymbol{B}_i\boldsymbol{H}_j \\ -(1-\kappa)\hat{\boldsymbol{Q}}_{3u}+2(\hat{\boldsymbol{S}}-\hat{\boldsymbol{R}}_3)+\varphi\hat{\boldsymbol{\Upsilon}}_2 \end{bmatrix},\quad \hat{\boldsymbol{\Lambda}}_{14}^{ij}\triangleq\begin{bmatrix} \boldsymbol{L}\boldsymbol{D}_i^{\mathrm{T}} \\ \boldsymbol{H}_j^{\mathrm{T}}\boldsymbol{E}_i^{\mathrm{T}} \end{bmatrix},$$

$$\hat{\boldsymbol{\Lambda}}_{12}^{ii}\triangleq\begin{bmatrix} \hat{\boldsymbol{R}}_1 & \hat{\boldsymbol{R}}_2 & \boldsymbol{A}_{hi}\boldsymbol{L} \\ \hat{\boldsymbol{R}}_3-\hat{\boldsymbol{S}}^{\mathrm{T}} & \hat{\boldsymbol{R}}_3-\hat{\boldsymbol{S}} & 0 \end{bmatrix},\quad \hat{\boldsymbol{\Lambda}}_{13}^{ij}\triangleq\begin{bmatrix} -\boldsymbol{B}_i\boldsymbol{H}_j & \boldsymbol{C}_i \\ -\varphi\hat{\boldsymbol{\Upsilon}}_2 & 0 \end{bmatrix},$$

$$\hat{\boldsymbol{\Lambda}}_{22}^{vw}\triangleq\begin{bmatrix} -\hat{\boldsymbol{Q}}_{1v}-\hat{\boldsymbol{R}}_1-\hat{\boldsymbol{R}}_3 & \hat{\boldsymbol{S}} & 0 \\ \star & -\hat{\boldsymbol{Q}}_{2w}-\hat{\boldsymbol{R}}_2-\hat{\boldsymbol{R}}_3 & 0 \\ \star & \star & -(1-\psi)[\hat{\boldsymbol{R}}_1+\hat{\boldsymbol{R}}_2] \end{bmatrix},$$

$$\hat{\boldsymbol{\Lambda}}_{24}^{ii}\triangleq\begin{bmatrix} 0 \\ 0 \\ \boldsymbol{L}\boldsymbol{D}_{hi}^{\mathrm{T}} \end{bmatrix},\quad \hat{\boldsymbol{\Lambda}}_{33}\triangleq\begin{bmatrix} \varphi\hat{\boldsymbol{\Upsilon}}_2-\hat{\boldsymbol{\Upsilon}}_1 & 0 \\ \star & -\varepsilon^2\boldsymbol{I} \end{bmatrix},\quad \hat{\boldsymbol{\Lambda}}_{34}^{ij}\triangleq\begin{bmatrix} -\boldsymbol{H}_j^{\mathrm{T}}\boldsymbol{E}_i^{\mathrm{T}} \\ \boldsymbol{F}_i^{\mathrm{T}} \end{bmatrix}。$$

此外，若上述条件可解，模糊控制器增益可以构造为

$$\boldsymbol{G}_j=\boldsymbol{H}_j\boldsymbol{L}^{-1} \tag{2.27}$$

证明 定义

$$\begin{aligned}
&\boldsymbol{L}\triangleq\boldsymbol{P}^{-1},\ \boldsymbol{H}_j\triangleq\boldsymbol{G}_j\boldsymbol{L},\ \hat{\boldsymbol{Q}}_{1i}\triangleq\boldsymbol{L}\boldsymbol{Q}_{1i}\boldsymbol{L},\ \hat{\boldsymbol{Q}}_{2i}\triangleq\boldsymbol{L}\boldsymbol{Q}_{2i}\boldsymbol{L},\ \hat{\boldsymbol{Q}}_{3i}\triangleq\boldsymbol{L}\boldsymbol{Q}_{3i}\boldsymbol{L},\\
&\hat{\boldsymbol{R}}_1\triangleq\boldsymbol{L}\boldsymbol{R}_1\boldsymbol{L},\ \hat{\boldsymbol{R}}_2\triangleq\boldsymbol{L}\boldsymbol{R}_2\boldsymbol{L},\ \hat{\boldsymbol{R}}_3\triangleq\boldsymbol{L}\boldsymbol{R}_3\boldsymbol{L},\ \hat{\boldsymbol{S}}\triangleq\boldsymbol{L}\boldsymbol{S}\boldsymbol{L},\\
&\hat{\boldsymbol{\Upsilon}}_1\triangleq\boldsymbol{L}\boldsymbol{\Upsilon}_1\boldsymbol{L},\ \hat{\boldsymbol{\Upsilon}}_2\triangleq\boldsymbol{L}\boldsymbol{\Upsilon}_2\boldsymbol{L}
\end{aligned}$$

引入 $\boldsymbol{\Gamma}_1=\mathrm{diag}\left\{\begin{array}{cccccccc}\boldsymbol{L} & \boldsymbol{L} & \boldsymbol{L} & \boldsymbol{L} & \boldsymbol{L} & \boldsymbol{L} & \boldsymbol{I} & \boldsymbol{I}\end{array}\right\}, \boldsymbol{\Gamma}_2=\mathrm{diag}\left\{\begin{array}{cc}\boldsymbol{L} & \boldsymbol{L}\end{array}\right\}$。基于上述描述，可得 $\hat{\Xi}=\boldsymbol{\Gamma}_2\Xi\boldsymbol{\Gamma}_2$，那么条件式 (2.12) 成立。对定理 2.1中的不等式 (2.10) 和式 (2.11) 分别左乘右乘矩阵 $\boldsymbol{\Gamma}_1$，则有式 (2.20) 和式 (2.21)。此外，对于 $\epsilon=1,2$, 从式 (2.23)~ 式 (2.25) 可得

$$r_\epsilon^{aa}\geqslant\sum_{a\neq b}(r_\epsilon^{ab}+2t_\epsilon^{ab})=\sum_{a\neq b}\left(\left|r_\epsilon^{ab}+t_\epsilon^{ab}\right|+\left|-t_\epsilon^{ab}\right|\right)\geqslant\sum_{a\neq b}\left|r_\epsilon^{ab}\right|$$

这确保了正定矩阵 $\boldsymbol{R}_1, \boldsymbol{R}_2$ 对角占优。因此，定理 2.2得证。

注 2.2 值得注意的是，由于式 (2.26)，定理 2.2中得到的条件并不都是严格的线性矩阵不等式，无法直接用标准数值软件求解。因此，通过锥互补线性化方法，提出了包含线性矩阵不等式条件的最小化求解方案，可将上述非凸可行性问题转化为一系列满足约束的优化问题。

$\mathcal{H}_\infty$ **模糊控制问题**：trace($\boldsymbol{PL}$) 最小，且满足条件式 (2.20)~ 式 (2.25)，以及

$$\begin{bmatrix} \boldsymbol{P} & \boldsymbol{I} \\ \boldsymbol{I} & \boldsymbol{L} \end{bmatrix} \geqslant 0 \tag{2.28}$$

假设上述最小化问题的解存在，并且满足最小的 trace$(\boldsymbol{PL}) = n$，那么定理 2.2中的条件可解。

2.4 仿真验证

本节通过经典的蔡氏电路系统来说明所提出的事件触发状态反馈控制器设计方案在理论和应用上的有效性，蔡氏电路如图 2.2所示。该电路是一个通用且典型的电路系统，由一个非线性电阻（h）、一个电感（L）、两个线性电阻（R, R_0）和两个电容器（C_1, C_2）组成。

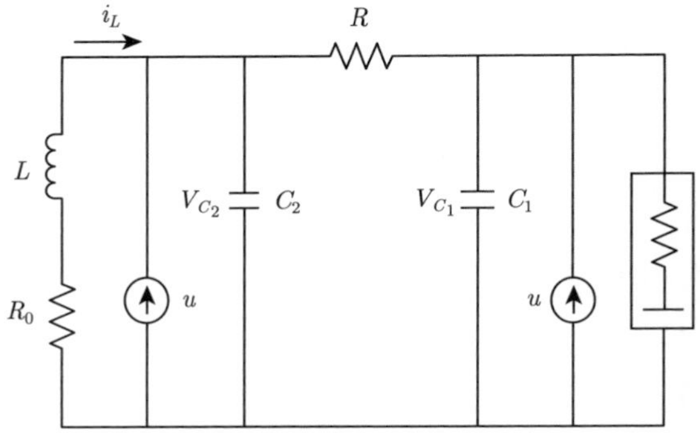

图 2.2　蔡氏电路

考虑系统的控制输入和外部扰动，蔡氏电路的动力学模型可以描述如下，相关参数参见表 2.1。

$$\begin{cases} C_1\dot{V}_{C_1} = \dfrac{1}{R}\big[V_{C_2} - V_{C_1}\big] - h(V_{C_1}) + u + C_1\omega \\ C_2\dot{V}_{C_2} = \dfrac{1}{R}\big[V_{C_1} - V_{C_2}\big] + i_L + u + C_2\omega \\ \dot{i}_L = \dfrac{1}{L}\big[-V_{C_2} - R_0 i_L + u\big] + \omega \end{cases} \tag{2.29}$$

非线性电阻 $h(V_{C_1})$ 被视作具有一种特殊的分段线性特征：

$$h(V_{C_1}) = \sin(V_{C_1}) + H_b V_{C_1} + \frac{1}{2}\big(H_a - H_b\big)\big(|V_{C_1} + \bar{V}| - |V_{C_1} - \bar{V}|\big) \tag{2.30}$$

表 2.1 蔡氏电路系统相关参数

参数	含义
V_{C_1}, V_{C_2}	电容 C_1、C_2 的电压
i_L	通过电感的电流
$h(\cdot)$	非线性电阻的特性
u	控制输入
ω	外部扰动

其中，H_a, $H_b < 0$ 表示已知标量。为了获得蔡氏电路的模糊模型，假设 $V_{C_1} \in [-v, v]$, $0 < \bar{V} < v$, 那么，

$$h(V_{C_1})=\begin{cases} \sin(V_{C_1}) + H_b V_{C_1} - (H_a - H_b)\bar{V}, & V_{C_1} \leqslant -\bar{V} \\ \sin(V_{C_1}) + H_a V_{C_1}, & -\bar{V} < V_{C_1} < \bar{V} \\ \sin(V_{C_1}) + H_b V_{C_1} + (H_a - H_b)\bar{V}, & V_{C_1} \geqslant \bar{V} \end{cases}$$

因此，对于上述 $h(V_{C_1})$，可以得到如下扇区：

$$\begin{aligned} h_1(V_{C_1}) &= \sin(V_{C_1}) + H_a V_{C_1} \\ h_2(V_{C_1}) &= \sin(V_{C_1}) + H_v V_{C_1} \end{aligned} \tag{2.31}$$

其中，$H_v \triangleq H_b + \dfrac{(H_a - H_b)\bar{V}}{v}$。当 $H_a \neq H_b$ 时，可得隶属度函数：

$$\mathcal{N}_1(V_{C_1}) = \begin{cases} \dfrac{-(\bar{V}/v)V_{C_1} - \bar{V}}{[1-(\bar{V}/v)]V_{C_1}}, & V_{C_1} \leqslant -\bar{V} \\ 1, & -\bar{V} < V_{C_1} < \bar{V} \\ \dfrac{-(\bar{V}/v)V_{C_1} + \bar{V}}{[1-(\bar{V}/v)]V_{C_1}}, & V_{C_1} \geqslant \bar{V} \end{cases}$$

$$\mathcal{N}_2(V_{C_1}) = 1 - \mathcal{N}_1(V_{C_1})$$

定义 $\boldsymbol{x}(t) = \begin{bmatrix} V_{C_1}(t) & V_{C_2}(t) & i_L(t) \end{bmatrix}^{\mathrm{T}}$；$\boldsymbol{z}(t)$ 是电路系统的输出。对于 $\boldsymbol{x}_1(t) \in [-v, v]$，具有分段线性特性式 (2.30) 的蔡氏电路可以表示为如下模糊模型。

模糊规则 1：如果 $\boldsymbol{x}_1(t)$ 是 $\mathcal{N}_1(\boldsymbol{x}_1(t))$ (接近 0)，那么，

$$\begin{aligned} \dot{\boldsymbol{x}}(t) &= \boldsymbol{A}_1\boldsymbol{x}(t) + \boldsymbol{A}_{h1}\boldsymbol{h}(\boldsymbol{x}(t)) + \boldsymbol{B}_1\boldsymbol{u}(t) + \boldsymbol{C}_1\boldsymbol{\omega}(t) \\ \boldsymbol{z}(t) &= \boldsymbol{D}_1\boldsymbol{x}(t) + \boldsymbol{D}_{h1}\boldsymbol{h}(\boldsymbol{x}(t)) + \boldsymbol{E}_1\boldsymbol{u}(t) + \boldsymbol{F}_1\boldsymbol{\omega}(t) \end{aligned}$$

模糊规则 2：如果 $\boldsymbol{x}_1(t)$ 是 $\mathcal{N}_2(\boldsymbol{x}_1(t))$ (接近 $\pm v$)，那么，

$$\dot{\boldsymbol{x}}(t)=\boldsymbol{A}_2\boldsymbol{x}(t)+\boldsymbol{A}_{h2}\boldsymbol{h}(\boldsymbol{x}(t))+\boldsymbol{B}_2\boldsymbol{u}(t)+\boldsymbol{C}_2\boldsymbol{\omega}(t)$$
$$\boldsymbol{z}(t)=\boldsymbol{D}_2\boldsymbol{x}(t)+\boldsymbol{D}_{h2}\boldsymbol{h}(\boldsymbol{x}(t))+\boldsymbol{E}_2\boldsymbol{u}(t)+\boldsymbol{F}_2\boldsymbol{\omega}(t)$$

因此，基于模糊逻辑规则，变换后的蔡氏电路描述如下：

$$\begin{cases}\dot{\boldsymbol{x}}(t)=\displaystyle\sum_{i=1}^{2}\mathcal{N}_1(\boldsymbol{x}_1(t))\Big\{\boldsymbol{A}_i\boldsymbol{x}(t)+\boldsymbol{A}_{hi}\boldsymbol{h}\big(\boldsymbol{x}(t)\big)+\boldsymbol{B}_i\boldsymbol{u}(t)+\boldsymbol{C}_i\boldsymbol{\omega}(t)\Big\}\\ \boldsymbol{z}(t)=\displaystyle\sum_{i=1}^{2}\mathcal{N}_2(\boldsymbol{x}_1(t))\Big\{\boldsymbol{D}_i\boldsymbol{x}(t)+\boldsymbol{D}_{hi}\boldsymbol{h}\big(\boldsymbol{x}(t)\big)+\boldsymbol{E}_i\boldsymbol{u}(t)+\boldsymbol{F}_i\boldsymbol{\omega}(t)\Big\}\end{cases}$$

其中

$$\boldsymbol{A}_1=\begin{bmatrix}-\dfrac{1}{C_1R}-\dfrac{H_a}{C_1} & \dfrac{1}{C_1R} & 0\\ \dfrac{1}{C_2R} & -\dfrac{1}{C_2R} & \dfrac{1}{C_2}\\ 0 & -\dfrac{1}{L} & -\dfrac{R_0}{L}\end{bmatrix},\boldsymbol{A}_{h1}=\boldsymbol{A}_{h2}=\begin{bmatrix}-\dfrac{1}{C_1} & 0 & 0\\ 0 & 0 & 0\\ 0 & 0 & 0\end{bmatrix}$$

$$\boldsymbol{A}_2=\begin{bmatrix}-\dfrac{1}{C_1R}-\dfrac{H_v}{C_1} & \dfrac{1}{C_1R} & 0\\ \dfrac{1}{C_2R} & -\dfrac{1}{C_2R} & \dfrac{1}{C_2}\\ 0 & -\dfrac{1}{L} & -\dfrac{R_0}{L}\end{bmatrix},\boldsymbol{B}_1=\boldsymbol{B}_2=\begin{bmatrix}1\\1\\0\end{bmatrix},\boldsymbol{C}_1=\boldsymbol{C}_2=\begin{bmatrix}0\\0\\0.1\end{bmatrix}$$

$$\boldsymbol{D}_1=\boldsymbol{D}_2=\begin{bmatrix}-0.1 & 0.1 & 0.1\end{bmatrix},\boldsymbol{D}_{h1}=\boldsymbol{D}_{h2}=\begin{bmatrix}-0.2 & 0.1 & 0.1\end{bmatrix}$$
$$\boldsymbol{E}_1=\boldsymbol{E}_2=0.1,\boldsymbol{F}_1=\boldsymbol{F}_2=0.1$$

此外，电路系统其他参数选择为 $R=0.6$, $R_0=0$, $C_1=2.8$, $C_2=1$, $L=1/7$, $H_a=-0.3$, $H_b=-0.01$, $\bar{V}=1$, $v=8$。

通过求解定理 2.2中的条件，可得最小化可行解 ε 为 $\varepsilon^*=2.7310$，所设计的控制器增益和事件触发参数为

$$\boldsymbol{G}_1=\begin{bmatrix}-1.6291 & -1.7005 & -0.4707\end{bmatrix}$$
$$\boldsymbol{G}_2=\begin{bmatrix}-0.9756 & -1.5086 & -0.1774\end{bmatrix}$$

$$\boldsymbol{\Upsilon}_1 = \begin{bmatrix} 16.7880 & 7.1782 & 0.6049 \\ 7.1782 & 13.3115 & 0.5945 \\ 0.6049 & 0.5945 & 8.2750 \end{bmatrix}$$

$$\boldsymbol{\Upsilon}_2 = \begin{bmatrix} 1.1386 & 0.9841 & 0.0887 \\ 0.9841 & 1.2897 & 0.2175 \\ 0.0887 & 0.2175 & 0.8743 \end{bmatrix}$$

设定初始状态 $\boldsymbol{x}(0)=\begin{bmatrix} 0.1 & -0.1 & 0.2 \end{bmatrix}^{\mathrm{T}}$，外部扰动 $\omega(t)=\sin(0.1t)\exp(-0.1t)$，模糊基函数选择如下：

$$\mathcal{N}_1(x_1(t)) = \begin{cases} \dfrac{-x_1(t)-8}{7x_1(t)}, & x_1(t) \leqslant -1 \\ 1, & -1 < x_1(t) < 1 \\ \dfrac{-x_1(t)+8}{7x_1(t)}, & x_1(t) \geqslant 1 \end{cases}$$

$$\mathcal{N}_2(x_1(t)) = 1 - \mathcal{N}_1(x_1(t))$$

该算例的仿真结果如图 2.3～ 图 2.6所示。事件触发机制的释放时间和释放间隔如图 2.3所示；蔡氏电路系统的状态响应如图 2.4所示；图 2.5和图 2.6分别绘制了蔡氏电路系统的控制输入 $\boldsymbol{u}(t)$ 和控制输出 $\boldsymbol{z}(t)$。在时间间隔 [0, 100s] 内共传输了 343 个采样信号，传输率为 41.2%，这意味着可节省 58.8%的通信信息和计算资源。由此可见，仿真结果验证了本章针对标量非线性模糊动态系统提出的事件触发状态反馈控制方案的有效性。

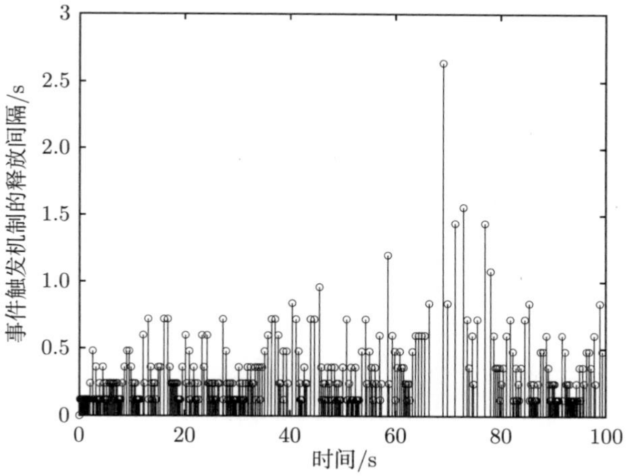

图 2.3 事件触发机制的释放时间和释放间隔

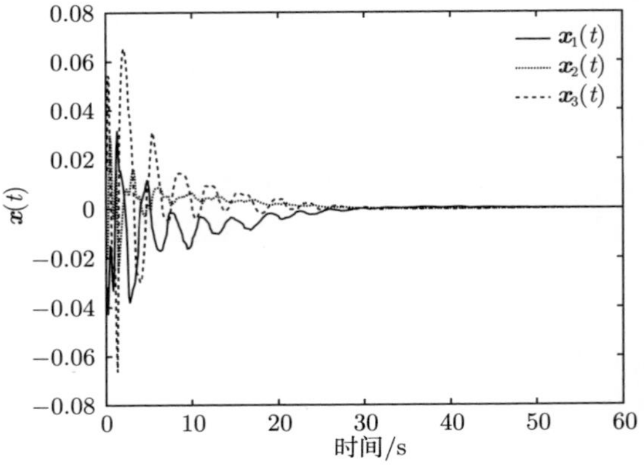

图 2.4　蔡氏电路系统的状态响应

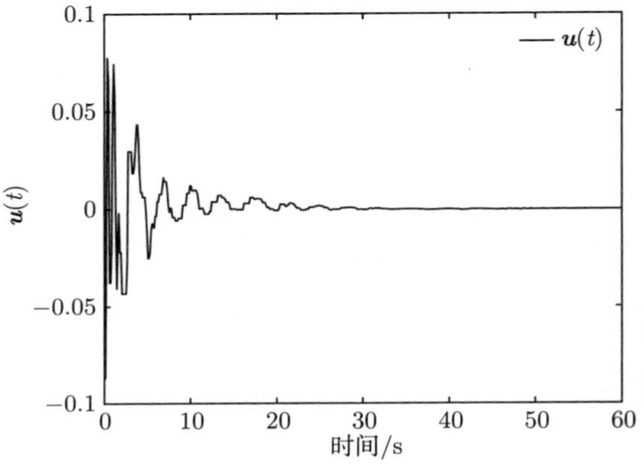

图 2.5　蔡氏电路系统的控制输入

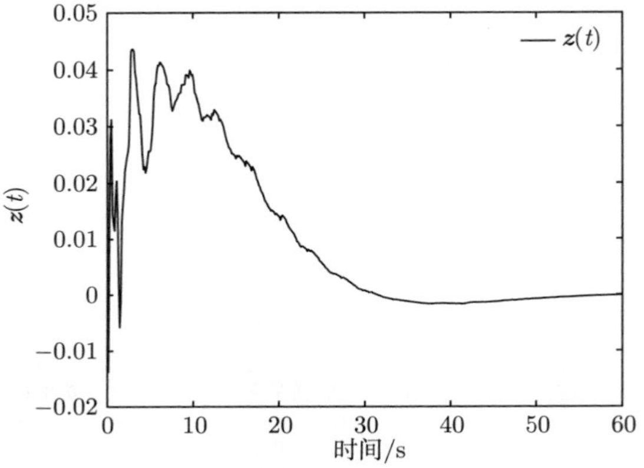

图 2.6　蔡氏电路系统的控制输出

2.5 本章小结

本章主要研究了具有标量非线性的模糊动态系统的 $\mathcal{H}_\infty$ 状态反馈控制器设计和稳定性分析问题。首先，利用新的 Lyapunov 函数建立了事件触发策略下的模糊控制算法的可解性条件，保证了模糊系统满足特定 $\mathcal{H}_\infty$ 性能下的渐近稳定性。然后，进一步提出所期望的模糊控制器的可行性研究方案，将非凸问题转化为顺序最小化问题，其可以通过 MATLAB LMI（线性矩阵不等式）工具箱求解。最后，通过典型的蔡氏电路系统验证了所提出控制方案的有效性。

第 3 章　基于事件触发策略的模糊动态系统滑模控制

动态非线性系统广泛存在于复杂工业过程中，其内部不同形式的非线性特性为系统的稳定性分析和控制器设计带来一定的困难，经典控制理论和常规策略方法难以对其进行处理。T-S 模糊模型运用模糊规则将动态非线性系统近似为局部线性子系统的集合，是处理复杂非线性系统的有效方法 [155−156]。20 世纪 50 年代末，苏联学者 Utkin 首次介绍了一种基于继电器的控制理论，60 年代，苏联学者 Emelyanov 等共同提出变结构控制的概念，它是滑模控制理论的开端，在这一阶段，研究的对象大多是二阶线性系统。1977 年，Utkin 等通过完善和拓展，针对变结构系统提出了变结构控制与滑模控制方法，进一步推动了滑模控制理论的发展。被控对象内部参数和外源干扰对系统预定状态轨迹没有影响，因此滑模控制方法具备良好的鲁棒性 [157]。根据理想的动态特性设计相应的滑模面，在滑模控制器的作用下，系统状态从滑模面以外向滑模面上运动，一旦到达了预定滑模面，将沿着滑模面到达系统平衡点，并保持稳定。此外，为了减少模糊动态系统中有限的带宽资源和不必要的数据传输，有别于传统采样方法的事件触发策略被广泛研究，其在减少数据传输的同时还能保持理想的系统性能。因此，大量学者将目光投向基于事件触发方法的 T-S 模糊系统控制问题，并取得了许多有价值的成果。然而，对于引入事件触发策略的滑模控制系统，如何处理网络延迟，设计更加高效的动态控制器等，都是富有挑战性的问题。

基于上述讨论，本章研究事件触发机制下的连续 T-S 模糊非线性系统的滑模控制问题。首先，利用 T-S 模糊模型对动态非线性系统进行建模，通过引入有效的事件触发机制和相应的滑模控制器，建立全新滑模动态系统。其次，基于 Lyapunov 稳定性理论和交互式凸组合法，给出保证闭环控制系统渐近稳定的充分条件，并以线性矩阵不等式的形式给出滑模控制器参数。研究结果表明，模糊系统的状态轨迹可以在有限时间内收敛到滑模面的有界域中并保持稳定。

3.1　模糊动态系统问题描述

通过连续时间 T-S 模糊模型描述非线性动态系统，模糊规则定义如下：

规则 i：如果 $\theta_1(t)$ 是 φ_{i1}, $\theta_2(t)$ 是 φ_{i2}, $\cdots$, $\theta_p(t)$ 是 φ_{ip}, 那么，

$$\dot{\boldsymbol{x}}(t)=\boldsymbol{A}_i\boldsymbol{x}(t)+\boldsymbol{B}_i\big[\boldsymbol{u}(t)+\boldsymbol{C}_i\boldsymbol{f}(t)\big] \tag{3.1}$$

其中，$\boldsymbol{x}(t)\in\mathbf{R}^n$ 表示状态向量；$\boldsymbol{u}(t)\in\mathbf{R}^s$ 表示控制输入；$\boldsymbol{f}(t)\in\mathbf{R}^q$ 表示未建模动态或外部干扰等非线性；$\boldsymbol{A}_i$, $\boldsymbol{B}_i$, $\boldsymbol{C}_i$ 是一系列具有适当维数的系统矩阵，$i\in\mathcal{N},\mathcal{N}=1,2,\cdots,r$, r 表示模糊规则数。非线性 $\boldsymbol{f}(t)$ 满足如下条件：

$$\|\boldsymbol{C}_i\boldsymbol{f}(t)\|\leqslant\varrho(i),\quad\forall i\in\mathcal{N}$$

其中，$\varrho(i)$ 是正定标量。给定模糊基函数：

$$f_i\big(\theta(t)\big)=\frac{\prod_{j=1}^{p}\varphi_{ij}\big(\theta_j(t)\big)}{\sum\limits_{i=1}^{r}\prod_{j=1}^{p}\varphi_{ij}\big(\theta_j(t)\big)}$$

其中

$$f_i\big(\theta(t)\big)\geqslant 0,\quad\sum_{i=1}^{r}f_i\big(\theta(t)\big)=1$$

$\theta(t)=\big[\theta_1(t),\theta_2(t),\cdots,\theta_p(t)\big]$ 表示前提变量；φ_{ij} 表示模糊集，$i=1,2,\cdots,r,j=1,2,\cdots,p$；$\varphi_{ij}\big(\theta_j(t)\big)$ 表示 $\theta_j(t)$ 对 φ_{ij} 的隶属函数。

因此，T-S 模糊系统式 (3.1) 可以表示为如下形式：

$$\dot{\boldsymbol{x}}(t)=\sum_{i=1}^{r}f_i\big(\theta(t)\big)\Big\{\boldsymbol{A}_i\boldsymbol{x}(t)+\boldsymbol{B}_i\big[\boldsymbol{u}(t)+\boldsymbol{C}_i\boldsymbol{f}(t)\big]\Big\} \tag{3.2}$$

假设 3.1 矩阵 $\boldsymbol{B}_i$ 列满秩，并且 $(\boldsymbol{A}_i,\boldsymbol{B}_i)$ 对于 i 是可控的，其中 $i\in\mathcal{N}$。

设计相应的滑模面和控制器，以实现滑动模态，并保持稳定性能。考虑假设 3.1，存在合适的可逆矩阵 $\boldsymbol{T}$ 满足

$$\boldsymbol{T}\boldsymbol{B}_i\triangleq\begin{bmatrix}0_{(n-s)\times s}\\ \boldsymbol{B}_{1i}\end{bmatrix}$$

其中，矩阵 $\boldsymbol{B}_{1i}\in\mathbf{R}^{s\times s}$ 是非奇异的。通过状态变换 $\boldsymbol{z}(t)\triangleq\boldsymbol{T}\boldsymbol{x}(t)$，连续 T-S 模糊系统式 (3.1) 可以转换为

$$\dot{\boldsymbol{z}}(t)=\bar{\boldsymbol{A}}_i\boldsymbol{z}(t)+\begin{bmatrix}0_{(n-s)\times s}\\ \boldsymbol{B}_{1i}\end{bmatrix}\times\big[\boldsymbol{u}(t)+\boldsymbol{C}_i\boldsymbol{f}(t)\big] \tag{3.3}$$

其中，$\bar{\boldsymbol{A}}_i \triangleq \boldsymbol{T}\boldsymbol{A}_i\boldsymbol{T}^{-1} \triangleq \begin{bmatrix} \boldsymbol{A}_{11i} & \boldsymbol{A}_{12i} \\ \boldsymbol{A}_{21i} & \boldsymbol{A}_{22i} \end{bmatrix}$, $\boldsymbol{A}_{11i} \in \mathbf{R}^{(n-s)\times(n-s)}$, $\boldsymbol{A}_{12i} \in \mathbf{R}^{(n-s)\times s}$, $\boldsymbol{A}_{21i} \in \mathbf{R}^{s\times(n-s)}$, $\boldsymbol{A}_{22i} \in \mathbf{R}^{s\times s}$。

令 $\boldsymbol{z}(t) \triangleq \begin{bmatrix} \boldsymbol{z}_1(t) \\ \boldsymbol{z}_2(t) \end{bmatrix}$，其中，$\boldsymbol{z}_1(t) \in \mathbf{R}^{n-s}$，$\boldsymbol{z}_2(t) \in \mathbf{R}^{s}$。那么，T-S 模糊系统式 (3.2) 可以重新描述为如下形式：

$$\begin{bmatrix} \dot{\boldsymbol{z}}_1(t) \\ \dot{\boldsymbol{z}}_2(t) \end{bmatrix} \triangleq \sum_{i=1}^{r} f_i(\theta(t))\left\{\begin{bmatrix} \boldsymbol{A}_{11i} & \boldsymbol{A}_{12i} \\ \boldsymbol{A}_{21i} & \boldsymbol{A}_{22i} \end{bmatrix}\begin{bmatrix} \boldsymbol{z}_1(t) \\ \boldsymbol{z}_2(t) \end{bmatrix} + \begin{bmatrix} 0_{(n-s)\times s} \\ \boldsymbol{B}_{1i} \end{bmatrix} \times \left[\boldsymbol{u}(t) + \boldsymbol{C}_i\boldsymbol{f}(t)\right]\right\} \tag{3.4}$$

针对系统式 (3.4)，设计滑模面函数为

$$\boldsymbol{s}(t) = \boldsymbol{z}_2(t) + \boldsymbol{G}_j\boldsymbol{z}_1(t) \tag{3.5}$$

其中，$\boldsymbol{G}_j \in \mathbb{R}^{s\times(n-s)}$ 是待求的控制器参数矩阵。为了减少网络传输过程中宝贵的计算资源和通信带宽，本章提出高效的事件触发机制来确定采样信号是否可以通过通信信道传输。基于零阶保持器和数据采样法，定义 $\boldsymbol{z}(t) \triangleq \begin{bmatrix} \boldsymbol{z}_1^{\mathrm{T}}(t) & \boldsymbol{z}_2^{\mathrm{T}}(t) \end{bmatrix}^{\mathrm{T}}$，将当前采样数据表示为 $\boldsymbol{z}_1(t_k+n\boldsymbol{T})$ 和 $\boldsymbol{z}_2(t_k+n\boldsymbol{T})$，最新传输数据表示为 $\boldsymbol{z}_1(t_k)$ 和 $\boldsymbol{z}_2(t_k)$。因此，一旦 $\boldsymbol{z}_1(t_k)$ 传输成功，下一个触发时刻就由以下条件决定：

$$\begin{aligned} t_{k+1} = {} & t_k + \min_{n\geqslant 1}\Big\{n\boldsymbol{T}\Big|\left[\boldsymbol{z}_1(t_k+n\boldsymbol{T}) - \boldsymbol{z}_1(t_k)\right]^{\mathrm{T}}\boldsymbol{W}_1 \\ & \times\left[\boldsymbol{z}_1(t_k+n\boldsymbol{T}) - \boldsymbol{z}_1(t_k)\right] > \delta\boldsymbol{z}_1^{\mathrm{T}}(t_k)\boldsymbol{W}_2\boldsymbol{z}_1(t_k)\Big\} \end{aligned} \tag{3.6}$$

因此，对于任意的 $t \in [t_k, t_{k+1})$，事件触发通信方案表示为

$$\left[\boldsymbol{z}_1(t_k+n\boldsymbol{T}) - \boldsymbol{z}_1(t_k)\right]^{\mathrm{T}}\boldsymbol{W}_1\left[\boldsymbol{z}_1(t_k+n\boldsymbol{T}) - \boldsymbol{z}_1(t_k)\right] \leqslant \delta\boldsymbol{z}_1^{\mathrm{T}}(t_k)\boldsymbol{W}_2\boldsymbol{z}_1(t_k) \tag{3.7}$$

其中，$\delta \in [0,1)$；$\boldsymbol{W}_1$ 和 $\boldsymbol{W}_2$ 表示待确定的正定对称矩阵。

如果模糊系统的状态轨迹到达滑模面，则滑模面函数表示如下：

$$\boldsymbol{s}(t) = \boldsymbol{z}_2(t_k) + \boldsymbol{G}_j\boldsymbol{z}_1(t_k) = 0, \quad t \in [t_k+\tau_{t_k}, t_{k+1}+\tau_{t_{k+1}}) \tag{3.8}$$

那么，可得

$$\boldsymbol{z}_2(t) = -\boldsymbol{G}_j\boldsymbol{z}_1(t_k), \quad t \in [t_k+\tau_{t_k}, t_{k+1}+\tau_{t_{k+1}}) \tag{3.9}$$

定义当前采样数据和最新传输数据之间的误差为 $\boldsymbol{e}_k(s_k\boldsymbol{T}) = \boldsymbol{z}_1(t_k + n\boldsymbol{T}) - \boldsymbol{z}_1(t_k)$。引入 $s_k\boldsymbol{T} = t_k + n\boldsymbol{T}$，表示从当前采样时刻 t_k 到下一个采样时刻 t_{k+1} 的采样时间。因此，传输误差重置为

$$\boldsymbol{e}_k(s_k\boldsymbol{T}) = \boldsymbol{z}_1(s_k\boldsymbol{T}) - \boldsymbol{z}_1(t_k) \tag{3.10}$$

通过事件触发通信方案，模糊系统式 (3.4) 可以转换成一个新的时延系统。假设 $t_{k+1} = t_k + q + 1$（q 是大于零的有限整数），时间间隔表示为 $\left[t_k + \tau_{t_k}, t_{k+1} + \tau_{t_{k+1}}\right) = \bigcup\limits_{n=0}^{q} \varLambda_{n,k}$，其中，$\varLambda_{n,k} = \left[t_k + n\boldsymbol{T} + \tau_{i_k+n}, t_k + (n+1)\boldsymbol{T} + \tau_{i_k+n+1}\right)$。选取网络时延为

$$h(t) = t - \left(t_k + n\boldsymbol{T}\right) = t - s_k\boldsymbol{T}, \quad 0 \leqslant h(t) \leqslant \boldsymbol{T} + \bar{h} = h$$

其中，$t \in \varLambda_{n,k}$。进而得到新的事件触发条件：

$$\boldsymbol{e}_k^{\mathrm{T}}(s_k\boldsymbol{T})\boldsymbol{W}_1\boldsymbol{e}_k(s_k\boldsymbol{T}) \leqslant \delta\boldsymbol{z}_1^{\mathrm{T}}(t_k)\boldsymbol{W}_2\boldsymbol{z}_1(t_k) \tag{3.11}$$

考虑零阶保持器的特性，将最新传输数据 $\boldsymbol{z}_1(t_k)$ 表示为

$$\boldsymbol{z}_1(t_k) = \boldsymbol{z}_1(s_k\boldsymbol{T}) - \boldsymbol{e}_k(s_k\boldsymbol{T}) = \boldsymbol{z}_1\left(t - h(t)\right) - \boldsymbol{e}_k(s_k\boldsymbol{T}) \tag{3.12}$$

那么，可得

$$\boldsymbol{z}_2(t) = -\boldsymbol{G}_j\left[\boldsymbol{z}_1\left(t - h(t)\right) - \boldsymbol{e}_k(s_k\boldsymbol{T})\right] \tag{3.13}$$

因此，滑模动态描述如下：

$$\begin{aligned}\dot{\boldsymbol{z}}_1(t) &= (\boldsymbol{A}_{11i} - \boldsymbol{A}_{12i}\boldsymbol{G}_j)\boldsymbol{z}_1(t) \\ &= (\boldsymbol{A}_{11i} - \boldsymbol{A}_{12i}\boldsymbol{G}_j)\left[\boldsymbol{z}_1\left(t - h(t)\right) - \boldsymbol{e}_k(s_k\boldsymbol{T})\right] \\ &= \boldsymbol{A}_{11i}\boldsymbol{z}_1(t) - \boldsymbol{A}_{12i}\boldsymbol{G}_j\boldsymbol{z}_1\left(t - h(t)\right) + \boldsymbol{A}_{12i}\boldsymbol{G}_j\boldsymbol{e}_k(s_k\boldsymbol{T}) \\ &\quad t \in \left[t_k + \tau_{t_k}, t_{k+1} + \tau_{t_{k+1}}\right)\end{aligned} \tag{3.14}$$

对于上述系统，$\boldsymbol{z}(t)$ 的起始条件由 $\boldsymbol{z}(t) = \boldsymbol{\kappa}(t)$ 给定，其中 $\boldsymbol{\kappa}(t)$ 表示初始状态，$t \in [-h, 0]$。因此，滑模动态的完整形式表示为

$$\begin{aligned}\dot{\boldsymbol{z}}_1(t) = &\sum_{i=1}^{r} f_i\left(\theta(t)\right)\sum_{j=1}^{r} f_j\left(\theta(t)\right) \\ &\times\left\{\boldsymbol{A}_{11i}\boldsymbol{z}_1(t) - \boldsymbol{A}_{12i}\boldsymbol{G}_j\boldsymbol{z}_1\left(t - h(t)\right) + \boldsymbol{A}_{12i}\boldsymbol{G}_j\boldsymbol{e}_k(s_k\boldsymbol{T})\right\} \\ &t \in \left[t_k + \tau_{t_k}, t_{k+1} + \tau_{t_{k+1}}\right)\end{aligned} \tag{3.15}$$

注 3.1 本章采用了零阶保持器，当 $t \in [t_k + \tau_{t_k}, t_{k+1} + \tau_{t_{k+1}})$ 时，最新数据保存在零阶保持器中，当其输出值更新时，执行器才能接收到相应的控制信号，因此可以排除部分无序信号。此外，由网络引起的延迟问题包括数据包丢失和网络时滞等。

注 3.2 本章提出的事件触发条件式 (3.11) 不仅简化了计算过程，也减少了网络通信负担，该设计方案可以运用到无线网络中，以减少能量传输并延长电池寿命。此外，当参数 $\delta = 0$ 时，该事件触发方法简化为普通的事件触发采样方法。

引理 3.1 [57] 若 $g_1, g_2, \cdots, g_N : \mathbf{R}^m \to \mathbf{R}$ 在开集 $D \in \mathbf{R}^m$ 上为非负值。那么，D 上的交互式凸组合 g_i 满足

$$\min_{\left\{\alpha_i | \alpha_i > 0, \sum\limits_i \alpha_i = 1\right\}} \sum_i \frac{1}{\alpha_i} g_i(t) = \sum_i g_i(t) + \max_{h_{i,j}(t)} \sum_{i \neq j} h_{i,j}(t)$$

以及

$$\left\{ h_{i,j} : \mathbb{R}^m \to \mathbb{R}, h_{j,i}(t) \triangleq h_{i,j}(t), \begin{bmatrix} g_i(t) & h_{i,j}(t) \\ h_{j,i}(t) & g_j(t) \end{bmatrix} \geqslant 0 \right\}$$

3.2 系统渐近稳定性分析

基于 Lyapunov 稳定性理论，本节将研究滑模动态系统式 (3.15) 满足渐近稳定性能的充分条件。

定理 3.1 给定标量 $h_M > 0$，$h_{Mm} > 0$，$\delta \in [0, 1)$，闭环动态系统式 (3.15) 满足渐近稳定性能的条件是：存在具有合适维数的矩阵 $\boldsymbol{W}_1 > 0, \boldsymbol{W}_2 > 0, \boldsymbol{P} > 0, \boldsymbol{Q}_i > 0, \boldsymbol{R}_i > 0, \boldsymbol{S}_i > 0, \boldsymbol{T} > 0, \boldsymbol{U} > 0$ 和 $\boldsymbol{V}$，满足

$$\frac{1}{r-1} \boldsymbol{\Omega}^{iilu} + \frac{1}{2} (\boldsymbol{\Omega}^{ijlu} + \boldsymbol{\Omega}^{jilu}) < 0 \tag{3.16}$$

$$\boldsymbol{\Omega}^{iilu} < 0 \tag{3.17}$$

$$\begin{bmatrix} \boldsymbol{U} & \boldsymbol{V} \\ \star & \boldsymbol{U} \end{bmatrix} \geqslant 0 \tag{3.18}$$

其中

$$\boldsymbol{\varOmega}^{ijlu} \triangleq \begin{bmatrix} \boldsymbol{\varOmega}_{11}^{ii} & 0 & \boldsymbol{T} & \boldsymbol{\varOmega}_{14}^{ij} & \boldsymbol{\varOmega}_{15}^{ij} & \boldsymbol{\varOmega}_{16}^{ii} & \boldsymbol{\varOmega}_{17}^{ii} \\ \star & \boldsymbol{\varOmega}_{22}^{l} & \boldsymbol{V} & \boldsymbol{\varOmega}_{24} & 0 & 0 & 0 \\ \star & \star & \boldsymbol{\varOmega}_{33}^{u} & \boldsymbol{\varOmega}_{34} & 0 & 0 & 0 \\ \star & \star & \star & \boldsymbol{\varOmega}_{44} & \boldsymbol{\varOmega}_{45} & \boldsymbol{\varOmega}_{46}^{ij} & \boldsymbol{\varOmega}_{47}^{ij} \\ \star & \star & \star & \star & \boldsymbol{\varOmega}_{55} & \boldsymbol{\varOmega}_{56}^{ij} & \boldsymbol{\varOmega}_{57}^{ij} \\ \star & \star & \star & \star & \star & -\dfrac{1}{\boldsymbol{T}} & 0 \\ \star & \star & \star & \star & \star & \star & -\dfrac{1}{\boldsymbol{U}} \end{bmatrix}$$

$$\begin{aligned}
\boldsymbol{\varOmega}_{11}^{ii} &\triangleq \mathrm{sym}\{\boldsymbol{A}_{11i}^{\mathrm{T}}\boldsymbol{P}\} + \boldsymbol{Q}_i + \boldsymbol{R}_i - \boldsymbol{T} \\
\boldsymbol{\varOmega}_{14}^{ij} &\triangleq -\boldsymbol{P}\boldsymbol{A}_{12i}\boldsymbol{G}_j,\ \boldsymbol{\varOmega}_{15}^{ij} \triangleq \boldsymbol{P}\boldsymbol{A}_{12i}\boldsymbol{G}_j,\ \boldsymbol{\varOmega}_{16}^{ii} \triangleq h_M\boldsymbol{A}_{11i}^{\mathrm{T}} \\
\boldsymbol{\varOmega}_{17}^{ii} &\triangleq h_{Mm}\boldsymbol{A}_{11i}^{\mathrm{T}},\ \boldsymbol{\varOmega}_{22}^{l} \triangleq \boldsymbol{S}_l - \boldsymbol{Q}_l - \boldsymbol{U},\ \boldsymbol{\varOmega}_{24} \triangleq -\boldsymbol{V} + \boldsymbol{U} \\
\boldsymbol{\varOmega}_{33}^{u} &\triangleq -\boldsymbol{S}_u - \boldsymbol{R}_u - \boldsymbol{T} - \boldsymbol{U},\ \boldsymbol{\varOmega}_{34} \triangleq -\boldsymbol{V}^{\mathrm{T}} + \boldsymbol{U} \\
\boldsymbol{\varOmega}_{44} &\triangleq \mathrm{sym}\{\boldsymbol{V} - \boldsymbol{U}\} + \delta\boldsymbol{W}_2,\ \boldsymbol{\varOmega}_{45} \triangleq -\delta\boldsymbol{W}_2 \\
\boldsymbol{\varOmega}_{46}^{ij} &\triangleq -h_M\boldsymbol{G}_j^{\mathrm{T}}\boldsymbol{A}_{12i}^{\mathrm{T}},\ \boldsymbol{\varOmega}_{47}^{ij} \triangleq -h_{Mm}\boldsymbol{G}_j^{\mathrm{T}}\boldsymbol{A}_{12i}^{\mathrm{T}} \\
\boldsymbol{\varOmega}_{55} &\triangleq \delta\boldsymbol{W}_2 - \boldsymbol{W}_1,\ \boldsymbol{\varOmega}_{56}^{ij} \triangleq h_M\boldsymbol{G}_j^{\mathrm{T}}\boldsymbol{A}_{12i}^{\mathrm{T}} \\
\boldsymbol{\varOmega}_{57}^{ij} &\triangleq h_{Mm}\boldsymbol{G}_j^{\mathrm{T}}\boldsymbol{A}_{12i}^{\mathrm{T}}
\end{aligned}$$

证明 选择 Lyapunov 函数为 $\boldsymbol{V}(t) \triangleq \sum\limits_{t=1}^{4} \boldsymbol{V}_t(t)$, 其中,

$$\begin{aligned}
\boldsymbol{V}_1(t) &\triangleq \boldsymbol{z}_1^{\mathrm{T}}(t)\boldsymbol{P}\boldsymbol{z}_1(t) \\
\boldsymbol{V}_2(t) &\triangleq \int_{t-h_m}^{t} \boldsymbol{z}_1^{\mathrm{T}}(s)\boldsymbol{Q}(s)\boldsymbol{z}_1(s)\mathrm{d}s \\
&\quad + \int_{t-h_M}^{t} \boldsymbol{z}_1^{\mathrm{T}}(s)\boldsymbol{R}(s)\boldsymbol{z}_1(s)\mathrm{d}s \\
&\quad + \int_{t-h_M}^{t-h_m} \boldsymbol{z}_1^{\mathrm{T}}(s)\boldsymbol{S}(s)\boldsymbol{z}_1(s)\mathrm{d}s \\
\boldsymbol{V}_3(t) &\triangleq h_M \int_{-h_M}^{0}\int_{t+\theta}^{t} \dot{\boldsymbol{z}}_1^{\mathrm{T}}(s)\boldsymbol{T}\dot{\boldsymbol{z}}_1(s)\mathrm{d}s\mathrm{d}\theta \\
\boldsymbol{V}_4(t) &\triangleq (h_M - h_m)\int_{-h_M}^{-h_m}\int_{t+\theta}^{t} \dot{\boldsymbol{z}}_1^{\mathrm{T}}(s)\boldsymbol{U}\dot{\boldsymbol{z}}_1(s)\mathrm{d}s\mathrm{d}\theta
\end{aligned}$$

其中，$\boldsymbol{Q}(s) \triangleq \sum_{i=1}^{r} f_i(\theta(t))\boldsymbol{Q}_i$, $\boldsymbol{R}(s) \triangleq \sum_{i=1}^{r} f_i(\theta(t))\boldsymbol{R}_i$, $\boldsymbol{S}(s) \triangleq \sum_{i=1}^{r} f_i(\theta(t))\boldsymbol{S}_i$ 是包含了隶属度函数的模糊加权矩阵。设定 $h_{Mm} = h_M - h_m$，那么，可得

$$\begin{aligned}
\dot{\boldsymbol{V}}_1(t) =& \operatorname{sym}\{\boldsymbol{z}_1^{\mathrm{T}}(t)\boldsymbol{P}\dot{\boldsymbol{z}}_1(t)\} \\
=& \operatorname{sym}\{\boldsymbol{z}_1^{\mathrm{T}}(t)\boldsymbol{P}\boldsymbol{A}_{11i}\boldsymbol{z}_1(t) - \boldsymbol{z}_1^{\mathrm{T}}(t)\boldsymbol{P}\boldsymbol{A}_{12i}\boldsymbol{G}_j\boldsymbol{z}_1(t-h(t)) \\
&+ \boldsymbol{z}_1^{\mathrm{T}}(t)\boldsymbol{P}\boldsymbol{A}_{12i}\boldsymbol{G}_j\boldsymbol{e}_k(s_k\boldsymbol{T})\} \\
\dot{\boldsymbol{V}}_2(t) =& \boldsymbol{z}_1^{\mathrm{T}}(t)\boldsymbol{Q}(t)\boldsymbol{z}_1(t) - \boldsymbol{z}_1^{\mathrm{T}}(t-h_m)\boldsymbol{Q}(t-h_m)\boldsymbol{z}_1(t-h_m) \\
&+ \boldsymbol{z}_1^{\mathrm{T}}(t)\boldsymbol{R}(t)\boldsymbol{z}_1(t) - \boldsymbol{z}_1^{\mathrm{T}}(t-h_M)\boldsymbol{R}(t-h_M)\boldsymbol{z}_1(t-h_M) \\
&+ \boldsymbol{z}_1^{\mathrm{T}}(t-h_m)\boldsymbol{S}(t-h_m)\boldsymbol{z}_1(t-h_m) \\
&- \boldsymbol{z}_1^{\mathrm{T}}(t-h_M)\boldsymbol{S}(t-h_M)\boldsymbol{z}_1(t-h_M) \\
\dot{\boldsymbol{V}}_3(t) =& h_M^2\dot{\boldsymbol{z}}_1^{\mathrm{T}}(t)\boldsymbol{T}\dot{\boldsymbol{z}}_1(t) - h_M\int_{t-h_M}^{t}\dot{\boldsymbol{z}}_1^{\mathrm{T}}(s)\boldsymbol{T}\dot{\boldsymbol{z}}_1(s)\mathrm{d}s \\
\leqslant& h_M^2\dot{\boldsymbol{z}}_1^{\mathrm{T}}(t)\boldsymbol{T}\dot{\boldsymbol{z}}_1(t) - [\boldsymbol{z}_1(t) - \boldsymbol{z}_1(t-h_M)]^{\mathrm{T}}\boldsymbol{T}[\boldsymbol{z}_1(t) - \boldsymbol{z}_1(t-h_M)] \\
\dot{\boldsymbol{V}}_4(t) =& h_{Mm}^2\dot{\boldsymbol{z}}_1^{\mathrm{T}}(t)\boldsymbol{U}\dot{\boldsymbol{z}}_1(t) - h_{Mm}\int_{t-h_M}^{t-h_m}\dot{\boldsymbol{z}}_1^{\mathrm{T}}(s)\boldsymbol{U}\dot{\boldsymbol{z}}_1(s)\mathrm{d}s
\end{aligned}$$

对于 $\dot{\boldsymbol{V}}_4(t)$，由于 $h_m < h(t) < h_M$，运用交互式凸组合法，并考虑条件式 (3.18)，则有

$$\begin{aligned}
\dot{\boldsymbol{V}}_4(t) =& h_{Mm}^2\dot{\boldsymbol{z}}_1^{\mathrm{T}}(t)\boldsymbol{U}\dot{\boldsymbol{z}}_1(t) - h_{Mm}\int_{t-h_M}^{t-h(t)}\dot{\boldsymbol{z}}_1^{\mathrm{T}}(s)\boldsymbol{U}\dot{\boldsymbol{z}}_1(s)\mathrm{d}s \\
&- h_{Mm}\int_{t-h(t)}^{t-h_m}\dot{\boldsymbol{z}}_1^{\mathrm{T}}(s)\boldsymbol{U}\dot{\boldsymbol{z}}_1(s)\mathrm{d}s \\
\leqslant& h_{Mm}^2\dot{\boldsymbol{z}}_1^{\mathrm{T}}(t)\boldsymbol{U}\dot{\boldsymbol{z}}_1(t) - \frac{h_{Mm}}{h(t)-h_m}\Big[\boldsymbol{z}_1(t-h(t)) \\
&- \boldsymbol{z}_1(t-h_m)\Big]^{\mathrm{T}}\boldsymbol{U}\Big[\boldsymbol{z}_1(t-h(t)) - \boldsymbol{z}_1(t-h_m)\Big] \\
&- \frac{h_{Mm}}{h_M-h(t)}\Big[\boldsymbol{z}_1(t-h(t)) - \boldsymbol{z}_1(t-h_M)\Big]^{\mathrm{T}}\boldsymbol{U} \\
&\times\Big[\boldsymbol{z}_1(t-h(t)) - \boldsymbol{z}_1(t-h_M)\Big] \\
\leqslant& h_{Mm}^2\dot{\boldsymbol{z}}_1^{\mathrm{T}}(t)\boldsymbol{U}\dot{\boldsymbol{z}}_1(t) - \begin{bmatrix} \boldsymbol{z}_1(t-h_m) - \boldsymbol{z}_1(t-h(t)) \\ \boldsymbol{z}_1(t-h(t)) - \boldsymbol{z}_1(t-h_M) \end{bmatrix}^{\mathrm{T}}
\end{aligned}$$

$$\times\begin{bmatrix}\boldsymbol{U} & \boldsymbol{V}\\ \star & \boldsymbol{U}\end{bmatrix}\begin{bmatrix}\boldsymbol{z}_1(t-h_m)-\boldsymbol{z}_1(t-h(t))\\ \boldsymbol{z}_1(t-h(t))-\boldsymbol{z}_1(t-h_M)\end{bmatrix} \tag{3.19}$$

当 $h(t)=h_m$ 或 $h(t)=h_M$ 时, 上式仍然成立，因为 $\boldsymbol{z}_1(t-h(t))-\boldsymbol{z}_1(t-h_m)=0$ 或 $\boldsymbol{z}_1(t-h(t))-\boldsymbol{z}_1(t-h_M)=0$。

定义 $\boldsymbol{\Upsilon}(t)\triangleq\left[\boldsymbol{z}_1^{\mathrm{T}}(t)\quad \boldsymbol{z}_1^{\mathrm{T}}(t-h_m)\quad \boldsymbol{z}_1^{\mathrm{T}}(t-h_M)\quad \boldsymbol{z}_1^{\mathrm{T}}(t-h(t))\quad \boldsymbol{e}_k^{\mathrm{T}}(s_k\boldsymbol{T})\right]^{\mathrm{T}}$。考虑式 (3.11) 中的事件触发条件，定义

$$\boldsymbol{\Theta}(t)=\delta\boldsymbol{z}_1^{\mathrm{T}}(t_k)\boldsymbol{W}_2\boldsymbol{z}_1(t_k)-\boldsymbol{e}_k^{\mathrm{T}}(s_k\boldsymbol{T})\boldsymbol{W}_1\boldsymbol{e}_k(s_k\boldsymbol{T})>0 \tag{3.20}$$

那么，可得

$$\dot{\boldsymbol{V}}(t)+\boldsymbol{\Theta}(t)\leqslant\sum_{i=1}^{r}f_i(\theta(t))\sum_{j=1}^{r}f_j(\theta(t))\left\{\boldsymbol{\Upsilon}^{\mathrm{T}}(t)\boldsymbol{\Omega}_1^{ijlu}\boldsymbol{\Upsilon}(t)\right\} \tag{3.21}$$

其中

$$\boldsymbol{\Omega}_1^{ijlu}\triangleq\begin{bmatrix}\widetilde{\boldsymbol{\Omega}}_{11}^{ii} & 0 & \boldsymbol{T} & \widetilde{\boldsymbol{\Omega}}_{14}^{ij} & \widetilde{\boldsymbol{\Omega}}_{15}^{ij}\\ \star & \boldsymbol{\Omega}_{22}^{l} & \boldsymbol{V} & \boldsymbol{\Omega}_{24} & 0\\ \star & \star & \boldsymbol{\Omega}_{33}^{u} & \boldsymbol{\Omega}_{34} & 0\\ \star & \star & \star & \widetilde{\boldsymbol{\Omega}}_{44}^{ij} & \widetilde{\boldsymbol{\Omega}}_{45}^{ij}\\ \star & \star & \star & \star & \widetilde{\boldsymbol{\Omega}}_{55}^{ij}\end{bmatrix}$$

$$\begin{aligned}
\widetilde{\boldsymbol{\Omega}}_{11}^{ii} &\triangleq \mathrm{sym}\{\boldsymbol{A}_{11i}^{\mathrm{T}}\boldsymbol{P}\}+\boldsymbol{Q}_i+\boldsymbol{R}_i-\boldsymbol{T}+h_M^2\boldsymbol{A}_{11i}^{\mathrm{T}}\boldsymbol{T}\boldsymbol{A}_{11i}+h_{Mm}^2\boldsymbol{A}_{11i}^{\mathrm{T}}\boldsymbol{U}\boldsymbol{A}_{11i}\\
\widetilde{\boldsymbol{\Omega}}_{14}^{ij} &\triangleq -\boldsymbol{P}\boldsymbol{A}_{12i}\boldsymbol{G}_j-h_M^2\boldsymbol{A}_{11i}^{\mathrm{T}}\boldsymbol{T}\boldsymbol{A}_{12i}\boldsymbol{G}_j-h_{Mm}^2\boldsymbol{A}_{11i}^{\mathrm{T}}\boldsymbol{U}\boldsymbol{A}_{12i}\boldsymbol{G}_j\\
\widetilde{\boldsymbol{\Omega}}_{15}^{ij} &\triangleq \boldsymbol{P}\boldsymbol{A}_{12i}\boldsymbol{G}_j+h_M^2\boldsymbol{A}_{11i}^{\mathrm{T}}\boldsymbol{T}\boldsymbol{A}_{12i}\boldsymbol{G}_j+h_{Mm}^2\boldsymbol{A}_{11i}^{\mathrm{T}}\boldsymbol{U}\boldsymbol{A}_{12i}\boldsymbol{G}_j\\
\widetilde{\boldsymbol{\Omega}}_{44}^{ij} &\triangleq \mathrm{sym}\{\boldsymbol{V}-\boldsymbol{U}\}+\delta\boldsymbol{W}_2+h_M^2\boldsymbol{G}_j^{\mathrm{T}}\boldsymbol{A}_{12i}^{\mathrm{T}}\boldsymbol{T}\boldsymbol{A}_{12i}\boldsymbol{G}_j+h_{Mm}^2\boldsymbol{G}_j^{\mathrm{T}}\boldsymbol{A}_{12i}^{\mathrm{T}}\boldsymbol{U}\boldsymbol{A}_{12i}\boldsymbol{G}_j\\
\widetilde{\boldsymbol{\Omega}}_{45}^{ij} &\triangleq -\delta\boldsymbol{W}_2-h_M^2\boldsymbol{G}_j^{\mathrm{T}}\boldsymbol{A}_{12i}^{\mathrm{T}}\boldsymbol{T}\boldsymbol{A}_{12i}\boldsymbol{G}_j-h_{Mm}^2\boldsymbol{G}_j^{\mathrm{T}}\boldsymbol{A}_{12i}^{\mathrm{T}}\boldsymbol{U}\boldsymbol{A}_{12i}\boldsymbol{G}_j\\
\widetilde{\boldsymbol{\Omega}}_{55}^{ij} &\triangleq \delta\boldsymbol{W}_2-\boldsymbol{W}_1+h_M^2\boldsymbol{G}_j^{\mathrm{T}}\boldsymbol{A}_{12i}^{\mathrm{T}}\boldsymbol{T}\boldsymbol{A}_{12i}\boldsymbol{G}_j+h_{Mm}^2\boldsymbol{G}_j^{\mathrm{T}}\boldsymbol{A}_{12i}^{\mathrm{T}}\boldsymbol{U}\boldsymbol{A}_{12i}\boldsymbol{G}_j
\end{aligned}$$

基于式 (3.16)、式 (3.17) 和舒尔补方法，能够得到 $\boldsymbol{\Omega}_1^{ijlu}<0$，再根据式 (3.20) 和式 (3.21)，有 $\dot{\boldsymbol{V}}(t)<0$。因此，可以得出结论，当式 (3.16) 和式 (3.18) 满足时，闭环动态系统式 (3.15) 是渐近稳定的。

3.3　滑模控制器设计

本节将进一步研究滑模动态系统式 (3.15) 满足渐近稳定性能的充分条件，并给出滑模控制器的设计方案。

定理 3.2　给定标量 $h_M>0$，$h_{Mm}>0$，$\delta\in[0,1)$，闭环动态系统式 (3.15) 满足渐近稳定性能的条件是：存在具有合适维数的矩阵 $\bar{\boldsymbol{W}}_1>0$, $\bar{\boldsymbol{W}}_2>0$, $\bar{\boldsymbol{P}}>0$, $\bar{\boldsymbol{Q}}_i>0$, $\bar{\boldsymbol{R}}_i>0$, $\bar{\boldsymbol{S}}_i>0$, $\bar{\boldsymbol{T}}>0$, $\bar{\boldsymbol{U}}>0$ 和 $\bar{\boldsymbol{V}}$，满足

$$\frac{1}{r-1}\bar{\boldsymbol{\Omega}}^{iilu}+\frac{1}{2}(\bar{\boldsymbol{\Omega}}^{ijlu}+\bar{\boldsymbol{\Omega}}^{jilu})<0 \tag{3.22}$$

$$\bar{\boldsymbol{\Omega}}^{iilu}<0 \tag{3.23}$$

$$\begin{bmatrix}\bar{\boldsymbol{U}} & \bar{\boldsymbol{V}}\\ \star & \bar{\boldsymbol{U}}\end{bmatrix}\geqslant 0 \tag{3.24}$$

其中

$$\bar{\boldsymbol{\Omega}}^{iilu}\triangleq\begin{bmatrix}\bar{\boldsymbol{\Omega}}_{11}^{ii} & 0 & \bar{\boldsymbol{T}} & \bar{\boldsymbol{\Omega}}_{14}^{ij} & \bar{\boldsymbol{\Omega}}_{15}^{ij} & \bar{\boldsymbol{\Omega}}_{16}^{ii} & \bar{\boldsymbol{\Omega}}_{17}^{ii}\\ \star & \bar{\boldsymbol{\Omega}}_{22}^{l} & \bar{\boldsymbol{V}} & \bar{\boldsymbol{\Omega}}_{24} & 0 & 0 & 0\\ \star & \star & \bar{\boldsymbol{\Omega}}_{33}^{u} & \bar{\boldsymbol{\Omega}}_{34} & 0 & 0 & 0\\ \star & \star & \star & \bar{\boldsymbol{\Omega}}_{44} & \bar{\boldsymbol{\Omega}}_{45} & \bar{\boldsymbol{\Omega}}_{46}^{ij} & \bar{\boldsymbol{\Omega}}_{47}^{ij}\\ \star & \star & \star & \star & \bar{\boldsymbol{\Omega}}_{55} & \bar{\boldsymbol{\Omega}}_{56}^{ij} & \bar{\boldsymbol{\Omega}}_{57}^{ij}\\ \star & \star & \star & \star & \star & -\dfrac{1}{\boldsymbol{T}} & 0\\ \star & \star & \star & \star & \star & \star & -\dfrac{1}{\boldsymbol{U}}\end{bmatrix}$$

$\bar{\boldsymbol{\Omega}}_{11}^{ii}\triangleq\mathrm{sym}\{\boldsymbol{A}_{11i}^{\mathrm{T}}\bar{\boldsymbol{P}}\}+\bar{\boldsymbol{Q}}_i+\bar{\boldsymbol{R}}_i-\bar{\boldsymbol{T}}$

$\bar{\boldsymbol{\Omega}}_{14}^{ij}\triangleq-\boldsymbol{A}_{12i}\boldsymbol{K}_j$，$\bar{\boldsymbol{\Omega}}_{15}^{ij}\triangleq\boldsymbol{A}_{12i}\boldsymbol{K}_j$，$\bar{\boldsymbol{\Omega}}_{16}^{ii}\triangleq h_M\bar{\boldsymbol{P}}^{\mathrm{T}}\boldsymbol{A}_{11i}^{\mathrm{T}}$

$\bar{\boldsymbol{\Omega}}_{17}^{ii}\triangleq h_{Mm}\bar{\boldsymbol{P}}^{\mathrm{T}}\boldsymbol{A}_{11i}^{\mathrm{T}}$，$\bar{\boldsymbol{\Omega}}_{22}^{l}\triangleq\bar{\boldsymbol{S}}_l-\bar{\boldsymbol{Q}}_l-\bar{\boldsymbol{U}}$，$\bar{\boldsymbol{\Omega}}_{24}\triangleq-\bar{\boldsymbol{V}}+\bar{\boldsymbol{U}}$

$\bar{\boldsymbol{\Omega}}_{33}^{u}\triangleq-\bar{\boldsymbol{S}}_u-\bar{\boldsymbol{R}}_u-\bar{\boldsymbol{T}}-\bar{\boldsymbol{U}}$，$\bar{\boldsymbol{\Omega}}_{34}\triangleq-\bar{\boldsymbol{V}}^{\mathrm{T}}+\bar{\boldsymbol{U}}$

$\bar{\boldsymbol{\Omega}}_{44}\triangleq\mathrm{sym}\{\bar{\boldsymbol{V}}-\bar{\boldsymbol{U}}\}+\delta\bar{\boldsymbol{W}}_2$，$\bar{\boldsymbol{\Omega}}_{45}\triangleq-\delta\bar{\boldsymbol{W}}_2$

$\bar{\boldsymbol{\Omega}}_{46}^{ij}\triangleq-h_M\boldsymbol{K}_j^{\mathrm{T}}\boldsymbol{A}_{12i}^{\mathrm{T}}$，$\bar{\boldsymbol{\Omega}}_{47}^{ij}\triangleq-h_{Mm}\boldsymbol{K}_j^{\mathrm{T}}\boldsymbol{A}_{12i}^{\mathrm{T}}$

$\bar{\boldsymbol{\Omega}}_{55}\triangleq\delta\bar{\boldsymbol{W}}_2-\bar{\boldsymbol{W}}_1$，$\bar{\boldsymbol{\Omega}}_{56}^{ij}\triangleq h_M\boldsymbol{K}_j^{\mathrm{T}}\boldsymbol{A}_{12i}^{\mathrm{T}}$

$\bar{\boldsymbol{\Omega}}_{57}^{ij}\triangleq h_{Mm}\boldsymbol{K}_j^{\mathrm{T}}\boldsymbol{A}_{12i}^{\mathrm{T}}$

此外，若上述线性矩阵不等式条件具有相应的可行解，滑模面式 (3.5) 中的控制器增益可由下式得到：

$$\boldsymbol{G}_j \triangleq \boldsymbol{K}_j \bar{\boldsymbol{P}}^{-1} \tag{3.25}$$

证明 定义

$$\begin{gathered}\bar{\boldsymbol{P}} \triangleq \boldsymbol{P}^{-1},\ \bar{\boldsymbol{W}}_1 \triangleq \bar{\boldsymbol{P}}^{\mathrm{T}}\boldsymbol{W}_1\bar{\boldsymbol{P}},\ \bar{\boldsymbol{W}}_2 \triangleq \bar{\boldsymbol{P}}^{\mathrm{T}}\boldsymbol{W}_2\bar{\boldsymbol{P}}\\ \bar{\boldsymbol{Q}}_i \triangleq \bar{\boldsymbol{P}}^{\mathrm{T}}\boldsymbol{Q}_i\bar{\boldsymbol{P}},\ \bar{\boldsymbol{R}}_i \triangleq \bar{\boldsymbol{P}}^{\mathrm{T}}\boldsymbol{R}_i\bar{\boldsymbol{P}},\ \bar{\boldsymbol{S}}_i \triangleq \bar{\boldsymbol{P}}^{\mathrm{T}}\boldsymbol{S}_i\bar{\boldsymbol{P}}\\ \bar{\boldsymbol{T}} \triangleq \bar{\boldsymbol{P}}^{\mathrm{T}}\boldsymbol{T}\bar{\boldsymbol{P}},\ \bar{\boldsymbol{U}} \triangleq \bar{\boldsymbol{P}}^{\mathrm{T}}\boldsymbol{U}\bar{\boldsymbol{P}},\ \bar{\boldsymbol{V}} \triangleq \bar{\boldsymbol{P}}^{\mathrm{T}}\boldsymbol{V}\bar{\boldsymbol{P}}\end{gathered}$$

对不等式 (3.16)~(3.18) 分别左乘右乘相关矩阵：先左乘矩阵 $\mathrm{diag}\{\boldsymbol{P}\ \ \boldsymbol{P}\ \ \boldsymbol{P}\ \ \boldsymbol{P}\ \ \boldsymbol{P}\ \ \boldsymbol{I}\ \ \boldsymbol{I}\}$, $\mathrm{diag}\{\boldsymbol{P}\ \ \boldsymbol{P}\ \ \boldsymbol{P}\ \ \boldsymbol{P}\ \ \boldsymbol{P}\ \ \boldsymbol{I}\ \ \boldsymbol{I}\}$, $\mathrm{diag}\{\boldsymbol{P}\ \ \boldsymbol{P}\}$。之后右乘矩阵 $\mathrm{diag}\{\boldsymbol{P}\ \ \boldsymbol{P}\ \ \boldsymbol{P}\ \ \boldsymbol{P}\ \ \boldsymbol{P}\ \ \boldsymbol{I}\ \ \boldsymbol{I}\}$, $\mathrm{diag}\{\boldsymbol{P}\ \ \boldsymbol{P}\ \ \boldsymbol{P}\ \ \boldsymbol{P}\ \ \boldsymbol{P}\ \ \boldsymbol{I}\ \ \boldsymbol{I}\}$, $\mathrm{diag}\{\boldsymbol{P}\ \ \boldsymbol{P}\}$ 对应的转置矩阵，经过全等变换可得到不等式条件式 (3.22)~ 式 (3.24)。至此，定理 3.2得证。

3.4 滑模面可达性分析

基于上述定理 3.1和定理 3.2所得的研究结果，定理 3.3将对闭环控制系统进行滑模运动分析以保证滑模面的可达性。

定理 3.3 对于 T-S 模糊动态系统式 (3.2)，提出如式 (3.5) 所示的滑模面，控制器增益矩阵 $\boldsymbol{G}_j$ 可由定理 3.2求得。通过运用如下控制律，被控系统的状态轨迹可以在有限时间内到达理想滑模面 $s(t)=0$:

$$\begin{aligned}\boldsymbol{u}(t)=&-\boldsymbol{B}_{1i}^{-1}\Big\{\big[\boldsymbol{G}_j\boldsymbol{A}_{11i}+\boldsymbol{A}_{21i}\big]\boldsymbol{e}(t)+\big[\boldsymbol{G}_j\boldsymbol{A}_{11i}+\boldsymbol{A}_{21i}\\&-\boldsymbol{G}_j\boldsymbol{A}_{12i}\boldsymbol{G}_j-\boldsymbol{A}_{22i}\boldsymbol{G}_j\big]\boldsymbol{z}_1(t_k)\Big\}-\boldsymbol{C}_i\boldsymbol{f}(t)-\varphi\mathrm{sign}(\boldsymbol{s}(t))\end{aligned} \tag{3.26}$$

证明 基于事件触发条件式 (3.11) 设计滑模控制器，可得

$$\dot{\boldsymbol{s}}(t)=\begin{bmatrix}\boldsymbol{G}_j & \boldsymbol{I}\end{bmatrix}\begin{bmatrix}\dot{\boldsymbol{z}}_1(t_k)\\ \dot{\boldsymbol{z}}_2(t_k)\end{bmatrix} \tag{3.27}$$

其中，t_k 已在式 (3.6) 中给定。滑模动态式 (3.14) 可以进一步表示为如下形式：

$$\begin{aligned}\dot{\boldsymbol{z}}_1(t)=&\boldsymbol{A}_{11i}\boldsymbol{z}_1(t)-\boldsymbol{A}_{12i}\boldsymbol{G}_j\boldsymbol{z}_1(t_k)\\ \dot{\boldsymbol{z}}_2(t)=&\boldsymbol{A}_{21i}\boldsymbol{z}_1(t)-\boldsymbol{A}_{22i}\boldsymbol{G}_j\boldsymbol{z}_1(t_k)+\boldsymbol{B}_{1i}\big[\boldsymbol{u}(t)+\boldsymbol{C}_i\boldsymbol{f}(t)\big]\\ &t\in\big[t_k+\tau_{t_k},t_{k+1}+\tau_{t_{k+1}}\big)\end{aligned} \tag{3.28}$$

基于事件触发机制式 (3.11) 和滑模动态式 (3.28)，可得

$$\begin{aligned}\dot{\boldsymbol{s}}(t)=&\boldsymbol{G}_j\boldsymbol{A}_{11i}\boldsymbol{z}_1(t)-\boldsymbol{G}_j\boldsymbol{A}_{12i}\boldsymbol{G}_j\boldsymbol{z}_1(t_k)+\boldsymbol{A}_{21i}\boldsymbol{z}_1(t)\\&-\boldsymbol{A}_{22i}\boldsymbol{G}_j\boldsymbol{z}_1(t_k)+\boldsymbol{B}_{1i}\big[\boldsymbol{u}(t)+\boldsymbol{C}_i\boldsymbol{f}(t)\big]\end{aligned}\tag{3.29}$$

当保证滑模面的可达性时，$\dot{\boldsymbol{s}}(t)=\boldsymbol{s}(t)=0$。那么，相应的滑模控制律表示为

$$\boldsymbol{u}_{eq}(t)=-\boldsymbol{B}_{1i}^{-1}\Big\{\big[\boldsymbol{G}_j\boldsymbol{A}_{11i}+\boldsymbol{A}_{21i}\big]\boldsymbol{z}_1(t)-\big[\boldsymbol{G}_j\boldsymbol{A}_{12i}\boldsymbol{G}_j+\boldsymbol{A}_{22i}\boldsymbol{G}_j\big]\boldsymbol{z}_1(t_k)\Big\}-\boldsymbol{C}_i\boldsymbol{f}(t)$$

定义 $\boldsymbol{e}(t)=\boldsymbol{z}_1(t)-\boldsymbol{z}_1(t_k)$，则有

$$\begin{aligned}\boldsymbol{u}_{eq}(t)=&-\boldsymbol{B}_{1i}^{-1}\Big\{\big[\boldsymbol{G}_j\boldsymbol{A}_{11i}+\boldsymbol{A}_{21i}\big]\boldsymbol{e}(t)+\big[\boldsymbol{G}_j\boldsymbol{A}_{11i}+\boldsymbol{A}_{21i}\\&-\boldsymbol{G}_j\boldsymbol{A}_{12i}\boldsymbol{G}_j-\boldsymbol{A}_{22i}\boldsymbol{G}_j\big]\boldsymbol{z}_1(t_k)\Big\}-\boldsymbol{C}_i\boldsymbol{f}(t)\end{aligned}$$

根据滑模面式 (3.8)，对 T-S 模糊系统式 (3.4) 提出合适的控制器：

$$\boldsymbol{u}(t)=\boldsymbol{u}_{eq}(t)-\varphi\mathrm{sign}(\boldsymbol{s}(t))\tag{3.30}$$

其中，φ 表示给定的正定标量。

考虑如下 Lyapunov 函数：

$$\boldsymbol{S}(t)\triangleq\frac{1}{2}\boldsymbol{s}(t)^{\mathrm{T}}(\boldsymbol{B}_{1i})^{-1}\boldsymbol{s}(t)\tag{3.31}$$

基于式 (3.29) 和式 (3.30)，可得

$$\begin{aligned}\dot{\boldsymbol{S}}(t)=&\boldsymbol{s}(t)^{\mathrm{T}}(\boldsymbol{B}_{1i})^{-1}\dot{\boldsymbol{s}}(t)\\=&\boldsymbol{s}(t)^{\mathrm{T}}(\boldsymbol{B}_{1i})^{-1}\Big\{\boldsymbol{G}_j\boldsymbol{A}_{11i}\boldsymbol{z}_1(t)-\boldsymbol{G}_j\boldsymbol{A}_{12i}\boldsymbol{G}_j\boldsymbol{z}_1(t_k)+\boldsymbol{A}_{21i}\boldsymbol{z}_1(t)\\&-\boldsymbol{A}_{22i}\boldsymbol{G}_j\boldsymbol{z}_1(t_k)-\Big[\big(\boldsymbol{G}_j\boldsymbol{A}_{11i}+\boldsymbol{A}_{21i}\big)\boldsymbol{e}(t)+\big(\boldsymbol{G}_j\boldsymbol{A}_{11i}+\boldsymbol{A}_{21i}\\&-\boldsymbol{G}_j\boldsymbol{A}_{12i}\boldsymbol{G}_j-\boldsymbol{A}_{22i}\boldsymbol{G}_j\big)\boldsymbol{z}_1(t_k)+\boldsymbol{B}_{1i}\boldsymbol{C}_i\boldsymbol{f}(t)\Big]\\&-\boldsymbol{B}_{1i}\varphi\mathrm{sign}(\boldsymbol{s}(t))+\boldsymbol{B}_{1i}\boldsymbol{C}_i\boldsymbol{f}(t)\Big\}\\=&-\varphi\|\boldsymbol{s}(t)\|_1\end{aligned}$$

当 $\boldsymbol{s}(t)\neq 0$ 时，则有 $\dot{\boldsymbol{S}}(t)<0$。换句话说，被控系统的状态轨迹在有限时间内能够运动到滑模面并保持稳定。定理 3.3得证。

注 3.3 由于抖振现象可能会引起高频未建模的动力学问题，甚至导致系统不稳定，为了消除滑模控制器式 (3.26) 中由符号函数 sign($\boldsymbol{s}(t)$) 引起的抖振，本章采用了防抖策略（见文献 [158]），相关结果在仿真验证部分给出。

3.5 仿真验证

考虑 T-S 模糊系统式 (3.2)，选取模糊规则 $r=2$，可得

$$\dot{\boldsymbol{x}}(t)=\sum_{i=1}^{2}f_i(\theta(t))\Big\{\boldsymbol{A}_i\boldsymbol{x}(t)+\boldsymbol{B}_i\big[\boldsymbol{u}(t)+\boldsymbol{C}_i\boldsymbol{f}(t)\big]\Big\}$$

系统参数选择如下：

$$\boldsymbol{A}_1=\begin{bmatrix}-1.2 & 0.3\\ 1 & -0.8\end{bmatrix},\ \boldsymbol{B}_1=\begin{bmatrix}0\\ 2\end{bmatrix},\ \boldsymbol{C}_1=1.6$$

$$\boldsymbol{A}_2=\begin{bmatrix}0.6 & -0.5\\ -1.2 & -0.4\end{bmatrix},\ \boldsymbol{B}_2=\begin{bmatrix}0\\ 2\end{bmatrix},\ \boldsymbol{C}_2=2$$

触发参数选取为 $\delta=0.8$，网络诱导时延 $h(t)$ 从 $h_m=1$ 到 $h_M=3$ 随机变化。求解定理 3.2中的条件式 (3.22)～ 式 (3.24)，得到：

$$K_1=1.1389\times10^{-4},\ \ K_2=-1.4672\times10^{-4}$$
$$\bar{P}=1.1701\times10^{-4}$$

基于式 (3.25)，求得滑模控制器增益和事件触发参数，如下：

$$G_1=0.9733,\ \ G_2=-1.2538$$
$$W_1=0.0062,\ \ W_2=1.4373\times10^{-4}$$

因此，对于 $t\in[t_k+\tau_{t_k},t_{k+1}+\tau_{t_{k+1}})$，相应的滑模面函数表示为

$$\boldsymbol{s}(t)=\begin{cases}\begin{bmatrix}0.9733 & 1\end{bmatrix}\boldsymbol{z}(t_k), & i=1\\ \begin{bmatrix}-1.2538 & 1\end{bmatrix}\boldsymbol{z}(t_k), & i=2\end{cases}\tag{3.32}$$

此外，计算得到定理 3.3中设计的滑模控制律：

$$\boldsymbol{u}(t)=\begin{cases}-\dfrac{1}{2}\big[-0.1679\boldsymbol{e}(t)+0.3265\boldsymbol{z}_1(t_k)\big]-1.6\boldsymbol{f}(t)-\varphi\mathrm{sign}(\boldsymbol{s}(t)), & i=1\\ -\dfrac{1}{2}\big[-1.9523\boldsymbol{e}(t)-1.6678\boldsymbol{z}_1(t_k)\big]-2\boldsymbol{f}(t)-\varphi\mathrm{sign}(\boldsymbol{s}(t)), & i=2\end{cases}\tag{3.33}$$

对于滑模控制器式 (3.26)，设 $\varphi=0.005$。系统初始状态和外部扰动分别选取为

$$\boldsymbol{x}(t)=\begin{bmatrix} -0.5 & -0.4 \end{bmatrix}^{\mathrm{T}},\ \boldsymbol{f}(t)=0.5\boldsymbol{e}^{-t}\sin(t)$$

模糊基函数选择如下：

$$\begin{cases} f_1(\theta(t))=\dfrac{1}{2}[1-\sin(\boldsymbol{x}_1(t))] \\ f_2(\theta(t))=\dfrac{1}{2}[1+\sin(\boldsymbol{x}_1(t))] \end{cases}$$

此外，用 $\boldsymbol{s}(t)/(\|\boldsymbol{s}(t)\|+0.03)$ 代替滑模控制器中的 $\mathrm{sign}(\boldsymbol{s}(t))$，以保护控制信号免于抖振，如注 3.3所述。

仿真结果如图 3.1～ 图 3.5所示，开环模糊系统的状态响应如图 3.1所示，图 3.2是事件触发释放时间和释放间隔关系图，图 3.3绘制了闭环模糊系统的状态响应，滑模面响应和相应的滑模控制律分别如图 3.4和图 3.5所示。由图可见，所设计的滑模控制器在有限时间内能保证动态滑模面的可达性。此外，在仿真时间内共传输了 110 个采样信号，传输率为 26.44%，节省了 73.56%的通信资源。因此，仿真结果证明了本章针对模糊动态系统提出的事件触发滑模控制器设计方案的可行性。

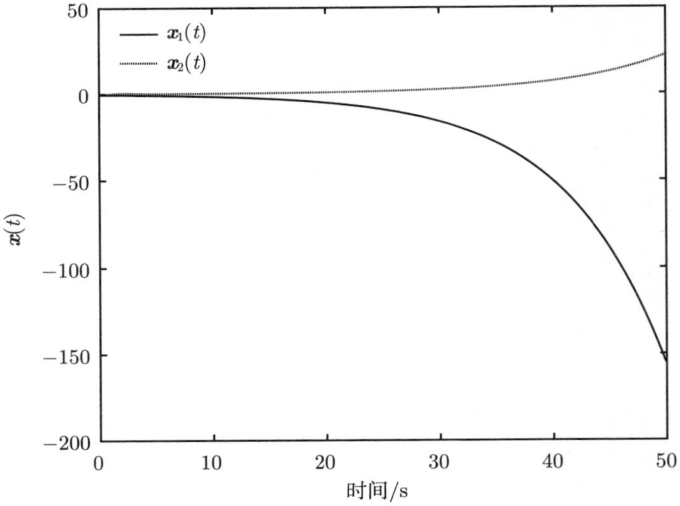

图 3.1　开环模糊系统的状态响应

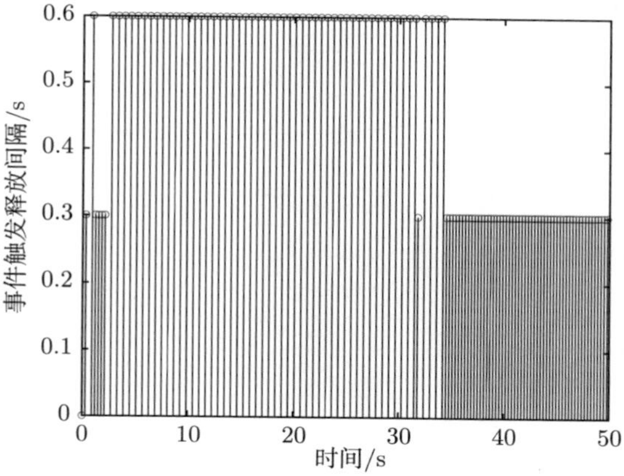

图 3.2 事件触发释放时间和释放间隔关系

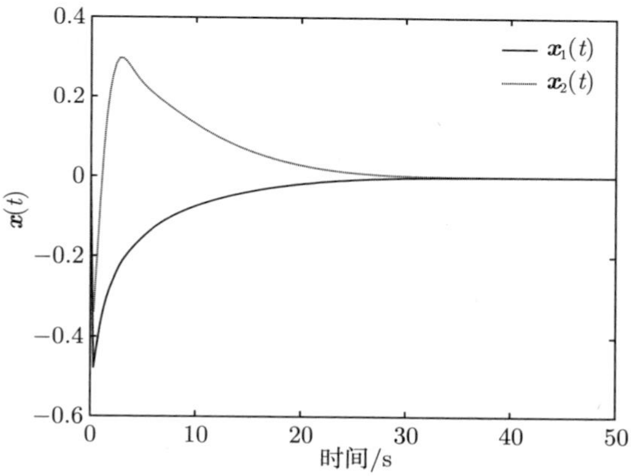

图 3.3 闭环模糊系统的状态响应

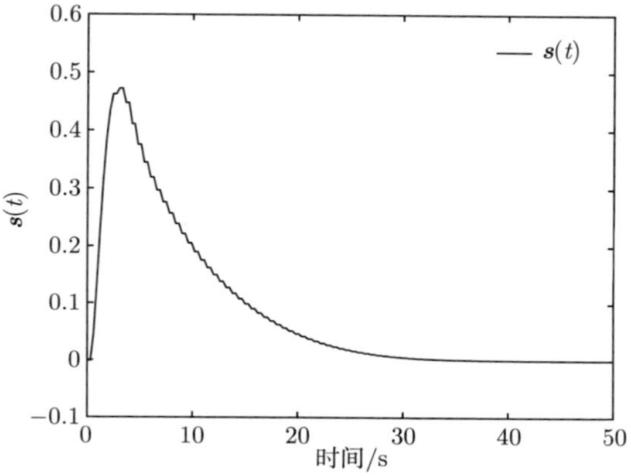

图 3.4 滑模面响应

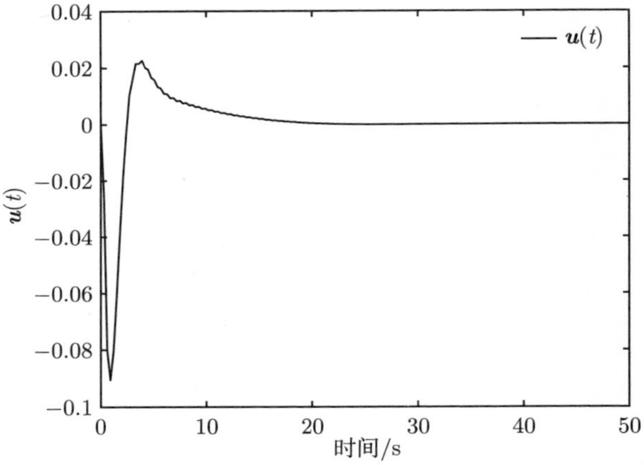

图 3.5　滑模控制律

3.6　本章小结

本章针对一类 T-S 模糊建模下的非线性系统，首先，设计基于事件触发策略的滑模控制器，建立具有时滞的完整模糊动态系统，利用 Lyapunov 稳定性理论和交互式凸组合法，得到闭环系统满足渐近稳定的条件，并求得滑模控制器的相关参数。然后，提出了保证理想滑动模态的条件，使得模糊系统的状态轨迹可以在有限时间内运动到滑模面并保持稳定。最后，通过一个数值例子证明了所提出的设计方案的适用性和有效性。

第 4 章　基于观测器的模糊动态系统状态估计与滑模控制

对许多实际系统而言，信息传输通常是在一些不可控的自然环境或物理环境下进行的，恶劣的外界条件会给信号测量工作带来难度。系统的状态信息并不是全部都能直接测量得到，而实际可测的信号中又常常存在噪声和失真的情况，因此设计有效的观测器对动态系统进行状态估计很有必要。设计思路大多是在被控对象和控制器之间增加一个状态观测器，根据状态观测器产生的估计状态设计相应的控制规则。此外，不同于常见的滑模控制方法，积分滑模控制器利用了积分滑动模态的特点，能保证系统从初始时刻就开始整个滑动轨迹的鲁棒性能，并实现更快的收敛速度，其是智能控制领域的热门话题。

第 3 章介绍了 T-S 模糊系统的滑模控制问题，采用了较为常见的线性滑模面。本章将进一步研究状态不可测的模糊动态系统滑模控制问题，首先运用观测器对系统状态变量进行有效估计，进而提出一种优化的积分滑模面函数，在此基础上进行滑模控制器的分析和设计，以保证滑动模态满足耗散性能指标下的渐近稳定，并保证整体滑模面的可达性。

4.1　系统描述与观测器构建

利用如下的模糊推理规则将非线性系统近似为模糊动态系统。

模糊规则 i：如果 $\rho_1(t)$ 是 $\mathcal{W}_{i1}$，$\rho_2(t)$ 是 $\mathcal{W}_{i2}$，$\cdots$，$\rho_p(t)$ 是 $\mathcal{W}_{ip}$，那么，

$$\dot{\boldsymbol{x}}(t) = \boldsymbol{A}_i\boldsymbol{x}(t) + \boldsymbol{B}_i\boldsymbol{u}(t) + \boldsymbol{C}_i\bar{\boldsymbol{\omega}}(t) \tag{4.1a}$$

$$\boldsymbol{y}(t) = \boldsymbol{D}_i\boldsymbol{x}(t) \tag{4.1b}$$

$$\boldsymbol{z}(t) = \boldsymbol{E}_i\boldsymbol{x}(t) + \boldsymbol{F}_i\bar{\boldsymbol{\omega}}(t) \tag{4.1c}$$

其中，$i = 1, 2, \cdots, r$，r 表示模糊规则数；$\rho_j(t)$ 表示模糊前提变量，$j = 1, 2, \cdots, p$；$\mathcal{W}_{ij}$ 表示模糊集；$\boldsymbol{x}(t) \in \mathbf{R}^n$ 表示状态向量；$\boldsymbol{u}(t) \in \mathbf{R}^s$ 表示控制输入；$\boldsymbol{y}(t) \in \mathbf{R}^p$ 表示测量输出；$\boldsymbol{z}(t) \in \mathbf{R}^t$ 表示控制输出；$\bar{\boldsymbol{\omega}}(t) \in \mathbf{R}^q$ 表示能量有界的外部扰动；$\boldsymbol{A}_i$，$\boldsymbol{B}_i$，$\boldsymbol{C}_i$，$\boldsymbol{D}_i$，$\boldsymbol{E}_i$，$\boldsymbol{F}_i$ 表示一系列具有适当维数的矩阵。给定系统的模糊基函数：

$$f_i\big(\rho(t)\big)=\frac{\mathcal{V}_i\big(\rho(t)\big)}{\sum\limits_{i=1}^{r}\mathcal{V}_i\big(\rho(t)\big)},\quad \mathcal{V}_i\big(\rho(t)\big)=\prod_{j=1}^{p}\mathcal{W}_{ij}\big(\rho_j(t)\big)$$

其中，$\mathcal{W}_{ij}\big(\rho_j(t)\big)$ 表示前提变量 $\rho_j(t)$ 在模糊集 $\mathcal{W}_{ij}$ 里的隶属度函数；$f_i\big(\rho(t)\big)$ 表示归一化的隶属度函数，满足 $f_i\big(\rho(t)\big)\geqslant 0,\ \sum\limits_{i=1}^{r}f_i\big(\rho(t)\big)=1$。因此，式 (??) 中的模糊系统可以表示为如下形式：

$$\begin{cases}\dot{\boldsymbol{x}}(t)=\sum\limits_{i=1}^{r}f_i\big(\rho(t)\big)\Big\{\boldsymbol{A}_i\boldsymbol{x}(t)+\boldsymbol{B}_i\boldsymbol{u}(t)+\boldsymbol{C}_i\bar{\boldsymbol{\omega}}(t)\Big\}\\ \boldsymbol{y}(t)=\sum\limits_{i=1}^{r}f_i\big(\rho(t)\big)\boldsymbol{D}_i\boldsymbol{x}(t)\\ \boldsymbol{z}(t)=\sum\limits_{i=1}^{r}f_i\big(\rho(t)\big)\Big\{\boldsymbol{E}_i\boldsymbol{x}(t)+\boldsymbol{F}_i\bar{\boldsymbol{\omega}}(t)\Big\}\end{cases}\tag{4.2}$$

接着，提出如下观测器来估计系统式 (4.2) 不可测的状态变量。

模糊规则 i：如果 $\rho_1(t)$ 是 $\mathcal{W}_{i1}$, $\rho_2(t)$ 是 $\mathcal{W}_{i2}$, $\cdots$, $\rho_p(t)$ 是 $\mathcal{W}_{ip}$, 那么，

$$\dot{\bar{\boldsymbol{x}}}(t)=\boldsymbol{A}_i\bar{\boldsymbol{x}}(t)+\boldsymbol{B}_i\boldsymbol{u}(t)+\boldsymbol{B}_iL_i\big[\hat{\boldsymbol{y}}(t)-\boldsymbol{D}_i\bar{\boldsymbol{x}}(t)\big]\tag{4.3}$$

其中，$\bar{\boldsymbol{x}}(t)\in\mathbf{R}^n$ 表示估计状态；$\hat{\boldsymbol{y}}(t)$ 表示观测器的实际输入；L_i 表示观测器增益，$i=1,2,\cdots,r$。模糊观测器可以进一步表示为如下形式：

$$\dot{\bar{\boldsymbol{x}}}(t)=\sum_{i=1}^{r}f_i\big(\rho(t)\big)\Big\{\boldsymbol{A}_i\bar{\boldsymbol{x}}(t)+\boldsymbol{B}_i\boldsymbol{u}(t)+\boldsymbol{B}_iL_i\big[\hat{\boldsymbol{y}}(t)-\boldsymbol{D}_i\bar{\boldsymbol{x}}(t)\big]\Big\}\tag{4.4}$$

考虑通信信道容量有限，为了减少网络中不必要的信号传输，采用事件触发策略来决定当前的测量输出信号 $\boldsymbol{y}(t)$ 是否被释放和传输。触发条件设计为

$$\Big[\boldsymbol{y}(t_k+h\boldsymbol{T})-\boldsymbol{y}(t_k)\Big]^{\mathrm{T}}\boldsymbol{\varUpsilon}_1\Big[\boldsymbol{y}(t_k+h\boldsymbol{T})-\boldsymbol{y}(t_k)\Big]\leqslant\varphi\boldsymbol{y}^{\mathrm{T}}(t_k)\boldsymbol{\varUpsilon}_2\boldsymbol{y}(t_k)\tag{4.5}$$

其中，$\varphi\in[0,1)$；$\boldsymbol{\varUpsilon}_1$ 和 $\boldsymbol{\varUpsilon}_2$ 表示正定对称矩阵；$\boldsymbol{y}(t_k+h\boldsymbol{T})$ 和 $\boldsymbol{y}(t_k)$ 分别表示当前采样数据和最新传输数据。

定义 $\boldsymbol{e}_y(t)=\boldsymbol{y}(t_k)-\boldsymbol{y}(t_k+h\boldsymbol{T})$，表示最新触发数据与当前采样数据之间的阈值误差。给定 $q_kT=t_k+h\boldsymbol{T}$，表示从当前采样时刻 t_k 到下一个采样时刻 t_{k+1} 的时间。那么，误差可以转换为

$$\boldsymbol{e}_y(t)=\boldsymbol{y}(t_k)-\boldsymbol{y}(q_k\boldsymbol{T})\tag{4.6}$$

因此，在信号传输到基于观测器的控制器之前，系统输出由零阶保持器保持，即 $t \in \mathcal{T} = [t_k + \zeta_{t_k}, t_{k+1} + \zeta_{t_{k+1}}]$。其中，$\zeta \in [0, \bar{\zeta})$ 表示网络时延，$\bar{\zeta}$ 是正实数。将零阶保持器的保持区间划分为子集 $\mathcal{T}$，$\mathcal{T} = \bigcup_{h=0}^{q} \Xi_{h,k}$，$\Xi_{h,k} \triangleq \left[i_k + hT + \zeta_{i_k+h}, i_k + (h+1)\boldsymbol{T} + \zeta_{i_k+h+1}\right], h = 0, 1, \cdots, t_{k+1} - t_k - 1$。

网络时延选取如下：

$$\boldsymbol{\mu}(t) = t - (t_k + h\boldsymbol{T}) = t - q_k\boldsymbol{T}, \qquad t \in \Xi_{h,k}$$

因此，模糊观测器的实际输入为

$$\hat{\boldsymbol{y}}(t) = \boldsymbol{y}(t_k) = \boldsymbol{y}(q_k T) + \boldsymbol{e}_y(t) = \boldsymbol{y}\big(t - \boldsymbol{\mu}(t)\big) + \boldsymbol{e}_y(t) \tag{4.7}$$

那么，事件触发机制可以表示为

$$\boldsymbol{e}_y^{\mathrm{T}}(t)\boldsymbol{\Upsilon}_1\boldsymbol{e}_y(t) \leqslant \varphi\Big[\boldsymbol{e}_y(t) + \boldsymbol{y}\big(t - \boldsymbol{\mu}(t)\big)\Big]^{\mathrm{T}}\boldsymbol{\Upsilon}_2\Big[\boldsymbol{e}_y(t) + \boldsymbol{y}\big(t - \boldsymbol{\mu}(t)\big)\Big] \tag{4.8}$$

对应于误差式 (4.6)，给定变量：

$$\boldsymbol{e}_{\bar{x}}(t) = \bar{\boldsymbol{x}}(t) - \bar{\boldsymbol{x}}\big(t - \boldsymbol{\mu}(t)\big) \tag{4.9}$$

并且 $\boldsymbol{e}_{\bar{x}}(t)$ 满足下列条件：

$$\boldsymbol{e}_{\bar{x}}^{\mathrm{T}}(t)\boldsymbol{\Upsilon}_3\boldsymbol{e}_{\bar{x}}(t) \leqslant \varphi\bar{\boldsymbol{x}}^{\mathrm{T}}(t)\boldsymbol{\Upsilon}_4\bar{\boldsymbol{x}}(t) \tag{4.10}$$

其中，$\boldsymbol{\Upsilon}_3$ 和 $\boldsymbol{\Upsilon}_4$ 表示正定对称矩阵。

基于式 (4.7) 和式 (4.9)，进一步得到完整的模糊观测器：

$$\begin{aligned}\dot{\bar{\boldsymbol{x}}}(t) = &\sum_{i=1}^{r} f_i\big(\rho(t)\big)\Big\{\boldsymbol{A}_i\bar{\boldsymbol{x}}(t) - \boldsymbol{B}_i\boldsymbol{L}_i\boldsymbol{D}_i\bar{\boldsymbol{x}}\big(t - \boldsymbol{\mu}(t)\big) + \boldsymbol{B}_i\boldsymbol{u}(t) \\ &+\boldsymbol{B}_iL_i\big[\boldsymbol{y}\big(t - \boldsymbol{\mu}(t)\big) + \boldsymbol{e}_y(t) - \boldsymbol{D}_i\boldsymbol{e}_{\bar{x}}(t)\big]\Big\}\end{aligned} \tag{4.11}$$

4.2 积分型滑模控制器设计

本节中，考虑如下的积分滑模面：

$$\boldsymbol{s}(t) = \boldsymbol{\mathcal{H}}\bar{\boldsymbol{x}}(t) - \int_0^t \sum_{i=1}^{r} f_i\big(\rho(v)\big)\boldsymbol{\mathcal{H}}\big[(\boldsymbol{A}_i + \boldsymbol{B}_i\boldsymbol{G}_i)\bar{\boldsymbol{x}}(v) - \boldsymbol{B}_i\boldsymbol{L}_i\boldsymbol{D}_i\bar{\boldsymbol{x}}\big(v - \boldsymbol{\mu}(v)\big)\big]\mathrm{d}v \tag{4.12}$$

其中，$\mathcal{H} \in \mathbf{R}^{s\times n}$ 表示给定矩阵，并且 $\mathcal{H}\boldsymbol{B}_i$ 满足正定和非奇异特性；$\boldsymbol{G}_i \in \mathbf{R}^{s\times n}$ 表示待求的滑模控制器参数。考虑到式 (4.11)，则有

$$\dot{\boldsymbol{s}}(t) = \sum_{i=1}^{r} f_i\big(\rho(t)\big)\Big\{ -\mathcal{H}\boldsymbol{B}_i\boldsymbol{G}_i\bar{\boldsymbol{x}}(t) + \mathcal{H}\boldsymbol{B}_i\boldsymbol{u}(t) + \mathcal{H}\boldsymbol{B}_i\boldsymbol{L}_i\big[\boldsymbol{y}\big(t-\boldsymbol{\mu}(t)\big) + \boldsymbol{e}_y(t) - \boldsymbol{D}_i\boldsymbol{e}_{\bar{x}}(t)\big]\Big\} \tag{4.13}$$

通过运用滑模控制理论，基于 $\dot{\boldsymbol{s}}(t)=0$ 得到等效控制律：

$$\boldsymbol{u}_{eq}(t) = \sum_{i=1}^{r} f_i\big(\rho(t)\big)\Big\{\boldsymbol{G}_i\bar{\boldsymbol{x}}(t) - \boldsymbol{L}_i\big[\boldsymbol{y}\big(t-\boldsymbol{\mu}(t)\big) + \boldsymbol{e}_y(t) - \boldsymbol{D}_i\boldsymbol{e}_{\bar{x}}(t)\big]\Big\} \tag{4.14}$$

将式 (4.14) 代入式 (4.11)，可以得到：

$$\dot{\bar{\boldsymbol{x}}}(t) = \sum_{i=1}^{r}\sum_{j=1}^{r} f_i\big(\rho(t)\big) f_j\big(\rho(t)\big)\Big\{[\boldsymbol{A}_i + \boldsymbol{B}_i G_j]\bar{\boldsymbol{x}}(t) - \boldsymbol{B}_i\boldsymbol{L}_i\boldsymbol{D}_i\bar{\boldsymbol{x}}\big(t-\boldsymbol{\mu}(t)\big)\Big\} \tag{4.15}$$

基于模糊观测器式 (4.4) 和滑模面函数式 (4.12)，提出如下控制器：

$$\boldsymbol{u}(t) = \boldsymbol{u}_{eq}(t) - \psi\mathrm{sign}\big(\boldsymbol{s}(t)\big) \tag{4.16}$$

其中，ψ 表示预先设置的正定标量；$\mathrm{sign}(\cdot)$ 表示符号函数。

给定 $\boldsymbol{e}(t) = \boldsymbol{x}(t) - \bar{\boldsymbol{x}}(t)$，可得以下闭环控制系统：

$$\dot{\boldsymbol{\gamma}}(t) = \sum_{i=1}^{r}\sum_{j=1}^{r} f_i\big(\rho(t)\big) f_j\big(\rho(t)\big)\Big\{\widetilde{\boldsymbol{A}}_{ij}\boldsymbol{\gamma}(t) + \widetilde{\boldsymbol{A}}_{hi}\boldsymbol{\gamma}\big(t-\boldsymbol{\mu}(t)\big) + \widetilde{\boldsymbol{B}}_i\boldsymbol{e}_f(t) + \widetilde{\boldsymbol{C}}_i\bar{\boldsymbol{\omega}}(t)\Big\} \tag{4.17}$$

其中

$$\boldsymbol{\gamma}(t) \triangleq \begin{bmatrix} \boldsymbol{e}(t) \\ \bar{\boldsymbol{x}}(t) \end{bmatrix},\ \boldsymbol{e}_f(t) \triangleq \begin{bmatrix} \boldsymbol{e}_y(t) \\ \boldsymbol{e}_{\bar{x}}(t) \end{bmatrix},\ \widetilde{\boldsymbol{C}}_i \triangleq \begin{bmatrix} \boldsymbol{C}_i \\ 0 \end{bmatrix}$$

$$\widetilde{\boldsymbol{A}}_{ij} \triangleq \begin{bmatrix} \boldsymbol{A}_i & 0 \\ 0 & \boldsymbol{A}_i + \boldsymbol{B}_i\boldsymbol{G}_j \end{bmatrix},\ \widetilde{\boldsymbol{B}}_i \triangleq \begin{bmatrix} -\boldsymbol{B}_i\boldsymbol{L}_i & \boldsymbol{B}_i\boldsymbol{L}_i\boldsymbol{D}_i \\ 0 & 0 \end{bmatrix}$$

$$\widetilde{\boldsymbol{A}}_{hi} \triangleq \begin{bmatrix} -\boldsymbol{B}_i\boldsymbol{L}_i\boldsymbol{D}_i & 0 \\ 0 & -\boldsymbol{B}_i\boldsymbol{L}_i\boldsymbol{D}_i \end{bmatrix}$$

图 4.1为基于事件触发观测器的耗散滑模控制系统示意图。本章的主要目标是构建事件触发策略下的滑模控制方法，以保证闭环控制系统式 (4.17) 渐近稳定且满足所需的耗散性能。相关定义介绍如下。

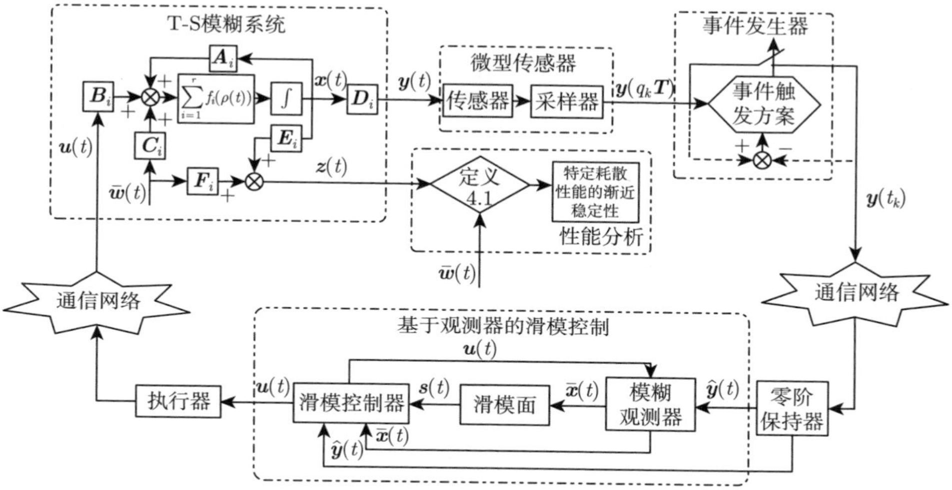

图 4.1 基于事件触发观测器的耗散滑模控制系统示意图

定义 4.1 给定标量 $\sigma>0$ 及实矩阵 $\mathcal{D}_1=\mathcal{D}_1^{\mathrm{T}}=-\hat{\mathcal{D}}_1^{\mathrm{T}}\hat{\mathcal{D}}_1\leqslant 0$，$\mathcal{D}_2$，$\mathcal{D}_3=\mathcal{D}_3^{\mathrm{T}}$，若下列条件成立，那么系统式 (4.17) 满足性能指标 $(\mathcal{D}_1,\mathcal{D}_2,\mathcal{D}_3)$-$\sigma$-耗散下的渐近稳定：

(1) 当 $\bar{\omega}(t)=0$ 时，闭环动态系统式 (4.17) 是渐近稳定的。

(2) 在零初始条件下，对于任意 $\vartheta\geqslant 0$ 和非零 $\bar{\omega}(t)\in\mathcal{L}_2[0,\infty)$，下列条件满足：

$$\int_0^{\vartheta}\mathcal{D}(t)\mathrm{d}t\geqslant\sigma\int_0^{\vartheta}\left[\bar{\omega}^{\mathrm{T}}(t)\bar{\omega}(t)\right]\mathrm{d}t \tag{4.18}$$

其中，$\mathcal{D}(t)$ 表示所研究系统特定的功能函数，$\mathcal{D}(t)=\boldsymbol{z}^{\mathrm{T}}(t)\mathcal{D}_1\boldsymbol{z}(t)+2\boldsymbol{z}^{\mathrm{T}}(t)\mathcal{D}_2\bar{\omega}(t)+\bar{\omega}^{\mathrm{T}}(t)\mathcal{D}_3\bar{\omega}(t)$；$\sigma$ 表示耗散性能系数。

注 4.1 根据定义 4.1，不难看出所谓的严格 $(\mathcal{D}_1,\mathcal{D}_2,\mathcal{D}_3)$-$\sigma$-耗散性能包含了常见的性能指标作为特殊情况，例如：

(1) 如果 $\mathcal{D}_1=-\boldsymbol{I}$, $\mathcal{D}_2=0$, $\mathcal{D}_3=\varrho^2\boldsymbol{I}(\varrho>0)$，不等式 (4.18) 转化为 $\mathcal{H}_\infty$ 性能约束条件。

(2) 如果 $\mathcal{D}_1=0$, $\mathcal{D}_2=\boldsymbol{I}$, $\mathcal{D}_3=0$，不等式 (4.18) 转化为严格的无源性或正实性约束条件。

(3) 如果 $\boldsymbol{\mathcal{D}}_1=-\kappa\boldsymbol{I}$, $\boldsymbol{\mathcal{D}}_2=(1-\kappa)\boldsymbol{I}$, $\boldsymbol{\mathcal{D}}_3=\kappa\varsigma^2\boldsymbol{I}(\varsigma>0,\kappa\in[0,1])$, 不等式 (4.18) 转化为混合 $\mathcal{H}_\infty$ 和正实性约束条件。

4.3　系统耗散性能分析

本节将给出闭环系统式 (4.17) 渐近稳定的充分条件, 并分析系统的耗散性能。

定理 4.1　给定标量 $\sigma>0$，$\mu_M>\mu_m>0$，$\varphi\in[0,1)$，滑模控制系统式 (4.17) 满足渐近稳定及特定的耗散性能的条件是：存在具有适当维数的矩阵 $\boldsymbol{\Upsilon}_1$, $\boldsymbol{\Upsilon}_2$, $\boldsymbol{\Upsilon}_3$, $\boldsymbol{\Upsilon}_4$, $\boldsymbol{P}$, $\boldsymbol{Q}_{1i}$, $\boldsymbol{Q}_{2i}$, $\boldsymbol{S}_1$, $\boldsymbol{S}_2$, $\boldsymbol{S}_3$ 和 $\boldsymbol{R}_2$，满足

$$\frac{1}{r-1}\boldsymbol{\Lambda}^{iils}+\frac{1}{2}(\boldsymbol{\Lambda}^{ijls}+\boldsymbol{\Lambda}^{jils})<0 \tag{4.19}$$

$$\boldsymbol{\Lambda}^{iils}<0 \tag{4.20}$$

$$\begin{bmatrix}\boldsymbol{S}_2 & \boldsymbol{R}_2\\ \star & \boldsymbol{S}_2\end{bmatrix}\geqslant 0 \tag{4.21}$$

其中

$$\boldsymbol{\Lambda}^{ijls}\triangleq\begin{bmatrix}\boldsymbol{\Lambda}_{11}^{ij} & \boldsymbol{\Lambda}_{12} & \boldsymbol{\Lambda}_{13}^{i} & \boldsymbol{\Lambda}_{14}^{i} & \boldsymbol{\Lambda}_{15}^{ij}\\ \star & \boldsymbol{\Lambda}_{22}^{ls} & 0 & 0 & 0\\ \star & \star & \boldsymbol{\Lambda}_{33} & 0 & \boldsymbol{\Lambda}_{35}^{i}\\ \star & \star & \star & \boldsymbol{\Lambda}_{44}^{i} & \boldsymbol{\Lambda}_{45}^{i}\\ \star & \star & \star & \star & \boldsymbol{\Lambda}_{55}\end{bmatrix}$$

$$\boldsymbol{\Lambda}_{11}^{ij}\triangleq\begin{bmatrix}\boldsymbol{\Lambda}_{111}^{ij} & \boldsymbol{P}\widetilde{\boldsymbol{A}}_{hi}\\ \star & \boldsymbol{\Lambda}_{114}^{i}\end{bmatrix},\ \boldsymbol{\Lambda}_{12}\triangleq\begin{bmatrix}\boldsymbol{S}_3 & \boldsymbol{S}_1\\ \boldsymbol{S}_2-\boldsymbol{R}_2^{\mathrm{T}} & \boldsymbol{S}_2-\boldsymbol{R}_2\end{bmatrix}$$

$$\boldsymbol{\Lambda}_{13}^{i}\triangleq\begin{bmatrix}\boldsymbol{P}\widetilde{\boldsymbol{B}}_i\\ \varphi\boldsymbol{X}_3^{\mathrm{T}}\boldsymbol{\Upsilon}_2\boldsymbol{X}_1\end{bmatrix},\ \boldsymbol{\Lambda}_{14}^{i}\triangleq\begin{bmatrix}\boldsymbol{P}\widetilde{\boldsymbol{C}}_i-\boldsymbol{X}_4^{\mathrm{T}}\boldsymbol{\mathcal{D}}_2 & \boldsymbol{X}_4^{\mathrm{T}}\hat{\boldsymbol{\mathcal{D}}}_1^{\mathrm{T}}\\ 0 & 0\end{bmatrix}$$

$$\boldsymbol{\Lambda}_{15}^{ij}\triangleq\begin{bmatrix}\mu_M\widetilde{\boldsymbol{A}}_{ij}^{\mathrm{T}} & \mu_{Mm}\widetilde{\boldsymbol{A}}_{ij}^{\mathrm{T}} & \mu_m\widetilde{\boldsymbol{A}}_{ij}^{\mathrm{T}}\\ \mu_M\widetilde{\boldsymbol{A}}_{hi}^{\mathrm{T}} & \mu_{Mm}\widetilde{\boldsymbol{A}}_{hi}^{\mathrm{T}} & \mu_m\widetilde{\boldsymbol{A}}_{hi}^{\mathrm{T}}\end{bmatrix}$$

$$\boldsymbol{\Lambda}_{22}^{ls}\triangleq\begin{bmatrix}-\boldsymbol{Q}_{1l}-\boldsymbol{S}_2-\boldsymbol{S}_3 & \boldsymbol{R}_2\\ \star & -\boldsymbol{Q}_{2s}-\boldsymbol{S}_1-\boldsymbol{S}_2\end{bmatrix}$$

$$\boldsymbol{\Lambda}_{33}\triangleq\varphi\boldsymbol{X}_1^{\mathrm{T}}\boldsymbol{\Upsilon}_2\boldsymbol{X}_1-\boldsymbol{X}_1^{\mathrm{T}}\boldsymbol{\Upsilon}_1\boldsymbol{X}_1-\boldsymbol{X}_2^{\mathrm{T}}\boldsymbol{\Upsilon}_3\boldsymbol{X}_2$$

$$\boldsymbol{\varLambda}_{35}^{i} \triangleq \begin{bmatrix} \mu_M\widetilde{\boldsymbol{B}}_i^{\mathrm{T}} & \mu_{Mm}\widetilde{\boldsymbol{B}}_i^{\mathrm{T}} & \mu_m\widetilde{\boldsymbol{B}}_i^{\mathrm{T}} \end{bmatrix}$$

$$\boldsymbol{\varLambda}_{44}^{i} \triangleq \begin{bmatrix} -2\boldsymbol{F}_i^{\mathrm{T}}\boldsymbol{\mathcal{D}}_2-\boldsymbol{\mathcal{D}}_3+\sigma\boldsymbol{I} & \boldsymbol{F}_i^{\mathrm{T}}\hat{\boldsymbol{D}}_1^{\mathrm{T}} \\ \star & -\boldsymbol{I} \end{bmatrix}$$

$$\boldsymbol{\varLambda}_{45}^{i} \triangleq \begin{bmatrix} \mu_M\widetilde{\boldsymbol{C}}_i^{\mathrm{T}} & \mu_{Mm}\widetilde{\boldsymbol{C}}_i^{\mathrm{T}} & \mu_m\widetilde{\boldsymbol{C}}_i^{\mathrm{T}} \\ 0 & 0 & 0 \end{bmatrix}$$

$$\boldsymbol{\varLambda}_{55} \triangleq \mathrm{diag}\left\{ -\boldsymbol{S}_1^{-1} \quad -\boldsymbol{S}_2^{-1} \quad -\boldsymbol{S}_3^{-1} \right\}$$

$$\boldsymbol{\varLambda}_{111}^{ij} \triangleq \mathrm{sym}\{\boldsymbol{P}\widetilde{\boldsymbol{A}}_{ij}\}+\boldsymbol{Q}_{1i}+\boldsymbol{Q}_{2i}-\boldsymbol{S}_1-\boldsymbol{S}_3+\varphi\boldsymbol{X}_2^{\mathrm{T}}\boldsymbol{\varUpsilon}_4\boldsymbol{X}_2$$

$$\boldsymbol{\varLambda}_{114}^{i} \triangleq \mathrm{sym}\{\boldsymbol{R}_2-\boldsymbol{S}_2\}+\varphi\boldsymbol{X}_3^{\mathrm{T}}\boldsymbol{\varUpsilon}_2\boldsymbol{X}_3$$

证明 选择 Lyapunov 函数：$V(t) \triangleq \sum\limits_{k=1}^{3} V_k(t)$，其中，

$$V_1(t) \triangleq \boldsymbol{\gamma}^{\mathrm{T}}(t)\boldsymbol{P}\boldsymbol{\gamma}(t)$$

$$V_2(t) \triangleq \int_{t-\mu_m}^{t} \boldsymbol{\gamma}^{\mathrm{T}}(v)\boldsymbol{Q}_1(v)\boldsymbol{\gamma}(v)\mathrm{d}v+\int_{t-\mu_M}^{t} \boldsymbol{\gamma}^{\mathrm{T}}(v)\boldsymbol{Q}_2(v)\boldsymbol{\gamma}(v)\mathrm{d}v$$

$$\begin{aligned} V_3(t) \triangleq{}& \mu_M\int_{-\mu_M}^{0}\int_{t+\theta}^{t} \dot{\boldsymbol{\gamma}}^{\mathrm{T}}(v)\boldsymbol{S}_1\dot{\boldsymbol{\gamma}}(v)\mathrm{d}v\mathrm{d}\theta+\mu_{Mm}\int_{-\mu_M}^{-\mu_m}\int_{t+\theta}^{t} \dot{\boldsymbol{\gamma}}^{\mathrm{T}}(v)\boldsymbol{S}_2\dot{\boldsymbol{\gamma}}(v)\mathrm{d}v\mathrm{d}\theta \\ &+\mu_m\int_{-\mu_m}^{0}\int_{t+\theta}^{t} \dot{\boldsymbol{\gamma}}^{\mathrm{T}}(v)\boldsymbol{S}_3\dot{\boldsymbol{\gamma}}(v)\mathrm{d}v\mathrm{d}\theta \end{aligned} \tag{4.22}$$

其中，$\boldsymbol{Q}_1(v) \triangleq \sum\limits_{i=1}^{r} f_i\big(\rho(t)\big)Q_{1i}$，$\boldsymbol{Q}_2(v) \triangleq \sum\limits_{i=1}^{r} f_i\big(\rho(t)\big)Q_{2i}$ 是包含了隶属度函数的模糊加权矩阵，定义 $\mu_{Mm}=\mu_M-\mu_m$，$\mu_m<\mu(t)<\mu_M$。利用文献 [57] [159] 的方法可得

$$\begin{aligned} \dot{V}_1(t)={}&\mathrm{sym}\{\boldsymbol{\gamma}^{\mathrm{T}}(t)\boldsymbol{P}\dot{\boldsymbol{\gamma}}(t)\} \\ \dot{V}_2(t)={}&\boldsymbol{\gamma}^{\mathrm{T}}(t)\big[\boldsymbol{Q}_1(t)+\boldsymbol{Q}_2(t)\big]\boldsymbol{\gamma}(t) \\ &-\boldsymbol{\gamma}^{\mathrm{T}}(t-\mu_m)\boldsymbol{Q}_1(t-\mu_m)\boldsymbol{\gamma}(t-\mu_m) \\ &-\boldsymbol{\gamma}^{\mathrm{T}}(t-\mu_M)\boldsymbol{Q}_2(t-\mu_M)\boldsymbol{\gamma}(t-\mu_M) \\ \dot{V}_3(t)={}&\mu_M^2\dot{\boldsymbol{\gamma}}^{\mathrm{T}}(t)\boldsymbol{S}_1\dot{\boldsymbol{\gamma}}(t)-\mu_M\int_{t-\mu_M}^{t}\dot{\boldsymbol{\gamma}}^{\mathrm{T}}(v)\boldsymbol{S}_1\dot{\boldsymbol{\gamma}}(v)\mathrm{d}v \\ &+\mu_m^2\dot{\boldsymbol{\gamma}}^{\mathrm{T}}(t)\boldsymbol{S}_3\dot{\boldsymbol{\gamma}}(t)-\mu_m\int_{t-\mu_m}^{t}\dot{\boldsymbol{\gamma}}^{\mathrm{T}}(v)\boldsymbol{S}_3\dot{\boldsymbol{\gamma}}(v)\mathrm{d}v \end{aligned}$$

$$
\begin{aligned}
&+\mu_{Mm}^2\dot{\boldsymbol{\gamma}}^{\mathrm{T}}(t)\boldsymbol{S}_2\dot{\boldsymbol{\gamma}}(t)-\mu_{Mm}\int_{t-\mu_M}^{t-\mu(t)}\dot{\boldsymbol{\gamma}}^{\mathrm{T}}(v)\boldsymbol{S}_2\dot{\boldsymbol{\gamma}}(v)\mathrm{d}v\\
&-\mu_{Mm}\int_{t-\mu(t)}^{t-\mu_m}\dot{\boldsymbol{\gamma}}^{\mathrm{T}}(v)\boldsymbol{S}_2\dot{\boldsymbol{\gamma}}(v)\mathrm{d}v\\
\leqslant&-\big[\boldsymbol{\gamma}(t)-\boldsymbol{\gamma}(t-\mu_M)\big]^{\mathrm{T}}\boldsymbol{S}_1\big[\boldsymbol{\gamma}(t)-\boldsymbol{\gamma}(t-\mu_M)\big]\\
&-\big[\boldsymbol{\gamma}(t)-\boldsymbol{\gamma}(t-\mu_m)\big]^{\mathrm{T}}\boldsymbol{S}_3\big[\boldsymbol{\gamma}(t)-\boldsymbol{\gamma}(t-\mu_m)\big]\\
&-\frac{\mu_{Mm}}{\mu_M-\mu(t)}\Big[\boldsymbol{\gamma}\big(t-\mu(t)\big)-\boldsymbol{\gamma}(t-\mu_M)\Big]^{\mathrm{T}}\boldsymbol{S}_2\Big[\boldsymbol{\gamma}\big(t-\mu(t)\big)-\boldsymbol{\gamma}(t-\mu_M)\Big]\\
&-\frac{\mu_{Mm}}{\mu(t)-\mu_m}\Big[\boldsymbol{\gamma}(t-\mu_m)-\boldsymbol{\gamma}\big(t-\mu(t)\big)\Big]^{\mathrm{T}}\boldsymbol{S}_2\Big[\boldsymbol{\gamma}(t-\mu_m)-\boldsymbol{\gamma}\big(t-\mu(t)\big)\Big]\\
&+\mu_M^2\dot{\boldsymbol{\gamma}}^{\mathrm{T}}(t)\boldsymbol{S}_1\dot{\boldsymbol{\gamma}}(t)+\mu_{Mm}^2\dot{\boldsymbol{\gamma}}^{\mathrm{T}}(t)\boldsymbol{S}_2\dot{\boldsymbol{\gamma}}(t)+\mu_m^2\dot{\boldsymbol{\gamma}}^{\mathrm{T}}(t)\boldsymbol{S}_3\dot{\boldsymbol{\gamma}}(t)\\
\leqslant&-\big[\boldsymbol{\gamma}(t)-\boldsymbol{\gamma}(t-\mu_M)\big]^{\mathrm{T}}\boldsymbol{S}_1\big[\boldsymbol{\gamma}(t)-\boldsymbol{\gamma}(t-\mu_M)\big]\\
&-\big[\boldsymbol{\gamma}(t)-\boldsymbol{\gamma}(t-\mu_m)\big]^{\mathrm{T}}\boldsymbol{S}_3\big[\boldsymbol{\gamma}(t)-\boldsymbol{\gamma}(t-\mu_m)\big]\\
&-\begin{bmatrix}\boldsymbol{\gamma}(t-\mu_m)-\boldsymbol{\gamma}(t-\mu(t))\\ \boldsymbol{\gamma}(t-\mu(t))-\boldsymbol{\gamma}(t-\mu_M)\end{bmatrix}^{\mathrm{T}}\begin{bmatrix}\boldsymbol{S}_2 & \boldsymbol{R}_2\\ \star & \boldsymbol{S}_2\end{bmatrix}\begin{bmatrix}\boldsymbol{\gamma}(t-\mu_m)-\boldsymbol{\gamma}(t-\mu(t))\\ \boldsymbol{\gamma}(t-\mu(t))-\boldsymbol{\gamma}(t-\mu_M)\end{bmatrix}\\
&+\mu_M^2\dot{\boldsymbol{\gamma}}^{\mathrm{T}}(t)\boldsymbol{S}_1\dot{\boldsymbol{\gamma}}(t)+\mu_{Mm}^2\dot{\boldsymbol{\gamma}}^{\mathrm{T}}(t)\boldsymbol{S}_2\dot{\boldsymbol{\gamma}}(t)+\mu_m^2\dot{\boldsymbol{\gamma}}^{\mathrm{T}}(t)\boldsymbol{S}_3\dot{\boldsymbol{\gamma}}(t)
\end{aligned}\tag{4.23}
$$

定义如下矩阵：

$$
\boldsymbol{\Gamma}(t)\triangleq\Big[\boldsymbol{\gamma}^{\mathrm{T}}(t)\quad \boldsymbol{\gamma}^{\mathrm{T}}\big(t-\mu(t)\big)\quad \boldsymbol{\gamma}^{\mathrm{T}}(t-\mu_m)\quad \boldsymbol{\gamma}^{\mathrm{T}}(t-\mu_M)\quad \boldsymbol{e}_f^{\mathrm{T}}(t)\quad \bar{\boldsymbol{\omega}}^{\mathrm{T}}(t)\Big]^{\mathrm{T}}
$$

考虑到式 (4.8) 和式 (4.10) 中的事件触发条件，引入

$$
\begin{aligned}
\boldsymbol{\Theta}_1(t)&=\varphi\big[\boldsymbol{e}_y(t)+\boldsymbol{y}(t-\mu(t)\big]^{\mathrm{T}}\boldsymbol{\varUpsilon}_2\big[\boldsymbol{e}_y(t)+\boldsymbol{y}(t-\mu(t)\big]-\boldsymbol{e}_y^{\mathrm{T}}(t)\boldsymbol{\varUpsilon}_1\boldsymbol{e}_y(t)\\
&=\varphi\big[\boldsymbol{X}_1\boldsymbol{e}_f(t)+\boldsymbol{X}_3\boldsymbol{\gamma}(t-\mu(t)\big]^{\mathrm{T}}\boldsymbol{\varUpsilon}_2\big[\boldsymbol{X}_1\boldsymbol{e}_f(t)+\boldsymbol{X}_3\boldsymbol{\gamma}(t-\mu(t)\big]\\
&\quad-\big[\boldsymbol{X}_1\boldsymbol{e}_f(t)\big]^{\mathrm{T}}\boldsymbol{\varUpsilon}_1\big[\boldsymbol{X}_1\boldsymbol{e}_f(t)\big]\\
\boldsymbol{\Theta}_2(t)&=\varphi\bar{\boldsymbol{x}}^{\mathrm{T}}(t)\boldsymbol{\varUpsilon}_4\bar{\boldsymbol{x}}(t)-\boldsymbol{e}_{\bar{x}}^{\mathrm{T}}(t)\boldsymbol{\varUpsilon}_3\boldsymbol{e}_{\bar{x}}(t)\\
&=\varphi\big[\boldsymbol{X}_2\boldsymbol{\gamma}(t)\big]^{\mathrm{T}}\boldsymbol{\varUpsilon}_4\big[\boldsymbol{X}_2\boldsymbol{\gamma}(t)\big]-\big[\boldsymbol{X}_2\boldsymbol{e}_f(t)\big]^{\mathrm{T}}\boldsymbol{\varUpsilon}_3\big[\boldsymbol{X}_2\boldsymbol{e}_f(t)\big]
\end{aligned}\tag{4.24}
$$

其中，$\boldsymbol{X}_1=\begin{bmatrix}\boldsymbol{I} & 0\end{bmatrix}$; $\boldsymbol{X}_2=\begin{bmatrix}0 & \boldsymbol{I}\end{bmatrix}$; $\boldsymbol{X}_3=\begin{bmatrix}\boldsymbol{D}_i & \boldsymbol{D}_i\end{bmatrix}$; $\boldsymbol{X}_4=\begin{bmatrix}\boldsymbol{E}_i & \boldsymbol{E}_i\end{bmatrix}$。

随后，研究模糊系统具有特定耗散性能的渐近稳定性。对于任意的 $\vartheta\geqslant 0$，考

虑如下指标:

$$\mathcal{L}(t) \triangleq \int_0^{\vartheta} \Big[-\boldsymbol{D}(t)+\sigma\bar{\boldsymbol{\omega}}^{\mathrm{T}}(t)\bar{\boldsymbol{\omega}}(t)\Big]\mathrm{d}t \leqslant \int_0^{\vartheta} \Big[-\boldsymbol{D}(t)+\sigma\bar{\boldsymbol{\omega}}^{\mathrm{T}}(t)\bar{\boldsymbol{\omega}}(t)+\dot{V}(t)\Big]\mathrm{d}t \tag{4.25}$$

其中，$\boldsymbol{D}(t)=\boldsymbol{z}^{\mathrm{T}}(t)\boldsymbol{\mathcal{D}}_1\boldsymbol{z}(t)+2\boldsymbol{z}^{\mathrm{T}}(t)\boldsymbol{\mathcal{D}}_2\bar{\boldsymbol{\omega}}(t)+\bar{\boldsymbol{\omega}}^{\mathrm{T}}(t)\boldsymbol{\mathcal{D}}_3\bar{\boldsymbol{\omega}}(t)$。

那么，可得

$$\begin{aligned}&\dot{V}(t)+\boldsymbol{\Theta}_1(t)+\boldsymbol{\Theta}_2(t)-\boldsymbol{D}(t)+\sigma\bar{\boldsymbol{\omega}}^{\mathrm{T}}(t)\bar{\boldsymbol{\omega}}(t)\\&\leqslant\sum_{i=1}^{r}\sum_{j=1}^{r}f_i\big(\rho(t)\big)f_j\big(\rho(t)\big)\Big\{\boldsymbol{\Gamma}^{\mathrm{T}}(t)\bar{\boldsymbol{\Lambda}}^{ijls}\boldsymbol{\Gamma}(t)\Big\}\end{aligned} \tag{4.26}$$

其中

$$\bar{\boldsymbol{\Lambda}}^{ijls} \triangleq \begin{bmatrix} \bar{\boldsymbol{\Lambda}}_{11}^{ij} & \bar{\boldsymbol{\Lambda}}_{12}^{ij} & \bar{\boldsymbol{\Lambda}}_{13} & \bar{\boldsymbol{\Lambda}}_{14} & \bar{\boldsymbol{\Lambda}}_{15}^{ij} & \bar{\boldsymbol{\Lambda}}_{16}^{ij} \\ \star & \bar{\boldsymbol{\Lambda}}_{22}^{i} & \bar{\boldsymbol{\Lambda}}_{23} & \bar{\boldsymbol{\Lambda}}_{24} & \bar{\boldsymbol{\Lambda}}_{25}^{i} & \bar{\boldsymbol{\Lambda}}_{26}^{i} \\ \star & \star & \bar{\boldsymbol{\Lambda}}_{33}^{l} & \bar{\boldsymbol{\Lambda}}_{34} & 0 & 0 \\ \star & \star & \star & \bar{\boldsymbol{\Lambda}}_{44}^{s} & 0 & 0 \\ \star & \star & \star & \star & \bar{\boldsymbol{\Lambda}}_{55}^{i} & \bar{\boldsymbol{\Lambda}}_{56}^{i} \\ \star & \star & \star & \star & \star & \bar{\boldsymbol{\Lambda}}_{66}^{i} \end{bmatrix},$$

$$\begin{aligned}
\bar{\boldsymbol{\Lambda}}_{11}^{ij} \triangleq{}& \mu_M^2\widetilde{\boldsymbol{A}}_{ij}^{\mathrm{T}}\boldsymbol{S}_1\widetilde{\boldsymbol{A}}_{ij}+\mu_{Mm}^2\widetilde{\boldsymbol{A}}_{ij}^{\mathrm{T}}\boldsymbol{S}_2\widetilde{\boldsymbol{A}}_{ij}+\mu_m^2\widetilde{\boldsymbol{A}}_{ij}^{\mathrm{T}}\boldsymbol{S}_3\widetilde{\boldsymbol{A}}_{ij}+\mathrm{sym}\{\boldsymbol{P}\widetilde{\boldsymbol{A}}_{ij}\}\\
&+\boldsymbol{Q}_{1i}+\boldsymbol{Q}_{2i}-\boldsymbol{S}_1-\boldsymbol{S}_3-\boldsymbol{X}_4^{\mathrm{T}}\boldsymbol{\mathcal{D}}_1\boldsymbol{X}_4+\varphi\boldsymbol{X}_2^{\mathrm{T}}\boldsymbol{\Upsilon}_4\boldsymbol{X}_2,\\
\bar{\boldsymbol{\Lambda}}_{12}^{ij} \triangleq{}& \mu_M^2\widetilde{\boldsymbol{A}}_{ij}^{\mathrm{T}}\boldsymbol{S}_1\widetilde{\boldsymbol{A}}_{hi}+\mu_{Mm}^2\widetilde{\boldsymbol{A}}_{ij}^{\mathrm{T}}\boldsymbol{S}_2\widetilde{\boldsymbol{A}}_{hi}+\mu_m^2\widetilde{\boldsymbol{A}}_{ij}^{\mathrm{T}}\boldsymbol{S}_3\widetilde{\boldsymbol{A}}_{hi}+\boldsymbol{P}\widetilde{\boldsymbol{A}}_{hi},\\
\bar{\boldsymbol{\Lambda}}_{15}^{ij} \triangleq{}& \mu_M^2\widetilde{\boldsymbol{A}}_{ij}^{\mathrm{T}}\boldsymbol{S}_1\widetilde{\boldsymbol{B}}_i+\mu_{Mm}^2\widetilde{\boldsymbol{A}}_{ij}^{\mathrm{T}}\boldsymbol{S}_2\widetilde{\boldsymbol{B}}_i+\mu_m^2\widetilde{\boldsymbol{A}}_{ij}^{\mathrm{T}}\boldsymbol{S}_3\widetilde{\boldsymbol{B}}_i+\boldsymbol{P}\widetilde{\boldsymbol{B}}_i,\\
\bar{\boldsymbol{\Lambda}}_{16}^{ij} \triangleq{}& \mu_M^2\widetilde{\boldsymbol{A}}_{ij}^{\mathrm{T}}\boldsymbol{S}_1\widetilde{\boldsymbol{C}}_i+\mu_{Mm}^2\widetilde{\boldsymbol{A}}_{ij}^{\mathrm{T}}\boldsymbol{S}_2\widetilde{\boldsymbol{C}}_i+\mu_m^2\widetilde{\boldsymbol{A}}_{ij}^{\mathrm{T}}\boldsymbol{S}_3\widetilde{\boldsymbol{C}}_i+\boldsymbol{P}\widetilde{\boldsymbol{C}}_i-\boldsymbol{X}_4^{\mathrm{T}}\boldsymbol{\mathcal{D}}_1\boldsymbol{F}_i-\boldsymbol{X}_4^{\mathrm{T}}\boldsymbol{\mathcal{D}}_2,\\
\bar{\boldsymbol{\Lambda}}_{22}^{i} \triangleq{}& \mu_M^2\widetilde{\boldsymbol{A}}_{hi}^{\mathrm{T}}\boldsymbol{S}_1\widetilde{\boldsymbol{A}}_{hi}+\mu_{Mm}^2\widetilde{\boldsymbol{A}}_{hi}^{\mathrm{T}}\boldsymbol{S}_2\widetilde{\boldsymbol{A}}_{hi}+\mu_m^2\widetilde{\boldsymbol{A}}_{hi}^{\mathrm{T}}\boldsymbol{S}_3\widetilde{\boldsymbol{A}}_{hi}+\mathrm{sym}\{\boldsymbol{R}_2-\boldsymbol{S}_2\}\\
&+\varphi\boldsymbol{X}_3^{\mathrm{T}}\boldsymbol{\Upsilon}_2\boldsymbol{X}_3,\ \bar{\boldsymbol{\Lambda}}_{13}\triangleq\boldsymbol{S}_3,\ \bar{\boldsymbol{\Lambda}}_{14}\triangleq\boldsymbol{S}_1,\ \bar{\boldsymbol{\Lambda}}_{23}\triangleq\boldsymbol{S}_2-\boldsymbol{R}_2^{\mathrm{T}},\ \bar{\boldsymbol{\Lambda}}_{24}\triangleq\boldsymbol{S}_2-\boldsymbol{R}_2,\\
\bar{\boldsymbol{\Lambda}}_{25}^{i} \triangleq{}& \mu_M^2\widetilde{\boldsymbol{A}}_{hi}^{\mathrm{T}}\boldsymbol{S}_1\widetilde{\boldsymbol{B}}_i+\mu_{Mm}^2\widetilde{\boldsymbol{A}}_{hi}^{\mathrm{T}}\boldsymbol{S}_2\widetilde{\boldsymbol{B}}_i+\mu_m^2\widetilde{\boldsymbol{A}}_{hi}^{\mathrm{T}}\boldsymbol{S}_3\widetilde{\boldsymbol{B}}_i+\varphi\boldsymbol{X}_3^{\mathrm{T}}\boldsymbol{\Upsilon}_2\boldsymbol{X}_1,\\
\bar{\boldsymbol{\Lambda}}_{26}^{i} \triangleq{}& \mu_M^2\widetilde{\boldsymbol{A}}_{hi}^{\mathrm{T}}\boldsymbol{S}_1\widetilde{\boldsymbol{C}}_i+\mu_{Mm}^2\widetilde{\boldsymbol{A}}_{hi}^{\mathrm{T}}\boldsymbol{S}_2\widetilde{\boldsymbol{C}}_i+\mu_m^2\widetilde{\boldsymbol{A}}_{hi}^{\mathrm{T}}\boldsymbol{S}_3\widetilde{\boldsymbol{C}}_i,\\
\bar{\boldsymbol{\Lambda}}_{33}^{l} \triangleq{}& -\boldsymbol{Q}_{1l}-\boldsymbol{S}_2-\boldsymbol{S}_3,\quad \bar{\boldsymbol{\Lambda}}_{34}\triangleq\boldsymbol{R}_2,\quad \bar{\boldsymbol{\Lambda}}_{44}^{s}\triangleq-\boldsymbol{Q}_{2s}-\boldsymbol{S}_1-\boldsymbol{S}_2,
\end{aligned}$$

$$\bar{\boldsymbol{\varLambda}}_{55}^{i} \triangleq \mu_M^2 \widetilde{\boldsymbol{B}}_i^{\mathrm{T}} \boldsymbol{S}_1 \widetilde{\boldsymbol{B}}_i + \mu_{Mm}^2 \widetilde{\boldsymbol{B}}_i^{\mathrm{T}} \boldsymbol{S}_2 \widetilde{\boldsymbol{B}}_i + \mu_m^2 \widetilde{\boldsymbol{B}}_i^{\mathrm{T}} \boldsymbol{S}_3 \widetilde{\boldsymbol{B}}_i + \varphi \boldsymbol{X}_1^{\mathrm{T}} \boldsymbol{\varUpsilon}_2 \boldsymbol{X}_1 - \boldsymbol{X}_1^{\mathrm{T}} \boldsymbol{\varUpsilon}_1 \boldsymbol{X}_1$$
$$-\boldsymbol{X}_2^{\mathrm{T}} \boldsymbol{\varUpsilon}_3 \boldsymbol{X}_2,\quad \bar{\boldsymbol{\varLambda}}_{56}^{i} \triangleq \mu_M^2 \widetilde{\boldsymbol{B}}_i^{\mathrm{T}} \boldsymbol{S}_1 \widetilde{\boldsymbol{C}}_i + \mu_{Mm}^2 \widetilde{\boldsymbol{B}}_i^{\mathrm{T}} \boldsymbol{S}_2 \widetilde{\boldsymbol{C}}_i + \mu_m^2 \widetilde{\boldsymbol{B}}_i^{\mathrm{T}} \boldsymbol{S}_3 \widetilde{\boldsymbol{C}}_i,$$
$$\bar{\boldsymbol{\varLambda}}_{66}^{i} \triangleq \mu_M^2 \widetilde{\boldsymbol{C}}_i^{\mathrm{T}} \boldsymbol{S}_1 \widetilde{\boldsymbol{C}}_i + \mu_{Mm}^2 \widetilde{\boldsymbol{C}}_i^{\mathrm{T}} \boldsymbol{S}_2 \widetilde{\boldsymbol{C}}_i + \mu_m^2 \widetilde{\boldsymbol{C}}_i^{\mathrm{T}} \boldsymbol{S}_3 \widetilde{\boldsymbol{C}}_i$$
$$-\boldsymbol{F}_i^{\mathrm{T}} \boldsymbol{\mathcal{D}}_1 \boldsymbol{F}_i - 2\boldsymbol{F}_i^{\mathrm{T}} \boldsymbol{\mathcal{D}}_2 - \boldsymbol{\mathcal{D}}_3 + \sigma \boldsymbol{I}$$

基于条件式 (4.19) 和式 (4.20)，并考虑式 (4.24) 中的 $\boldsymbol{\varTheta}_1(t) > 0$ 和 $\boldsymbol{\varTheta}_2(t) > 0$，则有

$$-\boldsymbol{D}(t) + \sigma \bar{\boldsymbol{\omega}}^{\mathrm{T}}(t) \bar{\boldsymbol{\omega}}(t) + \dot{V}(t) < 0 \tag{4.27}$$

当扰动输入 $\bar{\boldsymbol{\omega}}(t) = 0$ 时，可得 $\dot{V}(t) < 0$，因此模糊动态系统式 (4.17) 渐近稳定。

当扰动输入 $\bar{\boldsymbol{\omega}}(t) \neq 0$ 时，基于零初始条件，对不等式条件式 (4.27) 两边分别进行积分可得 $\int_0^{\vartheta} \left[\boldsymbol{z}^{\mathrm{T}}(t) \boldsymbol{\mathcal{D}}_1 \boldsymbol{z}(t) + 2\boldsymbol{z}^{\mathrm{T}}(t) \boldsymbol{\mathcal{D}}_2 \bar{\boldsymbol{\omega}}(t) + \bar{\boldsymbol{\omega}}^{\mathrm{T}}(t) \boldsymbol{\mathcal{D}}_3 \bar{\boldsymbol{\omega}}(t)\right] > \sigma \int_0^{\vartheta} \bar{\boldsymbol{\omega}}^{\mathrm{T}}(t) \bar{\boldsymbol{\omega}}(t) \mathrm{d}t$。那么，模糊系统式 (4.17) 渐近稳定，且满足 $(\boldsymbol{\mathcal{D}}_1, \boldsymbol{\mathcal{D}}_2, \boldsymbol{\mathcal{D}}_3)$-$\sigma$-耗散性能指标。定理 4.1得证。

定理 4.2　给定标量 $\sigma > 0$，$\mu_M > \mu_m > 0$，$\varphi \in [0, 1)$，系统式 (4.17) 满足渐近稳定及耗散性能指标的条件是：存在具有适当维数的正定矩阵 $\boldsymbol{\varUpsilon}_1, \boldsymbol{\varUpsilon}_2, \boldsymbol{\varUpsilon}_3, \boldsymbol{\varUpsilon}_4$, $\boldsymbol{P}_1$，$\boldsymbol{P}_2$，$\boldsymbol{Q}_{11i}$，$\boldsymbol{Q}_{12i}$，$\boldsymbol{Q}_{14i}$，$\boldsymbol{Q}_{21i}$，$\boldsymbol{Q}_{22i}$，$\boldsymbol{Q}_{24i}$，$\boldsymbol{S}_{11}$，$\boldsymbol{S}_{12}$，$\boldsymbol{S}_{14}$，$\boldsymbol{S}_{21}$，$\boldsymbol{S}_{22}$，$\boldsymbol{S}_{24}$，$\boldsymbol{S}_{31}$，$\boldsymbol{S}_{32}$，$\boldsymbol{S}_{34}$，$\boldsymbol{R}_{21}$，$\boldsymbol{R}_{22}$，$\boldsymbol{R}_{23}$，$\boldsymbol{R}_{24}$，满足

$$\frac{1}{r-1} \boldsymbol{\varPhi}^{iils} + \frac{1}{2}(\boldsymbol{\varPhi}^{ijls} + \boldsymbol{\varPhi}^{jils}) < 0 \tag{4.28}$$

$$\boldsymbol{\varPhi}^{iils} < 0 \tag{4.29}$$

$$\begin{bmatrix} \boldsymbol{S}_{21} & \boldsymbol{S}_{22} & \boldsymbol{R}_{21} & \boldsymbol{R}_{22} \\ \star & \boldsymbol{S}_{24} & \boldsymbol{R}_{23} & \boldsymbol{R}_{24} \\ \star & \star & \boldsymbol{S}_{21} & \boldsymbol{S}_{22} \\ \star & \star & \star & \boldsymbol{S}_{24} \end{bmatrix} \geqslant 0 \tag{4.30}$$

$$\sum_{i=1}^{r} f_i\big(\rho(t)\big) [\boldsymbol{D}_i^{\mathrm{T}} \boldsymbol{\Delta}_{1i} - \boldsymbol{P}_1 \boldsymbol{B}_i] = 0 \tag{4.31}$$

$$\sum_{i=1}^{r} f_i\big(\rho(t)\big) [\boldsymbol{D}_i^{\mathrm{T}} \boldsymbol{\Delta}_{2i} - \boldsymbol{P}_2 \boldsymbol{B}_i] = 0 \tag{4.32}$$

其中

$$\boldsymbol{\Phi}^{ijls} \triangleq \begin{bmatrix} \boldsymbol{\Phi}_{11}^{ij} & \boldsymbol{\Phi}_{12}^{i} & \boldsymbol{\Phi}_{13} & \boldsymbol{\Phi}_{14} & \boldsymbol{\Phi}_{15}^{i} & \boldsymbol{\Phi}_{16}^{i} & \boldsymbol{\Phi}_{17}^{ij} \\ \star & \boldsymbol{\Phi}_{22}^{i} & \boldsymbol{\Phi}_{23} & \boldsymbol{\Phi}_{24} & \boldsymbol{\Phi}_{25}^{i} & \boldsymbol{\Phi}_{26}^{i} & \boldsymbol{\Phi}_{27}^{i} \\ \star & \star & \boldsymbol{\Phi}_{33}^{l} & \boldsymbol{\Phi}_{34} & 0 & 0 & 0 \\ \star & \star & \star & \boldsymbol{\Phi}_{44}^{s} & 0 & 0 & 0 \\ \star & \star & \star & \star & \boldsymbol{\Phi}_{55} & \boldsymbol{\Phi}_{56}^{i} & \boldsymbol{\Phi}_{57}^{i} \\ \star & \star & \star & \star & \star & \boldsymbol{\Phi}_{66}^{i} & \boldsymbol{\Phi}_{67}^{i} \\ \star & \star & \star & \star & \star & \star & \boldsymbol{\Phi}_{77} \end{bmatrix}$$

$$\boldsymbol{\Phi}_{11}^{ij} \triangleq \begin{bmatrix} \boldsymbol{\Phi}_{111}^{i} & \boldsymbol{\Phi}_{112}^{i} \\ \star & \boldsymbol{\Phi}_{114}^{ij} \end{bmatrix}, \quad \boldsymbol{\Phi}_{13} \triangleq \begin{bmatrix} \boldsymbol{S}_{31} & \boldsymbol{S}_{32} \\ \star & \boldsymbol{S}_{34} \end{bmatrix}$$

$$\boldsymbol{\Phi}_{12}^{i} \triangleq \begin{bmatrix} -\boldsymbol{D}_i^{\mathrm{T}} \boldsymbol{L}_{1i} \boldsymbol{D}_i & 0 \\ 0 & -\boldsymbol{D}_i^{\mathrm{T}} \boldsymbol{L}_{2i} \boldsymbol{D}_i \end{bmatrix}$$

$$\boldsymbol{\Phi}_{14} \triangleq \begin{bmatrix} \boldsymbol{S}_{11} & \boldsymbol{S}_{12} \\ \star & \boldsymbol{S}_{14} \end{bmatrix}, \quad \boldsymbol{\Phi}_{17}^{ij} \triangleq \begin{bmatrix} \boldsymbol{\Phi}_{171}^{ij} & \boldsymbol{\Phi}_{172}^{ij} \end{bmatrix}$$

$$\boldsymbol{\Phi}_{15}^{i} \triangleq \begin{bmatrix} -\boldsymbol{D}_i^{\mathrm{T}} \boldsymbol{L}_{1i} & \boldsymbol{D}_i^{\mathrm{T}} \boldsymbol{L}_{2i} \boldsymbol{D}_i \\ 0 & 0 \end{bmatrix}$$

$$\boldsymbol{\Phi}_{16}^{i} \triangleq \begin{bmatrix} \boldsymbol{P}_1 \boldsymbol{C}_i - \boldsymbol{E}_i^{\mathrm{T}} \boldsymbol{\mathcal{D}}_2 & \boldsymbol{E}_i^{\mathrm{T}} \hat{\boldsymbol{\mathcal{D}}}_1^{\mathrm{T}} & \boldsymbol{A}_i^{\mathrm{T}} \boldsymbol{P}_1^{\mathrm{T}} \\ -\boldsymbol{E}_i^{\mathrm{T}} \boldsymbol{\mathcal{D}}_2 & \boldsymbol{E}_i^{\mathrm{T}} \hat{\boldsymbol{\mathcal{D}}}_1^{\mathrm{T}} & 0 \end{bmatrix}$$

$$\boldsymbol{\Phi}_{171}^{ij} \triangleq \begin{bmatrix} 0 & \boldsymbol{A}_i^{\mathrm{T}} \boldsymbol{P}_1^{\mathrm{T}} & 0 \\ \boldsymbol{A}_i^{\mathrm{T}} \boldsymbol{P}_2^{\mathrm{T}} + \boldsymbol{K}_j^{\mathrm{T}} \boldsymbol{D}_i & 0 & \boldsymbol{A}_i^{\mathrm{T}} \boldsymbol{P}_2^{\mathrm{T}} + \boldsymbol{K}_j^{\mathrm{T}} \boldsymbol{D}_i \end{bmatrix}$$

$$\boldsymbol{\Phi}_{172}^{ij} \triangleq \begin{bmatrix} \boldsymbol{A}_i^{\mathrm{T}} \boldsymbol{P}_1^{\mathrm{T}} & 0 \\ 0 & \boldsymbol{A}_i^{\mathrm{T}} \boldsymbol{P}_2^{\mathrm{T}} + \boldsymbol{K}_j^{\mathrm{T}} \boldsymbol{D}_i \end{bmatrix}$$

$$\boldsymbol{\Phi}_{22}^{i} \triangleq \begin{bmatrix} \boldsymbol{\Phi}_{221}^{i} & \boldsymbol{\Phi}_{222}^{i} \\ \star & \boldsymbol{\Phi}_{224}^{i} \end{bmatrix}, \quad \boldsymbol{\Phi}_{25}^{i} \triangleq \begin{bmatrix} \varphi \boldsymbol{D}_i^{\mathrm{T}} \boldsymbol{\Upsilon}_2 & 0 \\ \varphi \boldsymbol{D}_i^{\mathrm{T}} \boldsymbol{\Upsilon}_2 & 0 \end{bmatrix}$$

$$\boldsymbol{\Phi}_{23} \triangleq \begin{bmatrix} \boldsymbol{S}_{21} - \boldsymbol{R}_{21}^{\mathrm{T}} & \boldsymbol{S}_{22} - \boldsymbol{R}_{23}^{\mathrm{T}} \\ \boldsymbol{S}_{22}^{\mathrm{T}} - \boldsymbol{R}_{22}^{\mathrm{T}} & \boldsymbol{S}_{24} - \boldsymbol{R}_{24}^{\mathrm{T}} \end{bmatrix}$$

$$\boldsymbol{\Phi}_{24} \triangleq \begin{bmatrix} \boldsymbol{S}_{21} - \boldsymbol{R}_{21} & \boldsymbol{S}_{22} - \boldsymbol{R}_{22} \\ \boldsymbol{S}_{22}^{\mathrm{T}} - \boldsymbol{R}_{23} & \boldsymbol{S}_{24} - \boldsymbol{R}_{24} \end{bmatrix}$$

$$\boldsymbol{\Phi}_{26}^{i} \triangleq \begin{bmatrix} 0 & 0 & -\boldsymbol{D}_i^{\mathrm{T}}\boldsymbol{L}_{1i}^{\mathrm{T}}\boldsymbol{D}_i \\ 0 & 0 & 0 \end{bmatrix},\quad \boldsymbol{\Phi}_{27}^{i} \triangleq \begin{bmatrix} \boldsymbol{\Phi}_{271}^{i} & \boldsymbol{\Phi}_{272}^{i} \end{bmatrix}$$

$$\boldsymbol{\Phi}_{271}^{i} \triangleq \begin{bmatrix} 0 & -\boldsymbol{D}_i^{\mathrm{T}}\boldsymbol{L}_{1i}^{\mathrm{T}}\boldsymbol{D}_i & 0 \\ -\boldsymbol{D}_i^{\mathrm{T}}\boldsymbol{L}_{2i}^{\mathrm{T}}\boldsymbol{D}_i & 0 & -\boldsymbol{D}_i^{\mathrm{T}}\boldsymbol{L}_{2i}^{\mathrm{T}}\boldsymbol{D}_i \end{bmatrix}$$

$$\boldsymbol{\Phi}_{272}^{i} \triangleq \begin{bmatrix} -\boldsymbol{D}_i^{\mathrm{T}}\boldsymbol{L}_{1i}^{\mathrm{T}}\boldsymbol{D}_i & 0 \\ 0 & -\boldsymbol{D}_i^{\mathrm{T}}\boldsymbol{L}_{2i}^{\mathrm{T}}\boldsymbol{D}_i \end{bmatrix}$$

$$\boldsymbol{\Phi}_{33}^{l} \triangleq \begin{bmatrix} -\boldsymbol{Q}_{11l} - \boldsymbol{S}_{21} - \boldsymbol{S}_{31} & -\boldsymbol{Q}_{12l} - \boldsymbol{S}_{22} - \boldsymbol{S}_{32} \\ \star & -\boldsymbol{Q}_{14l} - \boldsymbol{S}_{24} - \boldsymbol{S}_{34} \end{bmatrix}$$

$$\boldsymbol{\Phi}_{34} \triangleq \begin{bmatrix} \boldsymbol{R}_{21} & \boldsymbol{R}_{22} \\ \boldsymbol{R}_{23} & \boldsymbol{R}_{24} \end{bmatrix},\quad \boldsymbol{\Phi}_{55} \triangleq \begin{bmatrix} \varphi\boldsymbol{\Upsilon}_2 - \boldsymbol{\Upsilon}_1 & 0 \\ \star & -\boldsymbol{\Upsilon}_3 \end{bmatrix}$$

$$\boldsymbol{\Phi}_{44}^{s} \triangleq \begin{bmatrix} -\boldsymbol{Q}_{21s} - \boldsymbol{S}_{11} - \boldsymbol{S}_{21} & -\boldsymbol{Q}_{22s} - \boldsymbol{S}_{12} - \boldsymbol{S}_{22} \\ \star & -\boldsymbol{Q}_{24s} - \boldsymbol{S}_{14} - \boldsymbol{S}_{24} \end{bmatrix}$$

$$\boldsymbol{\Phi}_{56}^{i} \triangleq \begin{bmatrix} 0 & 0 & -\boldsymbol{L}_{1i}^{\mathrm{T}}\boldsymbol{D}_i \\ 0 & 0 & \boldsymbol{D}_i^{\mathrm{T}}\boldsymbol{L}_{2i}^{\mathrm{T}}\boldsymbol{D}_i \end{bmatrix},\quad \boldsymbol{\Phi}_{57}^{i} \triangleq \begin{bmatrix} \boldsymbol{\Phi}_{571}^{i} & \boldsymbol{\Phi}_{572}^{i} \end{bmatrix}$$

$$\boldsymbol{\Phi}_{571}^{i} \triangleq \begin{bmatrix} 0 & -\boldsymbol{L}_{1i}^{\mathrm{T}}\boldsymbol{D}_i & 0 \\ 0 & \boldsymbol{D}_i^{\mathrm{T}}\boldsymbol{L}_{2i}^{\mathrm{T}}\boldsymbol{D}_i & 0 \end{bmatrix},\quad \boldsymbol{\Phi}_{572}^{i} \triangleq \begin{bmatrix} -\boldsymbol{L}_{1i}^{\mathrm{T}}\boldsymbol{D}_i & 0 \\ \boldsymbol{D}_i^{\mathrm{T}}\boldsymbol{L}_{2i}^{\mathrm{T}}\boldsymbol{D}_i & 0 \end{bmatrix}$$

$$\boldsymbol{\Phi}_{66}^{i} \triangleq \begin{bmatrix} \boldsymbol{\Phi}_{661}^{i} & \boldsymbol{\Phi}_{662}^{i} \end{bmatrix}$$

$$\boldsymbol{\Phi}_{661}^{i} \triangleq \begin{bmatrix} -2\boldsymbol{F}_i^{\mathrm{T}}\boldsymbol{\mathcal{D}}_2 - \boldsymbol{\mathcal{D}}_3 + \sigma\boldsymbol{I} & \boldsymbol{F}_i^{\mathrm{T}}\hat{\boldsymbol{\mathcal{D}}}_1^{\mathrm{T}} \\ \hat{\boldsymbol{\mathcal{D}}}_1\boldsymbol{F}_i & -\boldsymbol{I} \\ \boldsymbol{P}_1^{\mathrm{T}}\boldsymbol{C}_i & 0 \end{bmatrix}$$

$$\boldsymbol{\Phi}_{662}^{i} \triangleq \begin{bmatrix} \boldsymbol{C}_i^{\mathrm{T}}\boldsymbol{P}_1 \\ 0 \\ \mu_M^{-2}\big(\boldsymbol{S}_{11} - \mathrm{sym}\{\boldsymbol{P}_1\}\big) \end{bmatrix}$$

$$\boldsymbol{\Phi}_{67}^{i} \triangleq \begin{bmatrix} 0 & \boldsymbol{C}_i^{\mathrm{T}}\boldsymbol{P}_1^{\mathrm{T}} & 0 & \boldsymbol{C}_i^{\mathrm{T}}\boldsymbol{P}_1^{\mathrm{T}} & 0 \\ 0 & 0 & 0 & 0 & 0 \\ \mu_M^{-2}\boldsymbol{S}_{12} & 0 & 0 & 0 & 0 \end{bmatrix}$$

$$\boldsymbol{\Phi}_{77} \triangleq \begin{bmatrix} \mu_M^{-2}(\boldsymbol{S}_{14} - \mathrm{sym}\{\boldsymbol{P}_2\}) & 0 & 0 \\ \star & \boldsymbol{\Phi}_{771} & 0 \\ \star & 0 & \boldsymbol{\Phi}_{772} \end{bmatrix}$$

$$\boldsymbol{\Phi}_{771} \triangleq \begin{bmatrix} \mu_{Mm}^{-2}(\boldsymbol{S}_{21} - \mathrm{sym}\{\boldsymbol{P}_1\}) & \mu_{Mm}^{-2}\boldsymbol{S}_{22} \\ \star & \mu_{Mm}^{-2}(\boldsymbol{S}_{24} - \mathrm{sym}\{\boldsymbol{P}_2\}) \end{bmatrix}$$

$$\boldsymbol{\Phi}_{772} \triangleq \begin{bmatrix} \mu_m^{-2}(\boldsymbol{S}_{31} - \mathrm{sym}\{\boldsymbol{P}_1\}) & \mu_m^{-2}\boldsymbol{S}_{32} \\ \star & \mu_m^{-2}(\boldsymbol{S}_{34} - \mathrm{sym}\{\boldsymbol{P}_2\}) \end{bmatrix}$$

$$\boldsymbol{\Phi}_{111}^i \triangleq \mathrm{sym}\{\boldsymbol{P}_1\boldsymbol{A}_i\} + \boldsymbol{Q}_{11i} + \boldsymbol{Q}_{21i} - \boldsymbol{S}_{11} - \boldsymbol{S}_{31}$$

$$\boldsymbol{\Phi}_{112}^i \triangleq \boldsymbol{Q}_{12i} + \boldsymbol{Q}_{22i} - \boldsymbol{S}_{12} - \boldsymbol{S}_{32}$$

$$\boldsymbol{\Phi}_{114}^{ij} \triangleq \mathrm{sym}\{\boldsymbol{P}_2\boldsymbol{A}_i + \boldsymbol{D}_i^{\mathrm{T}}\boldsymbol{K}_j\} + \boldsymbol{Q}_{14i} + \boldsymbol{Q}_{24i} - \boldsymbol{S}_{14} - \boldsymbol{S}_{34} + \varphi\boldsymbol{\Upsilon}_4$$

$$\boldsymbol{\Phi}_{221}^i \triangleq \mathrm{sym}\{\boldsymbol{R}_{21} - \boldsymbol{S}_{21}\} + \varphi\boldsymbol{D}_i^{\mathrm{T}}\boldsymbol{\Upsilon}_2\boldsymbol{D}_i$$

$$\boldsymbol{\Phi}_{222}^i \triangleq \boldsymbol{R}_{22} + \boldsymbol{R}_{23}^{\mathrm{T}} - \mathrm{sym}\{\boldsymbol{S}_{22}\} + \varphi\boldsymbol{D}_i^{\mathrm{T}}\boldsymbol{\Upsilon}_2\boldsymbol{D}_i$$

$$\boldsymbol{\Phi}_{224}^i \triangleq \mathrm{sym}\{\boldsymbol{R}_{24} - \boldsymbol{S}_{24}\} + \varphi\boldsymbol{D}_i^{\mathrm{T}}\boldsymbol{\Upsilon}_2\boldsymbol{D}_i$$

证明 针对定理 4.1中的不等式 (4.19) 和 (4.20)，通过矩阵 $\mathrm{diag}\{\underbrace{\boldsymbol{I} \cdots \boldsymbol{I}}_{7}\ \boldsymbol{P}\ \boldsymbol{P}\ \boldsymbol{P}\}$ 进行全等变换。为了处理变换后的非线性项，由 $[\boldsymbol{P} - \boldsymbol{S}_1]\boldsymbol{S}_1^{-1}[\boldsymbol{P} - \boldsymbol{S}_1] \geqslant 0$ 可得 $-\boldsymbol{P}\boldsymbol{S}_1^{-1}\boldsymbol{P} \leqslant \boldsymbol{S}_1 - 2\boldsymbol{P}$。类似地，可得 $-\boldsymbol{P}\boldsymbol{S}_2^{-1}\boldsymbol{P} \leqslant \boldsymbol{S}_2 - 2\boldsymbol{P}$，$-\boldsymbol{P}\boldsymbol{S}_3^{-1}\boldsymbol{P} \leqslant \boldsymbol{S}_3 - 2\boldsymbol{P}$。

此外，将非奇异矩阵 $\boldsymbol{P}$ 设置为

$$\boldsymbol{P} \triangleq \begin{bmatrix} \boldsymbol{P}_1 & 0 \\ \star & \boldsymbol{P}_2 \end{bmatrix} \tag{4.33}$$

定义下列矩阵：

$$\boldsymbol{Q}_{1i} \triangleq \begin{bmatrix} \boldsymbol{Q}_{11i} & \boldsymbol{Q}_{12i} \\ \star & \boldsymbol{Q}_{14i} \end{bmatrix},\quad \boldsymbol{Q}_{2i} \triangleq \begin{bmatrix} \boldsymbol{Q}_{21i} & \boldsymbol{Q}_{22i} \\ \star & \boldsymbol{Q}_{24i} \end{bmatrix}$$

$$\boldsymbol{Q}_{1l} \triangleq \begin{bmatrix} \boldsymbol{Q}_{11l} & \boldsymbol{Q}_{12l} \\ \star & \boldsymbol{Q}_{14l} \end{bmatrix},\quad \boldsymbol{Q}_{2s} \triangleq \begin{bmatrix} \boldsymbol{Q}_{21s} & \boldsymbol{Q}_{22s} \\ \star & \boldsymbol{Q}_{24s} \end{bmatrix}$$

$$\boldsymbol{S}_1 \triangleq \begin{bmatrix} \boldsymbol{S}_{11} & \boldsymbol{S}_{12} \\ \star & \boldsymbol{S}_{14} \end{bmatrix},\quad \boldsymbol{S}_2 \triangleq \begin{bmatrix} \boldsymbol{S}_{21} & \boldsymbol{S}_{22} \\ \star & \boldsymbol{S}_{24} \end{bmatrix}$$

$$\boldsymbol{S}_3 \triangleq \begin{bmatrix} \boldsymbol{S}_{31} & \boldsymbol{S}_{32} \\ \star & \boldsymbol{S}_{34} \end{bmatrix}, \quad \boldsymbol{R}_2 \triangleq \begin{bmatrix} \boldsymbol{R}_{21} & \boldsymbol{R}_{22} \\ \boldsymbol{R}_{23} & \boldsymbol{R}_{24} \end{bmatrix}$$

设计矩阵 $\boldsymbol{P}$ 使其满足 $\boldsymbol{P}_1\boldsymbol{B}_i = \boldsymbol{D}_i^{\mathrm{T}}\boldsymbol{\Delta}_{1i}$, $\boldsymbol{P}_2\boldsymbol{B}_i = \boldsymbol{D}_i^{\mathrm{T}}\boldsymbol{\Delta}_{2i}$，其中，$\boldsymbol{\Delta}_{1i}$ 和 $\boldsymbol{\Delta}_{2i}$ 是具有合适维数的矩阵。此外，令 $\boldsymbol{L}_{1i}=\boldsymbol{\Delta}_{1i}L_i$, $\boldsymbol{L}_{2i}=\boldsymbol{\Delta}_{2i}L_i$, $\boldsymbol{K}_j = \boldsymbol{\Delta}_{2i}G_j$，则有

$$\mathrm{sym}\{\boldsymbol{P}\widetilde{\boldsymbol{A}}_{ij}\} \triangleq \begin{bmatrix} \mathrm{sym}\{\boldsymbol{P}_1\boldsymbol{A}_i\} & 0 \\ \star & \mathrm{sym}\{\boldsymbol{P}_2\boldsymbol{A}_i + \boldsymbol{D}_i^{\mathrm{T}}\boldsymbol{K}_j\} \end{bmatrix}$$

$$\boldsymbol{P}\widetilde{\boldsymbol{A}}_{hi} \triangleq \begin{bmatrix} -\boldsymbol{D}_i^{\mathrm{T}}\boldsymbol{L}_{1i}\boldsymbol{D}_i & 0 \\ \star & -\boldsymbol{D}_i^{\mathrm{T}}\boldsymbol{L}_{2i}\boldsymbol{D}_i \end{bmatrix}$$

$$\boldsymbol{P}\widetilde{\boldsymbol{B}}_i \triangleq \begin{bmatrix} -\boldsymbol{D}_i^{\mathrm{T}}\boldsymbol{L}_{1i} & \boldsymbol{D}_i^{\mathrm{T}}\boldsymbol{L}_{2i}\boldsymbol{D}_i \\ 0 & 0 \end{bmatrix}, \boldsymbol{P}\widetilde{\boldsymbol{C}}_i \triangleq \begin{bmatrix} \boldsymbol{P}_1\boldsymbol{C}_i \\ 0 \end{bmatrix}$$

因此，定理 4.2得证。

4.4　滑模面可达性分析

本节通过运用有效的滑模控制器，可保证指定的积分滑模面在有限时间内的理想运动及可达性。

定理 4.3　根据设计的滑模面函数式 (4.12) 和相应的滑模控制律式 (4.16)，该滑模运动在有限时间内趋近一个有界平衡域内并保持其中。

证明　考虑 Lyapunov 函数：

$$\boldsymbol{S}(t) = \frac{1}{2}\boldsymbol{s}^{\mathrm{T}}(t)(\boldsymbol{\mathcal{H}}\boldsymbol{B}_i)^{-1}\boldsymbol{s}(t)$$

基于前文分析，积分滑模面和控制律表示为

$$\begin{aligned} \dot{\boldsymbol{s}}(t) &= \sum_{i=1}^{r} f_i\big(\rho(t)\big)\Big\{-\boldsymbol{\mathcal{H}}\boldsymbol{B}_iG_i\bar{\boldsymbol{x}}(t) + \boldsymbol{\mathcal{H}}\boldsymbol{B}_i\boldsymbol{u}(t) \\ &\quad +\boldsymbol{\mathcal{H}}\boldsymbol{B}_iL_i\big[\boldsymbol{y}\big(t-\mu(t)\big) + \boldsymbol{e}_y(t) - \boldsymbol{D}_i\boldsymbol{e}_{\bar{x}}(t)\big]\Big\} \\ \boldsymbol{u}(t) &= \sum_{i=1}^{r} f_i\big(\rho(t)\big)\Big\{G_i\bar{\boldsymbol{x}}(t) - L_i\big[\boldsymbol{y}\big(t-\mu(t)\big) + \boldsymbol{e}_y(t) \\ &\quad -\boldsymbol{D}_i\boldsymbol{e}_{\bar{x}}(t)\big]\Big\} - \psi\mathrm{sign}\big(\boldsymbol{s}(t)\big) \end{aligned}$$

进而可得

$$\begin{aligned}\dot{\boldsymbol{S}}(t) &= \boldsymbol{s}^{\mathrm{T}}(t)(\boldsymbol{\mathcal{H}B}_i)^{-1}\dot{\boldsymbol{s}}(t)\\ &= \boldsymbol{s}^{\mathrm{T}}(t)\sum_{i=1}^{r} f_i\big(\rho(t)\big)(\boldsymbol{\mathcal{H}B}_i)^{-1}\Big\{-\boldsymbol{\mathcal{H}B}_i G_i\bar{\boldsymbol{x}}(t)\\ &\quad +\boldsymbol{\mathcal{H}B}_i\big[G_i\bar{\boldsymbol{x}}(t)-L_i\big\{\boldsymbol{y}(t-\mu(t))+\boldsymbol{e}_y(t)-\boldsymbol{D}_i\boldsymbol{e}_{\bar{x}}(t)\big\}\\ &\quad -\psi\mathrm{sign}(\boldsymbol{s}(t))\big]+\boldsymbol{\mathcal{H}B}_i L_i\big[\boldsymbol{y}(t-\mu(t))+\boldsymbol{e}_y(t)-\boldsymbol{D}_i\boldsymbol{e}_{\bar{x}}(t)\big]\Big\}\\ &= -\psi\|\boldsymbol{s}(t)\|_1 \end{aligned}\tag{4.34}$$

当 $\boldsymbol{s}(t)\neq 0$ 时，则有 $\dot{\boldsymbol{S}}(t)<0$，表明系统的状态轨迹在有限时间内可以收敛到滑模面的有界区域。定理 4.3得证。

4.5 仿真验证

本节给出一个仿真算例来说明所设计控制方案的有效性。考虑模糊规则 $r=2$ 的 T-S 模糊系统，表示如下：

$$\begin{aligned}\dot{\boldsymbol{x}}(t) &= \sum_{i=1}^{2} f_i\big(\rho(t)\big)\Big\{\boldsymbol{A}_i\boldsymbol{x}(t)+\boldsymbol{B}_i\boldsymbol{u}(t)+\boldsymbol{C}_i\bar{\boldsymbol{\omega}}(t)\Big\}\\ \boldsymbol{y}(t) &= \sum_{i=1}^{2} f_i\big(\rho(t)\big)\boldsymbol{D}_i\boldsymbol{x}(t)\\ \boldsymbol{z}(t) &= \sum_{i=1}^{2} f_i\big(\rho(t)\big)\Big\{\boldsymbol{E}_i\boldsymbol{x}(t)+\boldsymbol{F}_i\bar{\boldsymbol{\omega}}(t)\Big\}\end{aligned}\tag{4.35}$$

系统参数选择为

$$\boldsymbol{A}_1=\begin{bmatrix}-1.2 & 0.3 & 0.2\\ 0.1 & -1.0 & -0.8\\ 0.4 & 0.5 & 0.6\end{bmatrix},\ \boldsymbol{B}_1=\begin{bmatrix}1\\ 1\\ 1.5\end{bmatrix},\ \boldsymbol{C}_1=\begin{bmatrix}0.5\\ 1\\ 0.8\end{bmatrix}$$

$$\boldsymbol{D}_1=\begin{bmatrix}0.5 & -0.1 & 1\end{bmatrix},\ \boldsymbol{E}_1=\begin{bmatrix}0.1 & 0.2 & 0.2\end{bmatrix},\ F_1=0.15$$

$$\boldsymbol{A}_2=\begin{bmatrix}0.6 & -0.5 & 0.3\\ -1 & 0.2 & 0.4\\ 0.4 & 0.5 & 0.1\end{bmatrix},\ \boldsymbol{B}_2=\begin{bmatrix}1\\ 0\\ 1.5\end{bmatrix},\ \boldsymbol{C}_2=\begin{bmatrix}0.3\\ 1\\ 0.5\end{bmatrix}$$

$$\boldsymbol{D}_2=\begin{bmatrix}0 & 1 & 0.6\end{bmatrix},\ \boldsymbol{E}_2=\begin{bmatrix}0.1 & 0.2 & 0.2\end{bmatrix},\ F_2=0.2$$

对于系统式 (4.35)，假设网络诱导时延 $\mu(t)$ 从 $\mu_m=0.5s$ 到 $\mu_M=1.5s$ 随机变化。此外，设定矩阵 $\boldsymbol{\mathcal{H}}=\begin{bmatrix} 0.1 & 0.2 & 0.3 \end{bmatrix}$，观测器增益为 $L_1=L_2=1$, $\varphi=0.6$, $\psi=0.01$。耗散性能参数选择为 $\mathcal{D}_1=-0.1$, $\mathcal{D}_2=0.1$, $\mathcal{D}_3=0.2$。

求解定理 4.2中的条件式 (4.28)~式 (4.32)，可以求得$L_{21}=6.9896$, $L_{22}=7.7606$, $K_1=\begin{bmatrix} 20.8824 & 1.8659 & -26.8161 \end{bmatrix}$, $K_2=\begin{bmatrix} 20.5727 & -8.2015 & -20.9107 \end{bmatrix}$。利用 $\boldsymbol{G}_j \triangleq L_{2i}^{-1}K_j$，计算出滑模控制器的相关参数：

$$\boldsymbol{G}_1=\begin{bmatrix} 2.9876 & 0.2670 & -3.8366 \end{bmatrix}$$

$$\boldsymbol{G}_2=\begin{bmatrix} 2.6509 & -1.0568 & -2.6945 \end{bmatrix}$$

此外，求得最优耗散性能参数 $\sigma^\star=0.0164$，以及事件触发参数：

$$\boldsymbol{\Upsilon}_1=56.6795,\ \boldsymbol{\Upsilon}_2=1.1617,\ \boldsymbol{\Upsilon}_3=53.0445,\ \boldsymbol{\Upsilon}_4=0.1378$$

进而得到相应的滑模面函数。

如果 $i=1$，那么，

$$\begin{aligned}\boldsymbol{s}(t)=\sum_{i=1}^{2} f_i\big(\rho(t)\big)\Big\{&\begin{bmatrix} 0.1 & 0.2 & 0.3 \end{bmatrix}\bar{\boldsymbol{x}}(t)\\&-\int_0^t\Big\{\begin{bmatrix} 2.2607 & 0.1802 & -2.8374 \end{bmatrix}\bar{\boldsymbol{x}}(v)\\&-\begin{bmatrix} 0.3750 & -0.0750 & 0.7500 \end{bmatrix}\bar{\boldsymbol{x}}(v-\mu(v))\Big\}\mathrm{d}v\Big\}\end{aligned}$$

如果 $i=2$，那么，

$$\begin{aligned}\boldsymbol{s}(t)=\sum_{i=1}^{2} f_i\big(\rho(t)\big)\Big\{&\begin{bmatrix} 0.1 & 0.2 & 0.3 \end{bmatrix}\bar{\boldsymbol{x}}(t)\\&-\int_0^t\Big\{\begin{bmatrix} 1.3180 & -0.4412 & -1.3420 \end{bmatrix}\bar{\boldsymbol{x}}(v)\\&-\begin{bmatrix} 0 & 0.55 & 0.33 \end{bmatrix}\bar{\boldsymbol{x}}(v-\mu(v))\}\mathrm{d}v\Big\}\end{aligned}$$

此外，可得如下的滑模控制律：

如果 $i=1$，那么，

$$\boldsymbol{u}(t)=\sum_{i=1}^{2} f_i\big(\rho(t)\big)\Big\{\begin{bmatrix} 2.9876 & 0.2670 & -3.8366 \end{bmatrix}\bar{\boldsymbol{x}}(t)$$

$$-\boldsymbol{y}\big(t-\mu(t)\big)-\boldsymbol{e}_y(t)+\begin{bmatrix} 0.5 & -0.1 & 1.0 \end{bmatrix}\boldsymbol{e}_{\bar{x}}(t)\Big\}-0.01\text{sign}\big(\boldsymbol{s}(t)\big)$$

如果 $i=2$，那么，

$$\boldsymbol{u}(t)=\sum_{i=1}^{2}f_i\big(\rho(t)\big)\Big\{\begin{bmatrix} 2.6509 & -1.0568 & -2.6945 \end{bmatrix}\bar{\boldsymbol{x}}(t)$$

$$-\boldsymbol{y}\big(t-\mu(t)\big)-\boldsymbol{e}_y(t)+\begin{bmatrix} 0 & 1.0 & 0.6 \end{bmatrix}\boldsymbol{e}_{\bar{x}}(t)\Big\}-0.01\text{sign}\big(\boldsymbol{s}(t)\big)$$

系统的初始状态选取为 $\bar{\boldsymbol{x}}(t)=\boldsymbol{x}(t)=\begin{bmatrix} 0.1 & 0.2 & 0.1 \end{bmatrix}^{\mathrm{T}}$，外部扰动选取为 $\bar{\boldsymbol{\omega}}(t)=\sin(0.8t)\exp(-0.5t)$。模糊基函数选择如下：

$$\begin{cases} f_1\big(\rho(t)\big)=\dfrac{1-\big[\sin(\boldsymbol{x}_1(t))\big]^2}{2} \\ f_2\big(\rho(t)\big)=\dfrac{1+\big[\sin(\boldsymbol{x}_1(t))\big]^2}{2} \end{cases}$$

该例子的仿真结果如图 4.2～ 图 4.8所示。图 4.2描绘了开环系统的状态响应；闭环系统的状态响应和系统状态估计响应分别如图 4.3和图 4.4所示；系统估计误差响应如图 4.5所示；滑模控制律和滑模面响应分别如图 4.6和图 4.7所示；图 4.8是事件触发释放时间和释放间隔关系图。从图 4.3～ 图 4.5可以看出，系统的状态响应、观测器的估计响应和对应的估计误差最终都会收敛到 0。综合仿真结果证明，本章使用基于观测器的事件触发滑模控制设计方法可以有效估计系统状态，保证系统的稳定性，并能确保模糊系统的滑模运动。

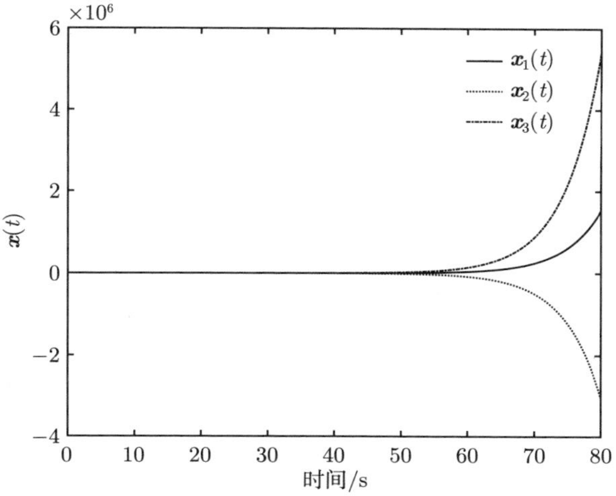

图 4.2 开环系统的状态响应

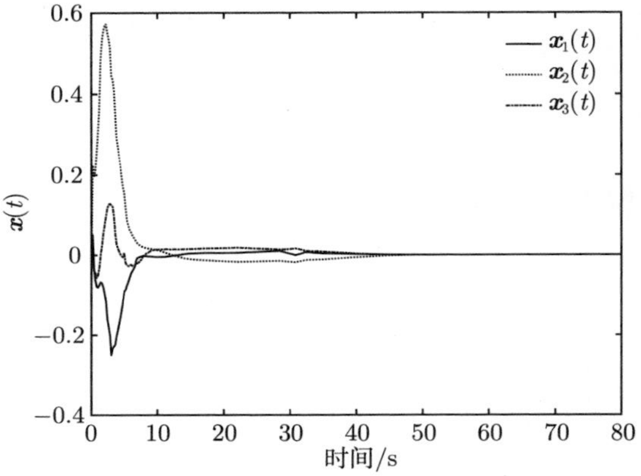

图 4.3　闭环系统的状态响应

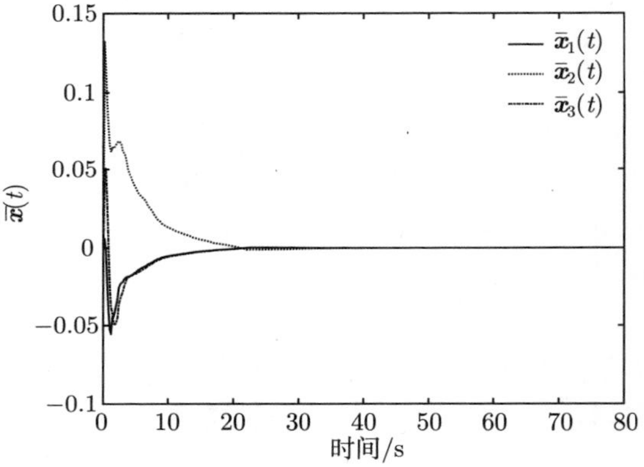

图 4.4　系统状态估计响应 $\bar{\boldsymbol{x}}(t)$

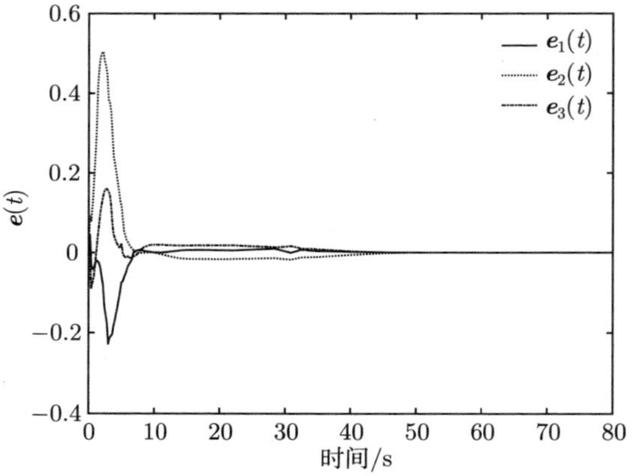

图 4.5　系统估计误差响应 $\boldsymbol{e}(t)$

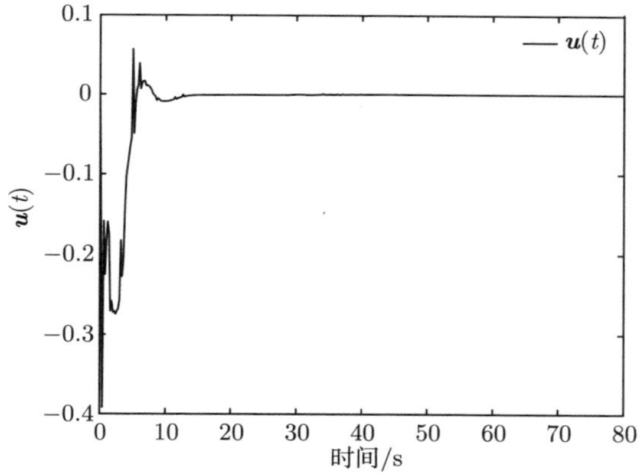

图 4.6 滑模控制律

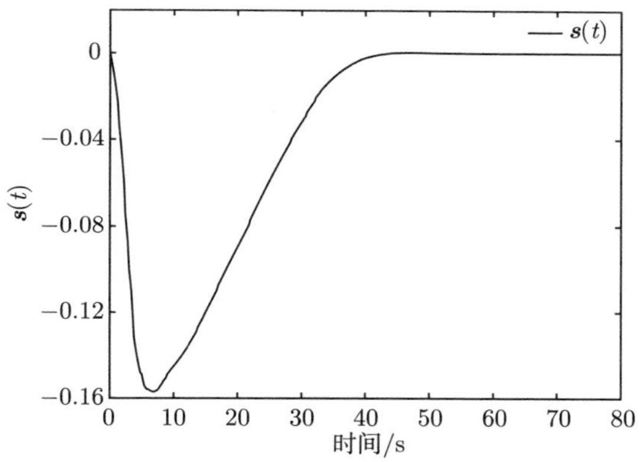

图 4.7 滑模面响应

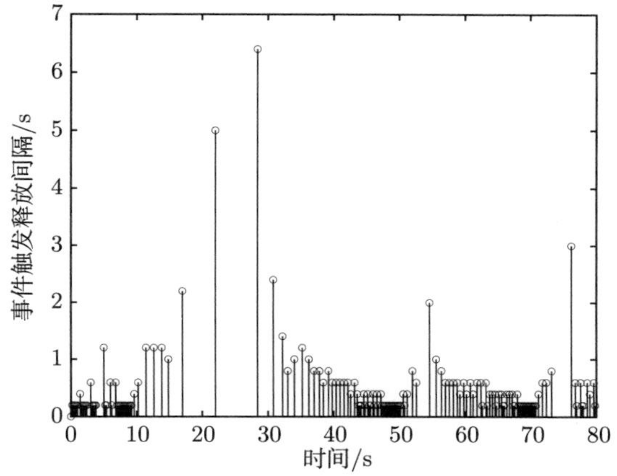

图 4.8 事件触发释放时间和释放间隔图

4.6　本章小结

本章针对状态不可测的模糊动态系统，设计了基于观测器的事件触发滑模控制方案。首先，提出了一个观测器来估计系统的不可测状态，运用灵活的积分型滑模面和有效的事件触发策略构建了闭环控制系统。然后，建立了闭环控制系统满足特定耗散性能的渐近稳定性可解条件，并设计了相应的滑模控制器以保证滑模面的可达性。最后，通过仿真实例验证了所提出的控制方案是可行的。

第 5 章　多模态模糊系统的动态输出反馈控制器设计

本章解决 T-S 模糊框架中非线性扰动切换系统的 $\mathcal{L}_2$–$\mathcal{L}_\infty$ 输出反馈控制器设计问题。首先，平均驻留时间方法能够通过任意切换律以指数收敛的方式稳定非线性切换系统。然后，基于分段 Lyapunov 函数，提出一个依赖于模糊规则的输出反馈控制器，以确保闭环系统满足加权 $\mathcal{L}_2$–$\mathcal{L}_\infty$ 性能水平 (γ,α) 下的指数稳定。理想动态控制器的可解条件可以通过线性化方法得出，即控制器矩阵可以由一些严格的线性矩阵不等式获得。最后，通过高效的标准软件进行数值求解。

5.1　系 统 描 述

利用 T-S 模糊建模技术，可将动态非线性系统描述为一类模糊切换线性系统。

5.1.1　模型形式

规则 $\mathcal{R}_i^{[j]}$：如果 $\theta_1^{[j]}(t)$ 是 $\mu_{i1}^{[j]}$，$\theta_2^{[j]}(t)$ 是 $\mu_{i2}^{[j]}$，$\cdots$，$\theta_p^{[j]}(t)$ 是 $\mu_{ip}^{[j]}$，那么，

$$\dot{\boldsymbol{x}}(t)=\boldsymbol{A}_i^{[j]}\boldsymbol{x}(t)+\boldsymbol{B}_{1i}^{[j]}\boldsymbol{u}(t)+\boldsymbol{B}_{2i}^{[j]}\boldsymbol{\omega}(t)+\boldsymbol{F}_i^{[j]}\boldsymbol{f}\big(\boldsymbol{x}(t),t\big) \tag{5.1a}$$

$$\boldsymbol{y}(t)=\boldsymbol{C}_i^{[j]}\boldsymbol{x}(t)+\boldsymbol{D}_{1i}^{[j]}\boldsymbol{u}(t)+\boldsymbol{D}_{2i}^{[j]}\boldsymbol{\omega}(t)+\boldsymbol{G}_i^{[j]}\boldsymbol{g}\big(\boldsymbol{x}(t),t\big) \tag{5.1b}$$

$$\boldsymbol{z}(t)=\boldsymbol{L}_i^{[j]}\boldsymbol{x}(t)+\boldsymbol{K}_i^{[j]}\boldsymbol{u}(t)\qquad i=1,2,\cdots,r \tag{5.1c}$$

其中，$\boldsymbol{x}(t)\in\mathbf{R}^n$ 表示状态变量；$\boldsymbol{u}(t)\in\mathbf{R}^m$ 表示控制输入信号；$\boldsymbol{\omega}(t)\in\mathbf{R}^l$ 表示外部扰动，属于 $\mathcal{L}_2[0,\infty)$；$\boldsymbol{y}(t)\in\mathbf{R}^p$ 表示测量输出；$\boldsymbol{z}(t)\in\mathbf{R}^q$ 表示控制输出；r 表示模糊规则数量；$\mu_{i1}^{[j]},\cdots,\mu_{ip}^{[j]}$ 表示模糊集；$\theta^{[j]}(t)=\big[\theta_1^{[j]}(t),\theta_2^{[j]}(t),\cdots,\theta_p^{[j]}(t)\big]$ 表示前提变量；正整数 N 表示子系统的数量。

$$\sigma_j(t):[0,\infty)\to\{0,1\},\quad \sum_{j=1}^{\mathcal{N}}\sigma_j(t)=1,\ t\in[0,\infty)$$

其中，$j\in\mathcal{N}=\{1,2,\cdots,N\}$，表示在各切换时刻激活的子系统的切换信号。$\Big\{\boldsymbol{A}_i^{[j]},\boldsymbol{B}_{1i}^{[j]},\boldsymbol{B}_{2i}^{[j]},\boldsymbol{F}_i^{[j]},\boldsymbol{C}_i^{[j]},\boldsymbol{D}_{1i}^{[j]},\boldsymbol{D}_{2i}^{[j]},\boldsymbol{G}_i^{[j]},\boldsymbol{L}_i^{[j]},\boldsymbol{K}_i^{[j]}\Big\}$ 表示基于索引集的一组参数

化矩阵。其中，$\left\{A_i^{[j]},\ B_{1i}^{[j]},\ B_{2i}^{[j]},\ F_i^{[j]},\ C_i^{[j]},\ D_{1i}^{[j]},\ D_{2i}^{[j]},\ G_i^{[j]},\ L_i^{[j]},\ K_i^{[j]}\right\}$ 是实常数矩阵。$\boldsymbol{f}\big(\boldsymbol{x}(t),t\big)\in\mathbf{R}^f$ 和 $\boldsymbol{g}\big(\boldsymbol{x}(t),t\big)\in\mathbf{R}^g$ 是已知的且满足假设 5.1的非线性函数。

注 5.1 本章重点介绍由 T-S 模糊规则建模的非线性切换系统，即式 (5.1a)~式 (5.1c)。观察到 Karer 等 [160] 在某些情况下提出了混合模糊系统，可当作满足特定条件的混合模糊模型式 (5.1a)~ 式 (5.1c)。本书采用平均驻留时间方法和分段 Lyapunov 函数，提出动态输出反馈控制器以保证闭环系统满足加权 $\mathcal{L}_2$–$\mathcal{L}_\infty$ 性能指标 (γ,α)。因此，需要额外的理论验证来确定模糊切换系统的结果是否可以推广到混合模糊系统，这将成为未来工作的一部分。

假设 5.1 非线性函数 $\boldsymbol{f}\big(\boldsymbol{x}(t),t\big)$ 和 $\boldsymbol{g}\big(\boldsymbol{x}(t),t\big)$ 满足零初始条件 $f(0,0)=0$ 和 Lipschitz (利普希茨) 条件，即存在已知的实矩阵 $\boldsymbol{M}$ 和 $\boldsymbol{N}$ 满足：

$$\left\|\boldsymbol{f}\big(\boldsymbol{x}(t),t\big)-\boldsymbol{f}\big(\boldsymbol{y}(t),t\big)\right\|\leqslant\left\|\boldsymbol{M}(\boldsymbol{x}-\boldsymbol{y})\right\|$$
$$\left\|\boldsymbol{g}\big(\boldsymbol{x}(t),t\big)-\boldsymbol{g}\big(\boldsymbol{y}(t),t\big)\right\|\leqslant\left\|\boldsymbol{N}(\boldsymbol{x}-\boldsymbol{y})\right\|$$

假设控制输入 $\boldsymbol{u}(t)$ 不能影响前提变量 $\theta^{[j]}(t)$。对于一对 $\big(\boldsymbol{x}(t),\boldsymbol{u}(t)\big)$，得到的系统输出描述为

$$\dot{\boldsymbol{x}}(t)=\sum_{j=1}^{N}\sigma_j(t)\sum_{i=1}^{r}h_i^{[j]}\big(\theta^{[j]}(t)\big)\Big[\boldsymbol{A}_i^{[j]}\boldsymbol{x}(t)+\boldsymbol{B}_{1i}^{[j]}\boldsymbol{u}(t)+\boldsymbol{B}_{2i}^{[j]}\boldsymbol{\omega}(t)+\boldsymbol{F}_i^{[j]}\boldsymbol{f}(t)\Big]\tag{5.2a}$$

$$\boldsymbol{y}(t)=\sum_{j=1}^{N}\sigma_j(t)\sum_{i=1}^{r}h_i^{[j]}\big(\theta^{[j]}(t)\big)\Big[\boldsymbol{C}_i^{[j]}\boldsymbol{x}(t)+\boldsymbol{D}_{1i}^{[j]}\boldsymbol{u}(t)+\boldsymbol{D}_{2i}^{[j]}\boldsymbol{\omega}(t)+\boldsymbol{G}_i^{[j]}\boldsymbol{g}(t)\Big]\tag{5.2b}$$

$$\boldsymbol{z}(t)=\sum_{j=1}^{N}\sigma_j(t)\sum_{i=1}^{r}h_i^{[j]}\big(\theta^{[j]}(t)\big)\Big[\boldsymbol{L}_i^{[j]}\boldsymbol{x}(t)+\boldsymbol{K}_i^{[j]}\boldsymbol{u}(t)\Big]\tag{5.2c}$$

其中，$h_i^{[j]}\big(\theta^{[j]}(t)\big)=\dfrac{\nu_i^{[j]}\big(\theta^{[j]}(t)\big)}{\sum\limits_{i=1}^{r}\nu_i^{[j]}\big(\theta^{[j]}(t)\big)}$，$\nu_i^{[j]}\big(\theta^{[j]}(t)\big)=\prod_{l=1}^{p}\mu_{il}^{[j]}\big(\theta_l^{[j]}(t)\big)$, $\mu_{il}^{[j]}\big(\theta_l^{[j]}(t)\big)$ 表示 $\theta_l^{[j]}(t)$ 在 $\mu_{il}^{[j]}$ 的隶属度，满足 $\nu_i^{[j]}\big(\theta^{[j]}(t)\big)\geqslant 0$, $h_i^{[j]}\big(\theta^{[j]}(t)\big)\geqslant 0$，其中，$i=1,2,\cdots,r$。此外，对于所有 t，$\sum\limits_{i=1}^{r}h_i^{[j]}\big(\theta^{[j]}(t)\big)=1$ 成立。

假设前提变量 $\theta^{[j]}(t)$ 可用于控制器设计。那么，利用 PDC 技术，设计的控制器结构如下节所示。

5.1.2 动态输出反馈控制形式

规则 $\mathcal{R}_i^{[j]}$：如果 $\theta_1^{[j]}(t)$ 是 $\mu_{i1}^{[j]}$，$\theta_2^{[j]}(t)$ 是 $\mu_{i2}^{[j]}$，$\cdots$，$\theta_p^{[j]}(t)$ 是 $\mu_{ip}^{[j]}$，那么，

$$\dot{\boldsymbol{x}}_c(t)=\boldsymbol{A}_{ci}^{[j]}\boldsymbol{x}_c(t)+\boldsymbol{B}_{ci}^{[j]}\boldsymbol{y}(t) \tag{5.3a}$$

$$\boldsymbol{u}(t)=\boldsymbol{C}_{ci}^{[j]}\boldsymbol{x}_c(t),\qquad i=1,2,\cdots,r \tag{5.3b}$$

其中，$\boldsymbol{x}_c(t)\in\mathbf{R}^r$ 表示控制器状态变量，$r\leqslant n$；$\boldsymbol{A}_{ci}^{[j]}$、$\boldsymbol{B}_{ci}^{[j]}$ 和 $\boldsymbol{C}_{ci}^{[j]}$ 表示待求的控制器参数。上述动态输出反馈控制器的完整形式可以表示为

$$\dot{\boldsymbol{x}}_c(t)=\sum_{j=1}^{N}\sigma_j(t)\sum_{i=1}^{r}h_i^{[j]}\big(\theta^{[j]}(t)\big)\big[\boldsymbol{A}_{ci}^{[j]}\boldsymbol{x}_c(t)+\boldsymbol{B}_{ci}^{[j]}\boldsymbol{y}(t)\big] \tag{5.4a}$$

$$\boldsymbol{u}(t)=\sum_{j=1}^{N}\sigma_j(t)\sum_{i=1}^{r}h_i^{[j]}\big(\theta^{[j]}(t)\big)\boldsymbol{C}_{ci}^{[j]}\boldsymbol{x}_c(t) \tag{5.4b}$$

因此，结合系统模型式 (5.2) 和设计的控制器式 (5.4)，得到的闭环系统可以由下式给出：

$$\begin{aligned}\dot{\boldsymbol{\xi}}(t)=&\sum_{j=1}^{N}\sigma_j(t)\sum_{i=1}^{r}h_i^{[j]}\big(\theta^{[j]}(t)\big)\sum_{l=1}^{r}h_l^{[j]}\big(\theta^{[j]}(t)\big)\\&\times\Big[\tilde{\boldsymbol{A}}_{il}^{[j]}\boldsymbol{\xi}(t)+\tilde{\boldsymbol{B}}_{il}^{[j]}\omega(t)+\tilde{\boldsymbol{F}}_{il}^{[j]}\boldsymbol{\eta}(t)\Big]\end{aligned} \tag{5.5a}$$

$$\boldsymbol{z}(t)=\sum_{j=1}^{N}\sigma_j(t)\sum_{i=1}^{r}h_i^{[j]}\big(\theta^{[j]}(t)\big)\sum_{l=1}^{r}h_l^{[j]}\big(\theta^{[j]}(t)\big)\tilde{\boldsymbol{C}}_{il}^{[j]}\boldsymbol{\xi}(t) \tag{5.5b}$$

其中，$\boldsymbol{\xi}(t)\triangleq\begin{bmatrix}x(t)\\x_c(t)\end{bmatrix}$，$\boldsymbol{\eta}(t)\triangleq\begin{bmatrix}f\big(\boldsymbol{x}(t),t\big)\\g\big(\boldsymbol{x}(t),t\big)\end{bmatrix}$，

$$\left\{\begin{aligned}&\tilde{\boldsymbol{A}}_{il}^{[j]}\triangleq\begin{bmatrix}\boldsymbol{A}_i^{[j]} & \boldsymbol{B}_{1i}^{[j]}\boldsymbol{C}_{cl}^{[j]}\\ \boldsymbol{B}_{cl}^{[j]}\boldsymbol{C}_i^{[j]} & \boldsymbol{A}_{cl}^{[j]}+\boldsymbol{B}_{cl}^{[j]}\boldsymbol{D}_{1i}^{[j]}\boldsymbol{C}_{cl}^{[j]}\end{bmatrix}\\&\tilde{\boldsymbol{F}}_{il}^{[j]}\triangleq\begin{bmatrix}\boldsymbol{F}_i^{[j]} & 0\\ 0 & \boldsymbol{B}_{cl}^{[j]}\boldsymbol{G}_i^{[j]}\end{bmatrix},\ \tilde{\boldsymbol{B}}_{il}^{[j]}\triangleq\begin{bmatrix}\boldsymbol{B}_{2i}^{[j]}\\ \boldsymbol{B}_{cl}^{[j]}\boldsymbol{D}_{2i}^{[j]}\end{bmatrix}\\&\tilde{\boldsymbol{C}}_{il}^{[j]}\triangleq\begin{bmatrix}\boldsymbol{L}_i^{[j]} & \boldsymbol{K}_i^{[j]}\boldsymbol{C}_{cl}^{[j]}\end{bmatrix}\end{aligned}\right. \tag{5.6}$$

定义

$$\tilde{\boldsymbol{A}}\big(t,\sigma_j(t)\big)\triangleq\sum_{j=1}^{N}\sigma_j(t)\sum_{i=1}^{r}h_i^{[j]}\Big(\theta^{[j]}(t)\Big)\sum_{l=1}^{r}h_l^{[j]}\Big(\theta^{[j]}(t)\Big)\tilde{\boldsymbol{A}}_{il}^{[j]}$$

$$\tilde{\boldsymbol{B}}\big(t,\sigma_j(t)\big) \triangleq \sum_{j=1}^{N}\sigma_j(t)\sum_{i=1}^{r}h_i^{[j]}\Big(\theta^{[j]}(t)\Big)\sum_{l=1}^{r}h_l^{[j]}\Big(\theta^{[j]}(t)\Big)\tilde{\boldsymbol{B}}_{il}^{[j]}$$

$$\tilde{\boldsymbol{C}}\big(t,\sigma_j(t)\big) \triangleq \sum_{j=1}^{N}\sigma_j(t)\sum_{i=1}^{r}h_i^{[j]}\Big(\theta^{[j]}(t)\Big)\sum_{l=1}^{r}h_l^{[j]}\Big(\theta^{[j]}(t)\Big)\tilde{\boldsymbol{C}}_{il}^{[j]}$$

$$\tilde{\boldsymbol{F}}\big(t,\sigma_j(t)\big) \triangleq \sum_{j=1}^{N}\sigma_j(t)\sum_{i=1}^{r}h_i^{[j]}\Big(\theta^{[j]}(t)\Big)\sum_{l=1}^{r}h_l^{[j]}\Big(\theta^{[j]}(t)\Big)\tilde{\boldsymbol{F}}_{il}^{[j]}$$

图 5.1绘制了完整的闭环控制系统。在给出主要结果之前，先介绍以下定义。

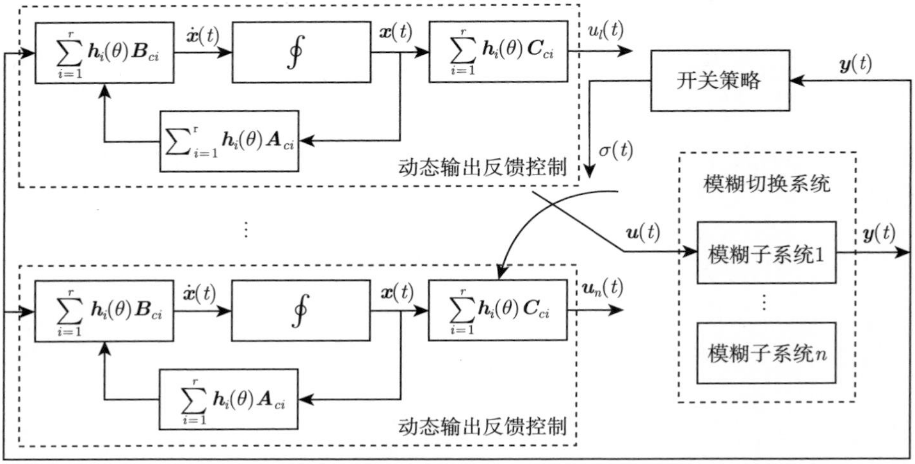

图 5.1 闭环控制系统框图

定义 5.1 [161] 当 $\boldsymbol{\omega}(t)=0$，如果 $\boldsymbol{\xi}(t)$ 满足下式，那么闭环系统式 (5.5) 平衡点 $\boldsymbol{\xi}^\star(t)=0$ 在切换参数 $\sigma_j(t)$ 下是指数稳定的：

$$\|\boldsymbol{\xi}(t)\|^2 \leqslant \mu\,\|\boldsymbol{\xi}(t_0)\|^2\,\mathrm{e}^{-\lambda(t-t_0)},\quad \forall t \geqslant t_0$$

其中，μ 和 λ 是 $\mu\geqslant 1$ 和 $\lambda>0$ 的任意常数。

定义 5.2 [161] 对于标量 $\gamma>0$ 和 $\alpha>0$，式 (5.5) 中的闭环系统满足加权 $\mathcal{L}_2$–$\mathcal{L}_\infty$ 性能下的指数稳定性能水平 (γ,α)，如果对于任何开关信号 $\sigma_j(t)$ 是指数稳定的，当 $\boldsymbol{\omega}(t)=0$，并且在零初始条件 $\big[\boldsymbol{\xi}(0)=0\big]$ 下，对于所有非零 $\boldsymbol{\omega}(t)\in\mathcal{L}_2[0,\infty)$，有以下不等式成立：

$$\sup_{\forall t}\mathrm{e}^{-\alpha t}\boldsymbol{z}^{\mathrm{T}}(t)\boldsymbol{z}(t) < \gamma^2\int_0^\infty \boldsymbol{\omega}^{\mathrm{T}}(t)\boldsymbol{\omega}(t)\mathrm{d}t$$

5.2 系统性能分析

假设对于式 (5.4) 中给定的矩阵 $\boldsymbol{A}_{ci}^{[j]}$、$\boldsymbol{B}_{ci}^{[j]}$ 和 $\boldsymbol{C}_{ci}^{[j]}$，建立充分条件以确保动态闭环系统式 (5.5) 在加权 $\mathcal{L}_2$ 下呈指数稳定并带有 $\mathcal{L}_\infty$ 性能水平 (γ,α)。

定理 5.1 给定标量 $\gamma>0$, $\alpha>0$, 如果存在标量 $\varepsilon>0$ 和矩阵 $\boldsymbol{\mathcal{P}}^{[j]}>0$，使得以下不等式对 $j\in\mathcal{N}$ 成立:

$$\boldsymbol{\phi}_{ii}^{[j]}<0, \qquad i=1,2,\cdots,r \tag{5.7}$$

$$\frac{1}{r-1}\boldsymbol{\phi}_{ii}^{[j]}+\frac{1}{2}\left(\boldsymbol{\phi}_{il}^{[j]}+\boldsymbol{\phi}_{li}^{[j]}\right)<0, \qquad 1\leqslant i<l\leqslant r \tag{5.8}$$

$$\boldsymbol{\varphi}_{ii}^{[j]}<0, \qquad i=1,2,\cdots,r \tag{5.9}$$

$$\frac{1}{r-1}\boldsymbol{\varphi}_{ii}^{[j]}+\frac{1}{2}\left(\boldsymbol{\varphi}_{il}^{[j]}+\boldsymbol{\varphi}_{li}^{[j]}\right)<0, \qquad 1\leqslant i<l\leqslant r \tag{5.10}$$

其中

$$\boldsymbol{\phi}_{il}^{[j]}\triangleq\begin{bmatrix}\boldsymbol{\phi}_{11il}^{[j]} & \boldsymbol{\mathcal{P}}^{[j]}\tilde{\boldsymbol{B}}_{il}^{[j]} & \boldsymbol{\mathcal{P}}^{[j]}\tilde{\boldsymbol{F}}_{il}^{[j]}\\ \star & -I & 0\\ \star & \star & -\varepsilon I\end{bmatrix}$$

$$\boldsymbol{\varphi}_{il}^{[j]}\triangleq\begin{bmatrix}-\boldsymbol{\mathcal{P}}^{[j]} & \left(\tilde{\boldsymbol{C}}_{il}^{[j]}\right)^{\mathrm{T}}\\ \star & -\gamma^2 I\end{bmatrix}, \qquad \begin{array}{l}\boldsymbol{\mathcal{M}}\triangleq\boldsymbol{M}^{\mathrm{T}}\boldsymbol{M}+\boldsymbol{N}^{\mathrm{T}}\boldsymbol{N}\\ \boldsymbol{\mathcal{K}}\triangleq\begin{bmatrix}I & 0\end{bmatrix}\end{array}$$

$$\boldsymbol{\phi}_{11il}^{[j]}\triangleq\boldsymbol{\mathcal{P}}^{[j]}\tilde{\boldsymbol{A}}_{il}^{[j]}+\left(\tilde{\boldsymbol{A}}_{il}^{[j]}\right)^{\mathrm{T}}\boldsymbol{\mathcal{P}}^{[j]}+\alpha\boldsymbol{\mathcal{P}}^{[j]}+\varepsilon\boldsymbol{\mathcal{K}}^{\mathrm{T}}\boldsymbol{\mathcal{M}}\boldsymbol{\mathcal{K}}$$

对于任意切换信号，动态系统式 (5.5) 是指数稳定的，并且具有加权 $\mathcal{L}_2$–$\mathcal{L}_\infty$ 性能水平 (γ,α)，如果 $T_a>T_a^\star=\dfrac{\ln\rho}{\alpha}$, $\rho\geqslant 1$，并且以下不等式成立:

$$\boldsymbol{\mathcal{P}}^{[j]}\leqslant\rho\boldsymbol{\mathcal{P}}^{[s]}, \qquad \forall j,s\in\mathcal{N} \tag{5.11}$$

此外，状态衰减的估计信号被描述为

$$\|\boldsymbol{\xi}(t)\|^2\leqslant\mu\mathrm{e}^{-\lambda t}\|\boldsymbol{\xi}(0)\|^2 \tag{5.12}$$

其中

$$\begin{cases}\lambda=\alpha-\dfrac{\ln\rho}{T_a}>0, & \tau=\min_{\forall j\in\mathcal{N}}\lambda_{\min}\left(\boldsymbol{\mathcal{P}}^{[j]}\right)\\ \mu=\dfrac{\vartheta}{\tau}\geqslant 1, & \vartheta=\max_{\forall j\in\mathcal{N}}\lambda_{\max}\left(\boldsymbol{\mathcal{P}}^{[j]}\right)\end{cases} \tag{5.13}$$

证明　Lyapunov 函数的选择如下:

$$V\Big(\boldsymbol{\xi}(t),\sigma_j(t)\Big) = \boldsymbol{\xi}^{\mathrm{T}}(t)\boldsymbol{\mathcal{P}}\big(\sigma_j(t)\big)\boldsymbol{\xi}(t) \tag{5.14}$$

其中，$\boldsymbol{\mathcal{P}}\big(\sigma_j(t)\big) \triangleq \sum\limits_{j=1}^{N}\sigma_j(t)\boldsymbol{\mathcal{P}}^{[j]}$ $(j\in\mathcal{N})$ 在后续确定。沿着式 (5.5) 的轨迹，可以得到

$$\begin{aligned}
\dot{V}\Big(\boldsymbol{\xi}(t),\sigma_j(t)\Big) &= 2\sum_{j=1}^{N}\sigma_j(t)\sum_{i=1}^{r}h_i^{[j]}\Big(\theta^{[j]}(t)\Big)\sum_{l=1}^{r}h_l^{[j]}\Big(\theta^{[j]}(t)\Big)\\
&\quad\times\boldsymbol{\xi}^{\mathrm{T}}(t)\boldsymbol{\mathcal{P}}^{[j]}\Big[\tilde{\boldsymbol{A}}_{il}^{[j]}\boldsymbol{\xi}(t)+\tilde{\boldsymbol{F}}_{il}^{[j]}\boldsymbol{\eta}(t)\Big]\\
&= \sum_{j=1}^{N}\sigma_j(t)\sum_{i=1}^{r}h_i^{[j]}\Big(\theta^{[j]}(t)\Big)\sum_{l=1}^{r}h_l^{[j]}\Big(\theta^{[j]}(t)\Big)\\
&\quad\times\left\{\boldsymbol{\xi}^{\mathrm{T}}(t)\left[\boldsymbol{\mathcal{P}}^{[j]}\tilde{\boldsymbol{A}}_{il}^{[j]}+\Big(\tilde{\boldsymbol{A}}_{il}^{[j]}\Big)^{\mathrm{T}}\boldsymbol{\mathcal{P}}^{[j]}\right]\boldsymbol{\xi}(t)+2\boldsymbol{\xi}^{\mathrm{T}}(t)\boldsymbol{\mathcal{P}}^{[j]}\tilde{\boldsymbol{F}}_{il}^{[j]}\boldsymbol{\eta}(t)\right\}\\
&\leqslant \sum_{j=1}^{N}\sigma_j(t)\sum_{i=1}^{r}h_i^{[j]}\Big(\theta^{[j]}(t)\Big)\sum_{l=1}^{r}h_l^{[j]}\Big(\theta^{[j]}(t)\Big)\\
&\quad\times\left\{\varepsilon\boldsymbol{\eta}^{\mathrm{T}}(t)\boldsymbol{\eta}(t)+\boldsymbol{\xi}^{\mathrm{T}}(t)\left[\boldsymbol{\mathcal{P}}^{[j]}\tilde{\boldsymbol{A}}_{il}^{[j]}+\Big(\tilde{\boldsymbol{A}}_{il}^{[j]}\Big)^{\mathrm{T}}\boldsymbol{\mathcal{P}}^{[j]}\right.\right.\\
&\quad\left.\left.+\varepsilon^{-1}\boldsymbol{\mathcal{P}}^{[j]}\tilde{\boldsymbol{F}}_{il}^{[j]}\Big(\tilde{\boldsymbol{F}}_{il}^{[j]}\Big)^{\mathrm{T}}\boldsymbol{\mathcal{P}}^{[j]}\right]\xi(t)\right\}
\end{aligned} \tag{5.15}$$

考虑假设 5.1, 并给定 $\boldsymbol{M}$, $\boldsymbol{N}$ 满足:

$$\Big\|\boldsymbol{f}\big(\boldsymbol{x}(t),t\big)\Big\| \leqslant \Big\|\boldsymbol{M}\boldsymbol{x}(t)\Big\|,\quad \Big\|\boldsymbol{g}\big(\boldsymbol{x}(t),t\big)\Big\| \leqslant \Big\|\boldsymbol{N}\boldsymbol{x}(t)\Big\|$$

不难看出

$$\Big\|\boldsymbol{f}\big(\boldsymbol{x}(t),t\big)\Big\|^2=\boldsymbol{f}^{\mathrm{T}}\big(\boldsymbol{x}(t),t\big)\boldsymbol{f}\big(\boldsymbol{x}(t),t\big)\leqslant\|\boldsymbol{M}\boldsymbol{x}(t)\|^2=\boldsymbol{x}^{\mathrm{T}}(t)\boldsymbol{M}^{\mathrm{T}}\boldsymbol{M}\boldsymbol{x}(t)$$

$$\Big\|\boldsymbol{g}\big(\boldsymbol{x}(t),t\big)\Big\|^2=\boldsymbol{g}^{\mathrm{T}}\big(\boldsymbol{x}(t),t\big)\boldsymbol{g}\big(\boldsymbol{x}(t),t\big)\leqslant\|\boldsymbol{N}\boldsymbol{x}(t)\|^2=\boldsymbol{x}^{\mathrm{T}}(t)\boldsymbol{N}^{\mathrm{T}}\boldsymbol{N}\boldsymbol{x}(t)$$

因此，可以得到

$$\boldsymbol{\eta}^{\mathrm{T}}\big(\boldsymbol{x}(t),t\big)\boldsymbol{\eta}\big(\boldsymbol{x}(t),t\big)=\boldsymbol{f}^{\mathrm{T}}\big(\boldsymbol{x}(t),t\big)\boldsymbol{f}\big(\boldsymbol{x}(t),t\big)+\boldsymbol{g}^{\mathrm{T}}\big(\boldsymbol{x}(t),t\big)\boldsymbol{g}\big(\boldsymbol{x}(t),t\big)$$

$$\leqslant \boldsymbol{\xi}^{\mathrm{T}}(t)\boldsymbol{\mathcal{K}}^{\mathrm{T}}\boldsymbol{\mathcal{M}}\boldsymbol{\mathcal{K}}\boldsymbol{\xi}(t) \tag{5.16}$$

从式 (5.14)~ 式 (5.16) 可得

$$\begin{aligned}\dot{V}\Big(\boldsymbol{\xi}(t),\sigma_j(t)\Big) \leqslant & \sum_{j=1}^{N}\sigma_j(t)\sum_{i=1}^{r}h_i^{[j]}\Big(\theta^{[j]}(t)\Big)\sum_{l=1}^{r}h_l^{[j]}\Big(\theta^{[j]}(t)\Big)\boldsymbol{\xi}^{\mathrm{T}}(t)\\ &\times\Bigg[\boldsymbol{\mathcal{P}}^{[j]}\tilde{\boldsymbol{A}}_{il}^{[j]}+\varepsilon^{-1}\boldsymbol{\mathcal{P}}^{[j]}\tilde{\boldsymbol{F}}_{il}^{[j]}\left(\tilde{\boldsymbol{F}}_{il}^{[j]}\right)^{\mathrm{T}}\boldsymbol{\mathcal{P}}^{[j]}\\ &+\left(\tilde{\boldsymbol{A}}_{il}^{[j]}\right)^{\mathrm{T}}\boldsymbol{\mathcal{P}}^{[j]}+\varepsilon\mathcal{K}^{\mathrm{T}}\boldsymbol{\mathcal{M}}\boldsymbol{\mathcal{K}}\Bigg]\boldsymbol{\xi}(t)\end{aligned} \tag{5.17}$$

基于式 (5.7)、式 (5.8) 和式 (5.17)，运用舒尔补定理，可得

$$\dot{V}\Big(\boldsymbol{\xi}(t),\sigma_j(t)\Big) < -\alpha\boldsymbol{\xi}^{\mathrm{T}}(t)\boldsymbol{\mathcal{P}}\big(\sigma_j(t)\big)\boldsymbol{\xi}(t) = -\alpha V\Big(\boldsymbol{\xi}(t),\sigma_j(t)\Big) \tag{5.18}$$

对于分段切换信号 $\sigma_j(t)$ $(t>0)$，令 $0=t_0<t_1<\cdots<t_k<\cdots<t$，$(k=0,1,\cdots)$，表示 $\sigma_j(t)$ 在区间 $(0,t)$ 下的切换点。因此，第 j_k 个子系统在 $t\in[t_k,t_{k+1})$ 时被激活。从式 (5.18) 中的 $t^{\star}\triangleq t_k$ 开始，然后，

$$V\Big(\boldsymbol{\xi}(t),\sigma_j(t)\Big) < \mathrm{e}^{-\alpha(t-t_k)}V\Big(\boldsymbol{\xi}(t_k),\sigma_j(t_k)\Big) \tag{5.19}$$

利用式 (5.11) 和式 (5.14), 再切换时刻 t_k, 可得

$$V\Big(\boldsymbol{\xi}(t_k),\sigma_j(t_k)\Big) < \rho V\Big(\boldsymbol{\xi}(t_k^-),\sigma_j(t_k^-)\Big) \tag{5.20}$$

因此，从式 (5.19)、式 (5.20) 和 $\phi=N_{\sigma_j}(0,t)\leqslant\dfrac{t-0}{T_a}$，能够得到

$$\begin{aligned}V\Big(\boldsymbol{\xi}(t),\sigma_j(t)\Big)&\leqslant\mathrm{e}^{-\alpha(t-t_k)}\rho V\Big(\boldsymbol{\xi}(t_k^-),\sigma_j(t_k^-)\Big)\\&\leqslant\cdots\leqslant\mathrm{e}^{-\alpha(t-0)}\rho^{\phi}V\Big(\boldsymbol{\xi}(0),\sigma_j(0)\Big)\\&\leqslant\mathrm{e}^{-(\alpha-\frac{\ln\rho}{T_a})t}V\Big(\boldsymbol{\xi}(0),\sigma_j(0)\Big)\\&=\mathrm{e}^{-(\alpha-\frac{\ln\rho}{T_a})t}V\Big(\boldsymbol{\xi}(0),\sigma_j(0)\Big)\end{aligned} \tag{5.21}$$

考虑式 (5.14)，则有

$$V\Big(\boldsymbol{\xi}(t),\sigma_j(t)\Big)\geqslant\tau\|\boldsymbol{\xi}(t)\|^2,\ V\Big(\boldsymbol{\xi}(0),\sigma_j(0)\Big)\leqslant\vartheta\|\boldsymbol{\xi}(0)\|^2 \tag{5.22}$$

其中，τ 和 ϑ 在式 (5.13) 中给定。综合考虑式 (5.21) 和式 (5.22)，可得

$$\left\|\boldsymbol{\xi}(t)\right\|^2 \leqslant \frac{1}{\tau}V\Big(\boldsymbol{\xi}(t),\sigma_j(t)\Big) \leqslant \frac{\vartheta}{\tau}\mathrm{e}^{-(\alpha-\frac{\ln\rho}{T_a})t}\|\boldsymbol{\xi}(0)\|^2 \tag{5.23}$$

当 $\omega(t)=0$ 时，根据定义 5.1，可以得到 $t_0=0$ 时，闭环系统式 (5.5) 是指数稳定的。

当 $\omega(t)\neq 0$ 时，接着分析完整系统的 $\mathcal{L}_2$–$\mathcal{L}_\infty$ 性能。引入

$$\begin{aligned}\mathcal{J}\big(\boldsymbol{\xi}(t),\sigma_j(t)\big) &\triangleq \dot{V}\big(\boldsymbol{\xi}(t),\sigma_j(t)\big)+\alpha V\big(\boldsymbol{\xi}(t),\sigma_j(t)\big)-\boldsymbol{\omega}(t)\boldsymbol{\omega}(t)\\ &\leqslant \boldsymbol{\psi}^{\mathrm{T}}(t)\boldsymbol{\phi}\big(t,\sigma_j(t)\big)\boldsymbol{\psi}(t)\end{aligned} \tag{5.24}$$

其中

$$\begin{aligned}\boldsymbol{\phi}\big(t,\sigma_j(t)\big) &\triangleq \begin{bmatrix}\bar{\phi}\big(t,\sigma_j(t)\big) & \boldsymbol{\mathcal{P}}\big(\sigma_j(t)\big)\tilde{\boldsymbol{B}}\big(t,\sigma_j(t)\big)\\ \star & -I\end{bmatrix},\\ \bar{\phi}\big(t,\sigma_j(t)\big) &\triangleq \boldsymbol{\mathcal{P}}\big(\sigma_j(t)\big)\tilde{\boldsymbol{A}}\big(t,\sigma_j(t)\big)+\tilde{\boldsymbol{A}}^{\mathrm{T}}\big(t,\sigma_j(t)\big)\boldsymbol{\mathcal{P}}\big(\sigma_j(t)\big)\\ &\quad +\varepsilon^{-1}\boldsymbol{\mathcal{P}}\big(\sigma_j(t)\big)\tilde{\boldsymbol{F}}\big(t,\sigma_j(t)\big)\tilde{\boldsymbol{F}}^{\mathrm{T}}\big(t,\sigma_j(t)\big)\boldsymbol{\mathcal{P}}\big(\sigma_j(t)\big)\\ &\quad +\alpha\boldsymbol{\mathcal{P}}\big(\sigma_j(t)\big)+\varepsilon\boldsymbol{\mathcal{K}}^{\mathrm{T}}\boldsymbol{\mathcal{M}}\boldsymbol{\mathcal{K}},\\ \boldsymbol{\psi}(t) &\triangleq \begin{bmatrix}\boldsymbol{\xi}(t)\\ \boldsymbol{\omega}(t)\end{bmatrix}\end{aligned} \tag{5.25}$$

考虑 $\boldsymbol{\psi}(t)\neq 0$ 和式 (5.7)、式 (5.8)，可得 $\mathcal{J}\big(\boldsymbol{\xi}(t),\sigma_j(t)\big)<0$。令 $\boldsymbol{\zeta}(t)=-\boldsymbol{\omega}^{\mathrm{T}}(t)\boldsymbol{\omega}(t)$，那么，

$$\dot{V}\big(\boldsymbol{\xi}(t),\sigma_j(t)\big)\leqslant -\alpha V\big(\boldsymbol{\xi}(t),\sigma_j(t)\big)-\boldsymbol{\zeta}(t) \tag{5.26}$$

运用类似于指数稳定性证明过程中的方法，则有

$$V\Big(\boldsymbol{\xi}(t),\sigma_j(t)\Big) < \mathrm{e}^{-\alpha(t-t_k)}V\Big(\boldsymbol{\xi}(t_k),\sigma_j(t_k)\Big)-\int_{t_k}^{t}\mathrm{e}^{-\alpha(t-s)}\boldsymbol{\zeta}(s)\mathrm{d}s \tag{5.27}$$

考虑 $\phi=N_{\sigma_j}(0,t)\leqslant\dfrac{t-0}{T_a}$ 和式 (5.20)、式 (5.27)，可得

$$\begin{aligned}&V\Big(\boldsymbol{\xi}(t),\sigma_j(t)\Big)\\ &\leqslant \rho\mathrm{e}^{-\alpha(t-t_k)}V\Big(\boldsymbol{\xi}(t_k^-),\sigma_j(t_k^-)\Big)-\int_{t_k}^{t}\mathrm{e}^{-\alpha(t-s)}\boldsymbol{\zeta}(s)\mathrm{d}s\end{aligned}$$

$$
\begin{aligned}
&\leqslant \rho^{\phi}\mathrm{e}^{-\alpha(t-0)}V\Big(\boldsymbol{\xi}(0),\sigma_j(0)\Big)-\rho^{\phi}\int_0^{t_1}\mathrm{e}^{-\alpha(t-s)}\boldsymbol{\zeta}(s)\mathrm{d}s\\
&\quad-\rho^{\phi-1}\int_{t_1}^{t_2}\mathrm{e}^{-\alpha(t-s)}\boldsymbol{\zeta}(s)\mathrm{d}s-\cdots-\rho^{0}\int_{t_k}^{t}\mathrm{e}^{-\alpha(t-s)}\boldsymbol{\zeta}(s)\mathrm{d}s\\
&=\mathrm{e}^{-\alpha t-N_{\sigma_j}(0,t)\ln\rho}V\Big(\boldsymbol{\xi}(0),\sigma_j(0)\Big)-\int_0^{t}\mathrm{e}^{-\alpha(t-s)+N_{\sigma_j}(s,t)\ln\rho}\boldsymbol{\zeta}(s)\mathrm{d}s
\end{aligned}\tag{5.28}
$$

如果 $\boldsymbol{\xi}(0)=0$，那么，

$$
V\Big(\boldsymbol{\xi}(t),\sigma_j(t)\Big)\leqslant\int_0^{t}\mathrm{e}^{-\alpha(t-s)+N_{\sigma_j}(s,t)\ln\rho}\boldsymbol{\omega}^{\mathrm{T}}(s)\boldsymbol{\omega}(s)\mathrm{d}s\tag{5.29}
$$

对式 (5.29) 的两侧乘以 $\mathrm{e}^{-N_{\sigma_j}(0,t)\ln\rho}$，得到

$$
\begin{aligned}
\mathrm{e}^{-N_{\sigma_j}(0,t)\ln\rho}V\Big(\boldsymbol{\xi}(t),\sigma_j(t)\Big)&\leqslant\int_0^{t}\mathrm{e}^{-\alpha(t-s)-N_{\sigma_j}(0,s)\ln\rho}\boldsymbol{\omega}^{\mathrm{T}}(s)\boldsymbol{\omega}(s)\mathrm{d}s\\
&\leqslant\int_0^{t}\boldsymbol{\omega}^{\mathrm{T}}(s)\boldsymbol{\omega}(s)\mathrm{d}s
\end{aligned}\tag{5.30}
$$

注意到 $N_{\sigma_j}(0,t)\leqslant\dfrac{t}{T_a}$ 和 $T_a>T_a^{\star}=\dfrac{\ln\rho}{\alpha}$，那么，$N_{\sigma_j}(0,t)\ln\rho\leqslant\alpha t$。因此，式 (5.30) 可以转化为

$$
\mathrm{e}^{-\alpha t}V\Big(\boldsymbol{\xi}(t),\sigma_j(t)\Big)\leqslant\int_0^{t}\boldsymbol{\omega}^{\mathrm{T}}(s)\boldsymbol{\omega}(s)\mathrm{d}s\tag{5.31}
$$

基于式 (5.14) 和式 (5.31)，则有

$$
\mathrm{e}^{-\alpha t}\boldsymbol{\xi}^{\mathrm{T}}(t)\boldsymbol{\mathcal{P}}\big(\sigma_j(t)\big)\boldsymbol{\xi}(t)\leqslant\int_0^{t}\boldsymbol{\omega}^{\mathrm{T}}(s)\boldsymbol{\omega}(s)\mathrm{d}s\leqslant\int_0^{\infty}\boldsymbol{\omega}^{\mathrm{T}}(t)\boldsymbol{\omega}(t)\mathrm{d}t\tag{5.32}
$$

由于 $t=T^{\star}\geqslant 0$ 为任意时刻，那么，

$$
\mathrm{e}^{-\alpha T^{\star}}\boldsymbol{\xi}^{\mathrm{T}}(T^{\star})\boldsymbol{\mathcal{P}}\big(\sigma_j(T^{\star})\big)\boldsymbol{\xi}(T^{\star})\leqslant\int_0^{\infty}\boldsymbol{\omega}^{\mathrm{T}}(t)\boldsymbol{\omega}(t)\mathrm{d}t\tag{5.33}
$$

考虑式 (5.9) 和式 (5.10)，

$$
\gamma^{-2}\tilde{\boldsymbol{C}}^{\mathrm{T}}\big(t,\sigma_j(t)\big)\tilde{\boldsymbol{C}}\big(t,\sigma_j(t)\big)<\boldsymbol{\mathcal{P}}\big(\sigma_j(t)\big)\tag{5.34}
$$

综合式 (5.33) 和式 (5.34)，可得

$$
\gamma^{-2}\mathrm{e}^{-\alpha\mathrm{T}^{\star}}\boldsymbol{\xi}^{\mathrm{T}}(T^{\star})\tilde{\boldsymbol{C}}^{\mathrm{T}}\big(T^{\star},\sigma_j(T^{\star})\big)\tilde{\boldsymbol{C}}\big(T^{\star},\sigma_j(T^{\star})\big)\boldsymbol{\xi}(T^{\star})
$$

$$\leqslant \mathrm{e}^{-\alpha T^{\star}}\boldsymbol{\xi}^{\mathrm{T}}(T^{\star})\boldsymbol{\mathcal{P}}\big(\sigma_j(T^{\star})\big)\boldsymbol{\xi}(T^{\star}) \leqslant \int_0^{\infty}\boldsymbol{\omega}^{\mathrm{T}}(t)\boldsymbol{\omega}(t)\mathrm{d}t$$

对于任意的 $T^{\star} \geqslant 0$，

$$\mathrm{e}^{-\alpha T^{\star}}\boldsymbol{z}^{\mathrm{T}}(T^{\star})\boldsymbol{z}(T^{\star}) \leqslant \gamma^2\int_0^{\infty}\boldsymbol{\omega}^{\mathrm{T}}(t)\boldsymbol{\omega}(t)\mathrm{d}t$$

对 $T^{\star} \geqslant 0$ 取上确界，那么，

$$\sup_{\forall t}\mathrm{e}^{-\alpha t}\boldsymbol{z}^{\mathrm{T}}(t)\boldsymbol{z}(t) < \gamma^2\int_0^{\infty}\boldsymbol{\omega}^{\mathrm{T}}(t)\boldsymbol{\omega}(t)\mathrm{d}t$$

因此，闭环系统满足给定的加权 $\mathcal{L}_2$–$\mathcal{L}_\infty$ 性能水平。

注 5.2　定理 5.1 中基于模糊规则的 Lyapunov 函数 $V(t) \triangleq \boldsymbol{\xi}^{\mathrm{T}}(t)\boldsymbol{\mathcal{P}}\big(\sigma_j(t)\big)\boldsymbol{\xi}(t)$ 建立在切换信号 $\sigma_j(t)$ 上。与普通的 Lyapunov 函数相比，它被证明保守性更低 [当 $\boldsymbol{\mathcal{P}}\big(\sigma_j(t)\big) = \boldsymbol{\mathcal{P}}$]。

注 5.3　如果 $T_a > \dfrac{\ln\rho}{\alpha}$ 中的 $\rho = 1$，则 $T_a > T_a^{\star} = 0$，也就是说，切换信号 $\sigma_j(t)$ 是任意的，意味着所有子系统都需要一个通用的 Lyapunov 函数。如果 $T_a > \dfrac{\ln\rho}{\alpha}$ 中的 $\rho > 1$ 和 $\alpha \to 0$，那么闭环系统在 $T_a \to \infty$ 时，可以在其中一个子系统上连续运行。此外，基于假设 5.1，非线性函数 $\boldsymbol{f}\big(\boldsymbol{x}(t), t\big)$ 和 $\boldsymbol{g}\big(\boldsymbol{x}(t), t\big)$ 满足利普希茨条件。因此，控制器设计方法在一些实际应用中是有效的。

5.3　动态输出反馈控制

5.3.1　降阶控制器设计

本节给出处理非线性切换系统式 (5.5) 的降阶控制器问题的解决方法。

定理 5.2　对于给定的标量 $\gamma > 0$, $\alpha > 0$，如果存在标量 $\varepsilon > 0$ 和矩阵 $\dot{\mathscr{P}}^{[j]} > 0$，$\dot{\mathscr{Q}}^{[j]} > 0$，$\dot{\mathscr{A}}_{cil}^{[j]}$，$\dot{\mathscr{B}}_{cl}^{[j]}$，$\dot{\mathscr{C}}_{cl}^{[j]}$，对于 $j \in \mathcal{N}$ 满足下列条件：

$$\tilde{\boldsymbol{\phi}}_{ii}^{[j]} < 0, \qquad i = 1, 2, \cdots, r \tag{5.35}$$

$$\frac{1}{r-1}\tilde{\boldsymbol{\phi}}_{ii}^{[j]} + \frac{1}{2}\Big(\tilde{\boldsymbol{\phi}}_{il}^{[j]} + \tilde{\boldsymbol{\phi}}_{li}^{[j]}\Big) < 0, \qquad 1 \leqslant i < l \leqslant r \tag{5.36}$$

$$\tilde{\boldsymbol{\varphi}}_{ii}^{[j]} < 0, \qquad i = 1, 2, \cdots, r \tag{5.37}$$

$$\frac{1}{r-1}\tilde{\boldsymbol{\varphi}}_{ii}^{[j]} + \frac{1}{2}\Big(\tilde{\boldsymbol{\varphi}}_{il}^{[j]} + \tilde{\boldsymbol{\varphi}}_{li}^{[j]}\Big) < 0, \qquad 1 \leqslant i < l \leqslant r \tag{5.38}$$

其中

$$\tilde{\boldsymbol{\phi}}_{il}^{[j]} \triangleq \begin{bmatrix} \tilde{\boldsymbol{\phi}}_{11il}^{[j]} & \tilde{\boldsymbol{\phi}}_{12il}^{[j]} & \tilde{\boldsymbol{\phi}}_{13il}^{[j]} \\ \star & -I & 0 \\ \star & \star & -\varepsilon I \end{bmatrix}, \quad \tilde{\boldsymbol{\varphi}}_{il}^{[j]} \triangleq \begin{bmatrix} -\dot{\mathscr{P}}^{[j]} & -I & \left(\boldsymbol{L}_i^{[j]}\right)^{\mathrm{T}} \\ \star & -\dot{\mathscr{Q}}^{[j]} & \tilde{\boldsymbol{\varphi}}_{23il}^{[j]} \\ \star & \star & -\gamma^2 I \end{bmatrix}$$

$$\tilde{\boldsymbol{\phi}}_{11il}^{[j]} \triangleq \begin{bmatrix} \tilde{\boldsymbol{\phi}}_{111il}^{[j]} & \tilde{\boldsymbol{\phi}}_{112il}^{[j]} \\ \star & \tilde{\boldsymbol{\phi}}_{113il}^{[j]} \end{bmatrix}, \quad \tilde{\boldsymbol{\phi}}_{12il}^{[j]} \triangleq \begin{bmatrix} \dot{\mathscr{P}}^{[j]}\boldsymbol{B}_{2i}^{[j]} + \boldsymbol{\mathcal{H}}\dot{\mathscr{B}}_{cl}^{[j]}\boldsymbol{D}_{2i}^{[j]} \\ \boldsymbol{B}_{2i}^{[j]} \end{bmatrix}$$

$$\tilde{\boldsymbol{\phi}}_{13il}^{[j]} \triangleq \begin{bmatrix} \dot{\mathscr{P}}^{[j]}\boldsymbol{F}_i^{[j]} & \boldsymbol{\mathcal{H}}\dot{\mathscr{B}}_{cl}^{[j]}\boldsymbol{G}_i^{[j]} \\ \boldsymbol{F}_i^{[j]} & 0 \end{bmatrix}$$

$$\tilde{\boldsymbol{\phi}}_{111il}^{[j]} \triangleq \dot{\mathscr{P}}^{[j]}\boldsymbol{A}_i^{[j]} + \left(\dot{\mathscr{P}}^{[j]}\boldsymbol{A}_i^{[j]} + \boldsymbol{\mathcal{H}}\dot{\mathscr{B}}_{cl}^{[j]}\boldsymbol{C}_i^{[j]}\right)^{\mathrm{T}} + \boldsymbol{\mathcal{H}}\dot{\mathscr{B}}_{cl}^{[j]}\boldsymbol{C}_i^{[j]} + \alpha\dot{\mathscr{P}}^{[j]} + \varepsilon\mathcal{M}$$

$$\tilde{\boldsymbol{\varphi}}_{23il}^{[j]} \triangleq \left(\boldsymbol{L}_i^{[j]}\dot{\mathscr{Q}}^{[j]} + \boldsymbol{K}_i^{[j]}\dot{\mathscr{C}}_{cl}^{[j]}\boldsymbol{\mathcal{H}}^{\mathrm{T}}\right)^{\mathrm{T}}, \quad \tilde{\boldsymbol{\phi}}_{112il}^{[j]} \triangleq \dot{\mathscr{A}}_{cil}^{[j]} + \left(\boldsymbol{A}_i^{[j]}\right)^{\mathrm{T}} + \alpha\boldsymbol{I}$$

$$\tilde{\boldsymbol{\phi}}_{113il}^{[j]} \triangleq \boldsymbol{A}_i^{[j]}\dot{\mathscr{Q}}^{[j]} + \left(\boldsymbol{A}_i^{[j]}\dot{\mathscr{Q}}^{[j]} + \boldsymbol{B}_{1i}^{[j]}\dot{\mathscr{C}}_{cl}^{[j]}\boldsymbol{\mathcal{H}}^{\mathrm{T}}\right)^{\mathrm{T}} + \boldsymbol{B}_{1i}^{[j]}\dot{\mathscr{C}}_{cl}^{[j]}\boldsymbol{\mathcal{H}}^{\mathrm{T}} + \alpha\dot{\mathscr{Q}}^{[j]}$$

那么，输出反馈控制器式 (5.4) 可以保证闭环系统式 (5.5) 满足特定加权 $\mathcal{L}_2$–$\mathcal{L}_\infty$ 性能下的指数稳定性能水平。此外，控制器参数可由下式给出：

$$\begin{cases} \dot{\mathscr{A}}_{cil}^{[j]} \triangleq \dot{\mathscr{P}}^{[j]}\boldsymbol{B}_{1i}^{[j]}\boldsymbol{C}_{cl}^{[j]}\left(\boldsymbol{\mathcal{H}}\boldsymbol{\mathcal{Q}}_2^{[j]}\right)^{\mathrm{T}} + \boldsymbol{\mathcal{H}}\boldsymbol{\mathcal{P}}_2^{[j]}\boldsymbol{A}_{cl}^{[j]}\left(\boldsymbol{\mathcal{H}}\boldsymbol{\mathcal{Q}}_2^{[j]}\right)^{\mathrm{T}} + \dot{\mathscr{P}}^{[j]}\boldsymbol{A}_i^{[j]}\dot{\mathscr{Q}}^{[j]} \\ \qquad +\boldsymbol{\mathcal{H}}\boldsymbol{\mathcal{P}}_2^{[j]}\boldsymbol{B}_{cl}^{[j]}\boldsymbol{C}_i^{[j]}\dot{\mathscr{Q}}^{[j]} + \boldsymbol{\mathcal{H}}\boldsymbol{\mathcal{P}}_2^{[j]}\boldsymbol{B}_{cl}^{[j]}\boldsymbol{D}_{1i}^{[j]}\boldsymbol{C}_{cl}^{[j]}\left(\boldsymbol{\mathcal{H}}\boldsymbol{\mathcal{Q}}_2^{[j]}\right)^{\mathrm{T}} \\ \dot{\mathscr{B}}_{cl}^{[j]} \triangleq \dot{\mathcal{P}}_2^{[j]}\boldsymbol{B}_{cl}^{[j]}, \quad \dot{\mathscr{C}}_{cl}^{[j]} \triangleq \boldsymbol{C}_{cl}^{[j]}\left(\boldsymbol{\mathcal{Q}}_2^{[j]}\right)^{\mathrm{T}} \end{cases} \tag{5.39}$$

证明 首先，将 $\boldsymbol{\mathcal{P}}^{[j]}$ 设为

$$\boldsymbol{\mathcal{P}}^{[j]} \triangleq \begin{bmatrix} \boldsymbol{\mathcal{P}}_1^{[j]} & \boldsymbol{\mathcal{H}}\boldsymbol{\mathcal{P}}_2^{[j]} \\ \star & \boldsymbol{\mathcal{P}}_3^{[j]} \end{bmatrix}$$

那么

$$\boldsymbol{\mathcal{Q}}^{[j]} \triangleq \left(\boldsymbol{\mathcal{P}}^{[j]}\right)^{-1} \triangleq \begin{bmatrix} \boldsymbol{\mathcal{Q}}_1^{[j]} & \boldsymbol{\mathcal{H}}\boldsymbol{\mathcal{Q}}_2^{[j]} \\ \star & \boldsymbol{\mathcal{Q}}_3^{[j]} \end{bmatrix}$$

其中，$\boldsymbol{\mathcal{H}} = \begin{bmatrix} I_{r\times r} & 0_{r\times(n-r)} \end{bmatrix}^{\mathrm{T}}$，$\boldsymbol{\mathcal{P}}_1 \in \mathbf{R}^{n\times n}$，$\boldsymbol{\mathcal{P}}_2 \in \mathbf{R}^{r\times r}$，$\boldsymbol{\mathcal{P}}_3 \in \mathbf{R}^{r\times r}$。不失一般性地，假设 $\boldsymbol{\mathcal{P}}_2^{[j]}$ 和 $\boldsymbol{\mathcal{Q}}_2^{[j]}$ 是非奇异的 (如果不是，那么 $\boldsymbol{\mathcal{P}}_2^{[j]}$ 和 $\boldsymbol{\mathcal{Q}}_2^{[j]}$ 可以和矩阵

$\Delta\boldsymbol{\mathcal{P}}_2^{[j]}$ 及 $\Delta\boldsymbol{\mathcal{Q}}_2^{[j]}$ 相加，具有足够小的范数，那么，$\boldsymbol{\mathcal{P}}_2^{[j]}+\Delta\boldsymbol{\mathcal{P}}_2^{[j]}$ 和 $\boldsymbol{\mathcal{Q}}_2^{[j]}+\Delta\boldsymbol{\mathcal{Q}}_2^{[j]}$ 仍然是非奇异的并且满足式 (5.7)～ 式 (5.10))。

然后，定义如下矩阵：

$$\boldsymbol{\mathcal{J}}_{\mathcal{P}}^{[j]} \triangleq \begin{bmatrix} \boldsymbol{\mathcal{P}}_1^{[j]} & \boldsymbol{I} \\ \left(\boldsymbol{\mathcal{H}}\boldsymbol{\mathcal{P}}_2^{[j]}\right)^{\mathrm{T}} & 0 \end{bmatrix},\ \boldsymbol{\mathcal{J}}_{\mathcal{Q}}^{[j]} \triangleq \begin{bmatrix} \boldsymbol{I} & \boldsymbol{\mathcal{Q}}_1^{[j]} \\ 0 & \left(\boldsymbol{\mathcal{H}}\boldsymbol{\mathcal{Q}}_2^{[j]}\right)^{\mathrm{T}} \end{bmatrix} \tag{5.40}$$

注意到

$$\boldsymbol{\mathcal{P}}^{[j]}\boldsymbol{\mathcal{J}}_{\mathcal{Q}}^{[j]}=\boldsymbol{\mathcal{J}}_{\mathcal{P}}^{[j]},\ \ \boldsymbol{\mathcal{Q}}^{[j]}\boldsymbol{\mathcal{J}}_{\mathcal{P}}^{[j]}=\boldsymbol{\mathcal{J}}_{\mathcal{Q}}^{[j]},\ \ \boldsymbol{\mathcal{P}}_1^{[j]}\boldsymbol{\mathcal{Q}}_1^{[j]}+\boldsymbol{\mathcal{H}}\boldsymbol{\mathcal{P}}_2^{[j]}\left(\boldsymbol{\mathcal{H}}\boldsymbol{\mathcal{Q}}_2^{[j]}\right)^{\mathrm{T}}=\boldsymbol{I}$$

运用 $\mathrm{diag}\{\boldsymbol{\mathcal{J}}_{\mathcal{Q}}^{[j]},I,I\}$ 对 $\boldsymbol{\phi}_{il}^{[j]}<0$ 进行同余变换，可以得到

$$\begin{bmatrix} \left(\boldsymbol{\mathcal{J}}_{\mathcal{Q}}^{[j]}\right)^{\mathrm{T}}\boldsymbol{\phi}_{11il}^{[j]} & \boldsymbol{\mathcal{J}}_{\mathcal{Q}}^{[j]}\left(\boldsymbol{\mathcal{J}}_{\mathcal{Q}}^{[j]}\right)^{\mathrm{T}}\boldsymbol{\mathcal{P}}^{[j]}\tilde{\boldsymbol{B}}_{il}^{[j]} & \left(\boldsymbol{\mathcal{J}}_{\mathcal{Q}}^{[j]}\right)^{\mathrm{T}}\boldsymbol{\mathcal{P}}^{[j]}\tilde{\boldsymbol{F}}_{il}^{[j]} \\ \star & -\boldsymbol{I} & 0 \\ \star & \star & -\varepsilon\boldsymbol{I} \end{bmatrix}<0 \tag{5.41}$$

运用 $\mathrm{diag}\{\boldsymbol{\mathcal{J}}_{\mathcal{Q}}^{[j]},I\}$ 对 $\boldsymbol{\varphi}_{il}^{[j]}<0$ 进行同余变换，可以得到

$$\begin{bmatrix} -\left(\boldsymbol{\mathcal{J}}_{\mathcal{Q}}^{[j]}\right)^{\mathrm{T}}\boldsymbol{\mathcal{P}}^{[j]}\boldsymbol{\mathcal{J}}_{\mathcal{Q}}^{[j]} & \left(\boldsymbol{\mathcal{J}}_{\mathcal{Q}}^{[j]}\right)^{\mathrm{T}}\left(\tilde{\boldsymbol{C}}_{il}^{[j]}\right)^{\mathrm{T}} \\ \star & -\gamma^2\boldsymbol{I} \end{bmatrix}<0 \tag{5.42}$$

令 $\dot{\mathscr{P}}^{[j]}=\boldsymbol{\mathcal{P}}_1^{[j]}$，$\dot{\mathscr{Q}}^{[j]}=\boldsymbol{\mathcal{Q}}_1^{[j]}$，基于式 (5.39) 可得

$$\begin{aligned}
\left(\boldsymbol{\mathcal{J}}_{\mathcal{Q}}^{[j]}\right)^{\mathrm{T}}\boldsymbol{\mathcal{P}}^{[j]}\boldsymbol{\mathcal{J}}_{\mathcal{Q}}^{[j]} &\triangleq \begin{bmatrix} \dot{\mathscr{P}}^{[j]} & \boldsymbol{I} \\ \boldsymbol{I} & \dot{\mathscr{Q}}^{[j]} \end{bmatrix} \\
\left(\boldsymbol{\mathcal{J}}_{\mathcal{Q}}^{[j]}\right)^{\mathrm{T}}\boldsymbol{\mathcal{P}}^{[j]}\tilde{\boldsymbol{A}}_{il}^{[j]}\boldsymbol{\mathcal{J}}_{\mathcal{Q}}^{[j]} &\triangleq \begin{bmatrix} \dot{\mathscr{P}}^{[j]}\boldsymbol{A}_i^{[j]}+\boldsymbol{\mathcal{H}}\dot{\mathscr{B}}_{cl}^{[j]}\boldsymbol{C}_i^{[j]} & \dot{\mathscr{A}}_{cil}^{[j]} \\ \boldsymbol{A}_i^{[j]} & \boldsymbol{A}_i^{[j]}\dot{\mathscr{Q}}^{[j]}+\boldsymbol{B}_{1i}^{[j]}\dot{\mathscr{C}}_{cl}^{[j]}\boldsymbol{\mathcal{H}}^{\mathrm{T}} \end{bmatrix} \\
\left(\boldsymbol{\mathcal{J}}_{\mathcal{Q}}^{[j]}\right)^{\mathrm{T}}\boldsymbol{\mathcal{P}}^{[j]}\tilde{\boldsymbol{B}}_{il}^{[j]} &\triangleq \begin{bmatrix} \dot{\mathscr{P}}^{[j]}\boldsymbol{B}_{2i}^{[j]}+\boldsymbol{\mathcal{H}}\dot{\mathscr{B}}_{cl}^{[j]}\boldsymbol{D}_{2i}^{[j]} \\ \boldsymbol{B}_{2i}^{[j]} \end{bmatrix} \\
\left(\boldsymbol{\mathcal{J}}_{\mathcal{Q}}^{[j]}\right)^{\mathrm{T}}\boldsymbol{\mathcal{P}}^{[j]}\tilde{\boldsymbol{F}}_{il}^{[j]} &\triangleq \begin{bmatrix} \dot{\mathscr{P}}^{[j]}\boldsymbol{F}_i^{[j]} & \boldsymbol{\mathcal{H}}\dot{\mathscr{B}}_{cl}^{[j]}\boldsymbol{G}_i^{[j]} \\ \boldsymbol{F}_i^{[j]} & 0 \end{bmatrix} \\
\left(\boldsymbol{\mathcal{J}}_{\mathcal{Q}}^{[j]}\right)^{\mathrm{T}}\left(\tilde{\boldsymbol{C}}_{il}^{[j]}\right)^{\mathrm{T}} &\triangleq \begin{bmatrix} \left(\boldsymbol{L}_i^{[j]}\right)^{\mathrm{T}} \\ \left(\boldsymbol{L}_i^{[j]}\dot{\mathscr{Q}}^{[j]}+\boldsymbol{K}_i^{[j]}\dot{\mathscr{C}}_{cl}^{[j]}\boldsymbol{\mathcal{H}}^{\mathrm{T}}\right)^{\mathrm{T}} \end{bmatrix}
\end{aligned} \tag{5.43}$$

基于式 (5.40)∼ 式 (5.43)，可以得到式 (5.35)∼ 式 (5.38) 成立。因此，考虑定理 5.1，整个系统满足加权 $\mathcal{L}_2$–$\mathcal{L}_\infty$ 性能水平 (γ,α)。此外，降阶控制器的增益可以通过求解条件式 (5.39) 获得。

注 5.4 动态输出反馈控制器设计方法可以通过不依赖或依赖模糊规则来实现。前提变量 $\theta(k)$ 在模糊规则相关方法中完全可用，但在 $\theta(k)$ 不可获得的情况下使用不依赖模糊规则的方法。也就是说，令 $[\boldsymbol{A}_{ci}^{[j]},\boldsymbol{B}_{ci}^{[j]},\boldsymbol{C}_{ci}^{[j]}]\triangleq[\boldsymbol{A}_{ci},\boldsymbol{B}_{ci},\boldsymbol{C}_{ci}]$ 或选择式 (5.4) 中的 $[\boldsymbol{A}_{ci},\boldsymbol{B}_{ci},\boldsymbol{C}_{ci}]=[\boldsymbol{A},\boldsymbol{B},\boldsymbol{C}]$，这导致不同的非参数化控制器具有不同的计算复杂度和保守性。本章中，使用依赖模糊规则的方法来设计控制器，这种方法保守性更低。

注 5.5 使用投影引理获得的结果通常用线性矩阵不等式加上一个额外的秩约束来表示。然而，由于秩约束是非凸的，所得到的条件不容易用数值软件求解。本章中，提出了一种线性化技术来解决输出反馈控制器的设计问题，该技术可以通过仿真工具箱来实现。此外，由于矩阵 $\boldsymbol{\mathcal{P}}_2^{[j]}$ 和 $\boldsymbol{\mathcal{Q}}_2^{[j]}$ 可以提前获得，控制器式 (5.39) 中的矩阵可以由 $\boldsymbol{\mathcal{H}}\boldsymbol{\mathcal{P}}_2^{[j]}\left(\boldsymbol{\mathcal{H}}\boldsymbol{\mathcal{Q}}_2^{[j]}\right)^{\mathrm{T}}=I-\boldsymbol{\mathcal{P}}_1^{[j]}\boldsymbol{\mathcal{Q}}_1^{[j]}$ 得到。

5.3.2 全阶控制器设计

基于定理 5.2，可以进一步得到全阶 $\mathcal{L}_2$–$\mathcal{L}_\infty$ 动态输出反馈控制器。

定理 5.3 给定标量 $\gamma>0$, $\alpha>0$, 如果存在适当的标量 $\varepsilon>0$ 和矩阵 $\dot{\mathscr{P}}^{[j]}>0$, $\dot{\mathscr{Q}}^{[j]}>0$, $\dot{\mathscr{A}}_{cil}^{[j]}$, $\dot{\mathscr{B}}_{cl}^{[j]}$, $\dot{\mathscr{C}}_{cl}^{[j]}$, 对于 $j\in\mathcal{N}$ 满足下列条件：

$$\hat{\boldsymbol{\phi}}_{ii}^{[j]}<0,\qquad i=1,2,\cdots,r \tag{5.44}$$

$$\frac{1}{r-1}\hat{\boldsymbol{\phi}}_{ii}^{[j]}+\frac{1}{2}\left(\hat{\boldsymbol{\phi}}_{il}^{[j]}+\hat{\boldsymbol{\phi}}_{li}^{[j]}\right)<0,\qquad 1\leqslant i<l\leqslant r \tag{5.45}$$

$$\hat{\boldsymbol{\varphi}}_{ii}^{[j]}<0,\qquad i=1,2,\cdots,r \tag{5.46}$$

$$\frac{1}{r-1}\hat{\boldsymbol{\varphi}}_{ii}^{[j]}+\frac{1}{2}\left(\hat{\boldsymbol{\varphi}}_{il}^{[j]}+\hat{\boldsymbol{\varphi}}_{li}^{[j]}\right)<0,\qquad 1\leqslant i<l\leqslant r \tag{5.47}$$

其中

$$\hat{\boldsymbol{\phi}}_{il}^{[j]}\triangleq\begin{bmatrix}\hat{\boldsymbol{\phi}}_{11il}^{[j]} & \hat{\boldsymbol{\phi}}_{12il}^{[j]} & \hat{\boldsymbol{\phi}}_{13il}^{[j]}\\ \star & -\boldsymbol{I} & 0\\ \star & \star & -\varepsilon\boldsymbol{I}\end{bmatrix},\quad \hat{\boldsymbol{\varphi}}_{il}^{[j]}\triangleq\begin{bmatrix}-\dot{\mathscr{P}}^{[j]} & -\boldsymbol{I} & \left(\boldsymbol{L}_i^{[j]}\right)^{\mathrm{T}}\\ \star & -\dot{\mathscr{Q}}^{[j]} & \hat{\boldsymbol{\varphi}}_{23il}^{[j]}\\ \star & \star & -\gamma^2\boldsymbol{I}\end{bmatrix}$$

$$\hat{\boldsymbol{\phi}}_{11il}^{[j]}\triangleq\begin{bmatrix}\hat{\boldsymbol{\phi}}_{111il}^{[j]} & \tilde{\boldsymbol{\phi}}_{112il}^{[j]}\\ \star & \hat{\boldsymbol{\phi}}_{113il}^{[j]}\end{bmatrix},\quad \hat{\boldsymbol{\phi}}_{12il}^{[j]}\triangleq\begin{bmatrix}\dot{\mathscr{P}}^{[j]}\boldsymbol{B}_{2i}^{[j]}+\dot{\mathscr{B}}_{cl}^{[j]}\boldsymbol{D}_{2i}^{[j]}\\ \boldsymbol{B}_{2i}^{[j]}\end{bmatrix}$$

$$\hat{\boldsymbol{\phi}}_{13il}^{[j]} \triangleq \begin{bmatrix} \dot{\mathscr{P}}^{[j]}\boldsymbol{F}_i^{[j]} & \dot{\mathscr{B}}_{cl}^{[j]}\boldsymbol{G}_i^{[j]} \\ \boldsymbol{F}_i^{[j]} & 0 \end{bmatrix},\ \hat{\boldsymbol{\varphi}}_{23il}^{[j]} \triangleq \left(\boldsymbol{L}_i^{[j]}\dot{\mathscr{Q}}^{[j]} + \boldsymbol{K}_i^{[j]}\dot{\mathscr{C}}_{cl}^{[j]}\right)^{\mathrm{T}}$$

$$\hat{\boldsymbol{\phi}}_{111il}^{[j]} \triangleq \dot{\mathscr{P}}^{[j]}\boldsymbol{A}_i^{[j]} + \dot{\mathscr{B}}_{cl}^{[j]}\boldsymbol{C}_i^{[j]} + \left(\dot{\mathscr{P}}^{[j]}\boldsymbol{A}_i^{[j]} + \dot{\mathscr{B}}_{cl}^{[j]}\boldsymbol{C}_i^{[j]}\right)^{\mathrm{T}} + \alpha\dot{\mathscr{P}}^{[j]} + \varepsilon\mathcal{M}$$

$$\hat{\boldsymbol{\phi}}_{113il}^{[j]} \triangleq \boldsymbol{A}_i^{[j]}\dot{\mathscr{Q}}^{[j]} + \boldsymbol{B}_{1i}^{[j]}\dot{\mathscr{C}}_{cl}^{[j]} + \left(\boldsymbol{A}_i^{[j]}\dot{\mathscr{Q}}^{[j]} + \boldsymbol{B}_{1i}^{[j]}\dot{\mathscr{C}}_{cl}^{[j]}\right)^{\mathrm{T}} + \alpha\dot{\mathscr{Q}}^{[j]}$$

$\tilde{\boldsymbol{\phi}}_{112il}^{[j]}$ 在定理 5.2中给定。此外，全阶控制器矩阵表示为

$$\begin{aligned}\dot{\mathscr{A}}_{cil}^{[j]} \triangleq\ & \dot{\mathscr{P}}^{[j]}\boldsymbol{B}_{1i}^{[j]}\boldsymbol{C}_{cl}^{[j]}\left(\boldsymbol{\mathcal{Q}}_2^{[j]}\right)^{\mathrm{T}} + \boldsymbol{\mathcal{P}}_2^{[j]}\boldsymbol{A}_{cl}^{[j]}\left(\boldsymbol{\mathcal{Q}}_2^{[j]}\right)^{\mathrm{T}} + \dot{\mathscr{P}}^{[j]}\boldsymbol{A}_i^{[j]}\dot{\mathscr{Q}}^{[j]} \\ & + \boldsymbol{\mathcal{P}}_2^{[j]}\boldsymbol{B}_{cl}^{[j]}\boldsymbol{C}_i^{[j]}\dot{\mathscr{Q}}^{[j]} + \boldsymbol{\mathcal{P}}_2^{[j]}\boldsymbol{B}_{cl}^{[j]}\boldsymbol{D}_{1i}^{[j]}\boldsymbol{C}_{cl}^{[j]}\left(\boldsymbol{\mathcal{Q}}_2^{[j]}\right)^{\mathrm{T}} \\ \dot{\mathscr{B}}_{cl}^{[j]} \triangleq\ & \boldsymbol{\mathcal{P}}_2^{[j]}\boldsymbol{B}_{cl}^{[j]},\ \dot{\mathscr{C}}_{cl}^{[j]} \triangleq \boldsymbol{C}_{cl}^{[j]}\left(\boldsymbol{\mathcal{Q}}_2^{[j]}\right)^{\mathrm{T}}\end{aligned}$$

证明　设置矩阵 $\boldsymbol{\mathcal{P}}^{[j]} \triangleq \begin{bmatrix} \boldsymbol{\mathcal{P}}_1^{[j]} & \boldsymbol{\mathcal{P}}_2^{[j]} \\ \star & \boldsymbol{\mathcal{P}}_3^{[j]} \end{bmatrix}$，那么，

$$\boldsymbol{\mathcal{Q}}^{[j]} = \left(\boldsymbol{\mathcal{P}}^{[j]}\right)^{-1} \triangleq \begin{bmatrix} \boldsymbol{\mathcal{Q}}_1^{[j]} & \boldsymbol{\mathcal{Q}}_2^{[j]} \\ \star & \boldsymbol{\mathcal{Q}}_3^{[j]} \end{bmatrix}$$

定义矩阵

$$\boldsymbol{\mathcal{J}}_{\mathcal{P}}^{[j]} \triangleq \begin{bmatrix} \boldsymbol{\mathcal{P}}_1^{[j]} & I \\ \left(\boldsymbol{\mathcal{P}}_2^{[j]}\right)^{\mathrm{T}} & 0 \end{bmatrix},\ \boldsymbol{\mathcal{J}}_{\mathcal{Q}}^{[j]} \triangleq \begin{bmatrix} \boldsymbol{I} & \boldsymbol{\mathcal{Q}}_1^{[j]} \\ 0 & \left(\boldsymbol{\mathcal{Q}}_2^{[j]}\right)^{\mathrm{T}} \end{bmatrix} \tag{5.48}$$

注意到

$$\boldsymbol{\mathcal{P}}^{[j]}\boldsymbol{\mathcal{J}}_{\mathcal{Q}}^{[j]} = \boldsymbol{\mathcal{J}}_{\mathcal{P}}^{[j]},\ \boldsymbol{\mathcal{Q}}^{[j]}\boldsymbol{\mathcal{J}}_{\mathcal{P}}^{[j]} = \boldsymbol{\mathcal{J}}_{\mathcal{Q}}^{[j]},\ \boldsymbol{\mathcal{P}}_1^{[j]}\boldsymbol{\mathcal{Q}}_1^{[j]} + \boldsymbol{\mathcal{P}}_2^{[j]}\left(\boldsymbol{\mathcal{Q}}_2^{[j]}\right)^{\mathrm{T}} = \boldsymbol{I}$$

分别运用 $\mathrm{diag}\{\boldsymbol{\mathcal{J}}_{\mathcal{Q}}^{[j]}, \boldsymbol{I}, \boldsymbol{I}\}$ 和 $\mathrm{diag}\{\boldsymbol{\mathcal{J}}_{\mathcal{Q}}^{[j]}, \boldsymbol{I}\}$ 对式 (5.7) 和式 (5.9) 进行全等变换，可以得到式 (5.44)～式 (5.47)。因此，根据定理 5.1，得到的闭环系统满足加权 $\mathcal{L}_2$–$\mathcal{L}_\infty$ 性能水平 (γ, α)。

注 5.6　动态输出反馈控制器设计问题的可行条件在定理 5.2（或定理 5.3）中给出，可以使用标准优化工具箱在严格条件下对线性矩阵不等式进行有效计算。计算复杂度主要取决于模糊规则的数量 r，所提出的算法要求 $2n^2 + mn + n$ 个自

由变量。如果 r 为 3 或更小，则相应的复杂度更小，结果更简单。因此，如果 r 较大，则在仿真过程中发生的迭代次数更多，这会增加算法的复杂性。因此，在不影响系统性能的情况下，选择合适的模糊规则并适当减少模糊规则的数量非常重要。式 (5.4) 中设计的降阶/全阶动态输出反馈控制器可以通过以下凸优化问题得到：

$$\min \delta \text{ 满足式 (5.35)}\sim\text{ 式 (5.38) 或式 (5.44)}\sim\text{ 式 (5.47)}, \qquad \text{当 } \delta = \gamma^2$$

5.4 仿 真 验 证

本章提供了示例来说明提出的设计方案的有效性。

例子 5.1 考虑具有两个子系统的切换系统式 (5.1a)~ 式 (5.1c)，参数如下。

子系统 1：

$$\boldsymbol{A}_1^{[1]} = \begin{bmatrix} -1.8 & -0.3 & -0.5 \\ 0.2 & -1.8 & 0.3 \\ 0.3 & 0.6 & -1.5 \end{bmatrix}, \boldsymbol{B}_{11}^{[1]} = \begin{bmatrix} 1.2 \\ 0.7 \\ 0.7 \end{bmatrix}, \boldsymbol{B}_{21}^{[1]} = \begin{bmatrix} 0.3 \\ 0.3 \\ 0.4 \end{bmatrix}$$

$$\boldsymbol{G}_1^{[1]} = 0.4,\ \boldsymbol{K}_1^{[1]} = 1.2,\ \boldsymbol{D}_{11}^{[1]} = 0.4,\ \boldsymbol{D}_{21}^{[1]} = -0.3$$

$$\boldsymbol{F}_1^{[1]} = \begin{bmatrix} 0.2 & 0.1 & 0.1 \\ 0.1 & 0.1 & 0.0 \\ 0.0 & 0.2 & 0.2 \end{bmatrix}, \quad \begin{aligned} \boldsymbol{C}_1^{[1]} &= \begin{bmatrix} 1.2 & 0.6 & 1.5 \end{bmatrix} \\ \boldsymbol{L}_1^{[1]} &= \begin{bmatrix} 1.2 & -0.8 & -1.2 \end{bmatrix} \end{aligned}$$

$$\boldsymbol{A}_2^{[1]} = \begin{bmatrix} -2.1 & 0.2 & 0.4 \\ 0.3 & 0.6 & 0.2 \\ -0.2 & 0.2 & -2.2 \end{bmatrix}, \boldsymbol{B}_{12}^{[1]} = \begin{bmatrix} 0.8 \\ 0.7 \\ 0.5 \end{bmatrix}, \boldsymbol{B}_{22}^{[1]} = \begin{bmatrix} -0.3 \\ 0.6 \\ -0.5 \end{bmatrix}$$

$$\boldsymbol{G}_2^{[1]} = 0.3,\ \boldsymbol{K}_2^{[1]} = 0.3,\ \boldsymbol{D}_{12}^{[1]} = 0.5,\ \boldsymbol{D}_{22}^{[1]} = 0.4$$

$$\boldsymbol{F}_2^{[1]} = \begin{bmatrix} 0.2 & 0.1 & 0.1 \\ 0.1 & 0.2 & 0.1 \\ 0.1 & 0.0 & 0.1 \end{bmatrix}, \quad \begin{aligned} \boldsymbol{C}_2^{[1]} &= \begin{bmatrix} 1.3 & 0.6 & 1.1 \end{bmatrix} \\ \boldsymbol{L}_2^{[1]} &= \begin{bmatrix} 0.7 & 0.8 & 1.2 \end{bmatrix} \end{aligned}$$

子系统 2：

$$\boldsymbol{A}_1^{[2]} = \begin{bmatrix} -1.8 & -0.3 & -0.5 \\ 0.2 & -1.8 & 0.3 \\ 0.3 & 0.6 & -1.5 \end{bmatrix}, \boldsymbol{B}_{11}^{[2]} = \begin{bmatrix} 1.0 \\ 0.7 \\ 0.7 \end{bmatrix}, \boldsymbol{B}_{21}^{[2]} = \begin{bmatrix} 0.3 \\ 0.3 \\ -0.4 \end{bmatrix}$$

$$\boldsymbol{G}_1^{[2]}=0.4,\ \boldsymbol{K}_1^{[2]}=1.2,\ \boldsymbol{D}_{11}^{[2]}=0.3,\ \boldsymbol{D}_{21}^{[2]}=-0.3$$

$$\boldsymbol{F}_1^{[2]}=\begin{bmatrix}0.2 & 0.0 & 0.1\\ 0.1 & 0.3 & 0.2\\ 0.1 & 0.1 & 0.2\end{bmatrix},\quad \begin{aligned}\boldsymbol{C}_1^{[2]} &= \begin{bmatrix}1.1 & 0.6 & 1.5\end{bmatrix}\\ \boldsymbol{L}_1^{[2]} &= \begin{bmatrix}1.2 & -0.8 & -1.2\end{bmatrix}\end{aligned}$$

$$\boldsymbol{A}_2^{[2]}=\begin{bmatrix}-2.1 & 0.2 & 0.4\\ 0.3 & 0.6 & 0.2\\ -0.2 & 0.2 & -2.2\end{bmatrix},\ \boldsymbol{B}_{12}^{[2]}=\begin{bmatrix}0.8\\ 0.7\\ 0.5\end{bmatrix},\ \boldsymbol{B}_{22}^{[2]}=\begin{bmatrix}-0.3\\ 0.6\\ -0.5\end{bmatrix}$$

$$\boldsymbol{G}_2^{[2]}=0.3,\ \boldsymbol{K}_2^{[2]}=0.3,\ \boldsymbol{D}_{12}^{[2]}=0.3,\ \boldsymbol{D}_{22}^{[2]}=0.4$$

$$\boldsymbol{F}_2^{[2]}=\begin{bmatrix}0.2 & 0.1 & 0.2\\ 0.1 & 0.2 & 0.1\\ 0.1 & 0.2 & 0.1\end{bmatrix},\quad \begin{aligned}\boldsymbol{C}_2^{[2]} &= \begin{bmatrix}1.3 & 0.6 & 1.1\end{bmatrix}\\ \boldsymbol{L}_2^{[2]} &= \begin{bmatrix}0.7 & 0.8 & 1.2\end{bmatrix}\end{aligned}$$

系统式 (5.1a) 中的非线性 $f\big(\boldsymbol{x}(t),t\big)$ 和式 (5.1b) 中的 $g\big(\boldsymbol{x}(t),t\big)$ 设置为

$$f\big(\boldsymbol{x}(t),t\big)=\begin{bmatrix}0.2x_1(t)+0.1x_2(t)\\ 0.2x_1(t)+0.3x_2(t)+0.2x_3(t)\\ 0.1x_1(t)+0.1x_3(t)\end{bmatrix}\sin(t)$$

$$g\big(\boldsymbol{x}(t),t\big)=\begin{bmatrix}0.1x_1(t)+0.2x_2(t)+0.2x_3(t)\end{bmatrix}\sin(t)$$

其满足假设 5.1 及

$$\boldsymbol{M}\triangleq\begin{bmatrix}0.2 & 0.1 & 0.0\\ 0.2 & 0.3 & 0.2\\ 0.1 & 0.0 & 0.1\end{bmatrix},\quad \boldsymbol{N}\triangleq\begin{bmatrix}0.1 & 0.2 & 0.2\end{bmatrix}$$

情况 1. 首先，考虑 $r=3$ 的全阶动态输出反馈控制器设计问题。鉴于定理 5.3中的充分条件式 (5.44)~ 式 (5.47)，可以求得最小可行解 γ 为 $\gamma_{\min}=0.8904$。因此，降阶动态输出反馈控制器的增益为

$$\boldsymbol{A}_{c1}^{[1]}=\begin{bmatrix}-57.7172 & -2.2637 & -1.3706\\ 7.2168 & -4.4209 & 1.7200\\ 7.5700 & -3.0131 & -4.2822\end{bmatrix}$$

$$\boldsymbol{B}_{c1}^{[1]}=\begin{bmatrix}-5.4582\\ -6.4293\\ -2.0298\end{bmatrix},\quad \boldsymbol{C}_{c1}^{[1]}=\begin{bmatrix}-1.3376\\ -0.1185\\ -0.1315\end{bmatrix}^{\mathrm{T}}$$

$$
\boldsymbol{A}_{c2}^{[1]}=\begin{bmatrix} 0.3481 & 8.4100 & 10.5366 \\ 3.0083 & -7.8703 & 0.6900 \\ 9.2645 & -0.8920 & -2.9582 \end{bmatrix}
$$

$$
\boldsymbol{B}_{c2}^{[1]}=\begin{bmatrix} -5.8390 \\ -1.2570 \\ -7.6154 \end{bmatrix},\quad \boldsymbol{C}_{c2}^{[1]}=\begin{bmatrix} 1.4527 \\ 0.8489 \\ 0.5020 \end{bmatrix}^{\mathrm{T}}
$$

$$
\boldsymbol{A}_{c1}^{[2]}=\begin{bmatrix} -83.6564 & -5.3496 & 13.5642 \\ -9.6521 & -16.9328 & 5.8525 \\ -18.8543 & -6.5568 & -7.4303 \end{bmatrix}
$$

$$
\boldsymbol{B}_{c1}^{[2]}=\begin{bmatrix} -21.0503 \\ 0.4475 \\ 6.6054 \end{bmatrix},\quad \boldsymbol{C}_{c1}^{[2]}=\begin{bmatrix} -1.9514 \\ -0.6286 \\ 0.3450 \end{bmatrix}^{\mathrm{T}}
$$

$$
\boldsymbol{A}_{c2}^{[2]}=\begin{bmatrix} -69.0979 & 35.8456 & -18.1179 \\ -4.6730 & -4.4102 & -9.2470 \\ -24.6190 & -3.7769 & -11.4027 \end{bmatrix}
$$

$$
\boldsymbol{B}_{c2}^{[2]}=\begin{bmatrix} -20.3258 \\ 0.3074 \\ 8.7067 \end{bmatrix},\quad \boldsymbol{C}_{c2}^{[2]}=\begin{bmatrix} -1.1406 \\ 1.5259 \\ -1.7735 \end{bmatrix}^{\mathrm{T}}
$$

情况 2. 引入 $r=2$ 的降阶动态输出反馈控制器设计问题。考虑定理 5.2 中的式 (5.35)～ 式 (5.38)，可以得到最小可行 γ 为 $\gamma_{\min}=0.9030$。因此，降阶动态输出反馈控制器的增益为

$$
\boldsymbol{A}_{c1}^{[1]}=\begin{bmatrix} -92.8590 & -5.6818 \\ 7.5781 & -9.3000 \end{bmatrix},\quad \boldsymbol{B}_{c1}^{[1]}=\begin{bmatrix} 2.1114 \\ -7.1962 \end{bmatrix},\quad \boldsymbol{C}_{c1}^{[1]}=\begin{bmatrix} -1.5374 \\ -0.4716 \end{bmatrix}^{\mathrm{T}}
$$

$$
\boldsymbol{A}_{c2}^{[1]}=\begin{bmatrix} -58.6042 & 34.0300 \\ 14.2169 & 0.9743 \end{bmatrix},\quad \boldsymbol{B}_{c2}^{[1]}=\begin{bmatrix} -7.2397 \\ -8.5207 \end{bmatrix},\quad \boldsymbol{C}_{c2}^{[1]}=\begin{bmatrix} -0.0400 \\ 1.8118 \end{bmatrix}^{\mathrm{T}}
$$

$$
\boldsymbol{A}_{c1}^{[2]}=\begin{bmatrix} -66.5137 & -10.5625 \\ 10.0811 & -7.7937 \end{bmatrix},\quad \boldsymbol{B}_{c1}^{[2]}=\begin{bmatrix} -9.8210 \\ -3.3116 \end{bmatrix},\quad \boldsymbol{C}_{c1}^{[2]}=\begin{bmatrix} -2.1134 \\ -0.5735 \end{bmatrix}^{\mathrm{T}}
$$

$$
\boldsymbol{A}_{c2}^{[2]}=\begin{bmatrix} -66.4444 & 29.6925 \\ 20.1712 & -3.8907 \end{bmatrix},\quad \boldsymbol{B}_{c2}^{[2]}=\begin{bmatrix} -4.3730 \\ -7.4381 \end{bmatrix},\quad \boldsymbol{C}_{c2}^{[2]}=\begin{bmatrix} -1.3128 \\ 2.4636 \end{bmatrix}^{\mathrm{T}}
$$

从结果可以看出，当降阶控制器的维数减小时，性能水平参数 γ 会增加，如表 5.1 所示。

表 5.1 γ 的值和降阶维度

降阶维数	γ	ε
全阶 $r=3$	0.8904	10.9745
降阶 $r=2$	0.9030	10.9119

初始条件选为 $x(t)=0$，$x_c(t)=0$，仿真时间 $T^\star=6\text{s}$，切换信号从 “1” 和 “2” 随机变化，其中，“1” 和 “2” 表示第一个子系统和第二个子系统，如图 5.2 所示。模糊基函数选择如下：

$$h_1(x_1(t))=\frac{1}{2}\left[1-\sin\left(x_1^2(k)\right)\right],\ h_2(x_1(t))=\frac{1}{2}\left[1+\sin\left(x_1^2(k)\right)\right]$$

扰动输入 $\boldsymbol{\omega}(t)$ 属于 $\mathcal{L}_2[0,\infty)$，即能量有界。本书选择 $\boldsymbol{\omega}(t)=\dfrac{5\sin(0.9t)}{(0.75t)^2+3.5}$。

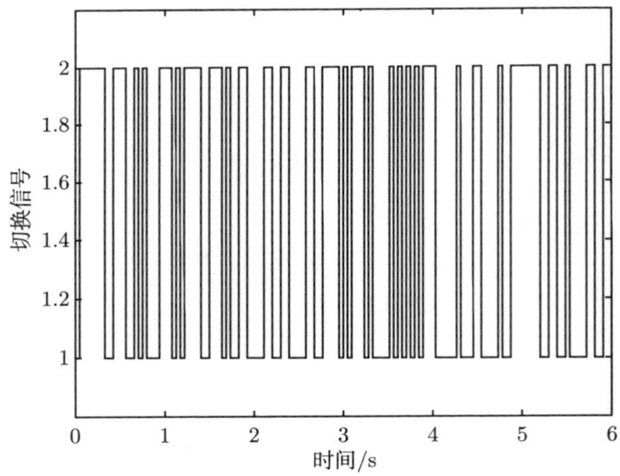

图 5.2 切换信号

在情况 1 中，全阶 $\mathcal{L}_2$–$\mathcal{L}_\infty$ 动态输出反馈控制器的仿真结果如图 5.3～ 图 5.6 所示。图 5.3 绘制了闭环系统的状态；控制器状态绘制在图 5.4 中；控制输入 $\boldsymbol{u}(t)$ 和被控输出 $\boldsymbol{z}(t)$ 分别如图 5.5和图 5.6所示。在情况 2 中，降阶 $\mathcal{L}_2$–$\mathcal{L}_\infty$ 动态输出反馈控制器的仿真结果如图 5.7～ 图 5.10所示。

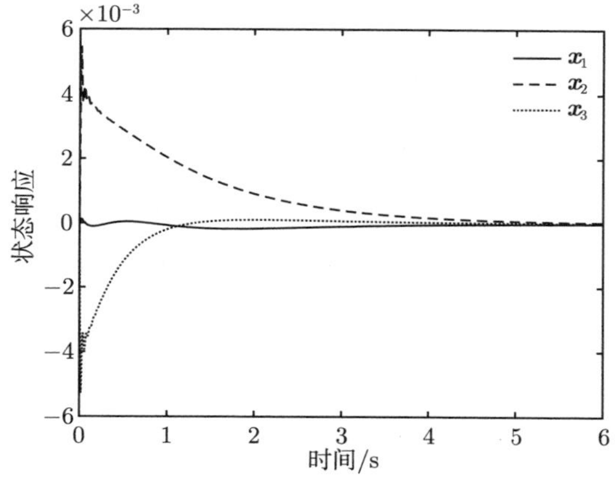

图 5.3 情况 1 中闭环系统的状态

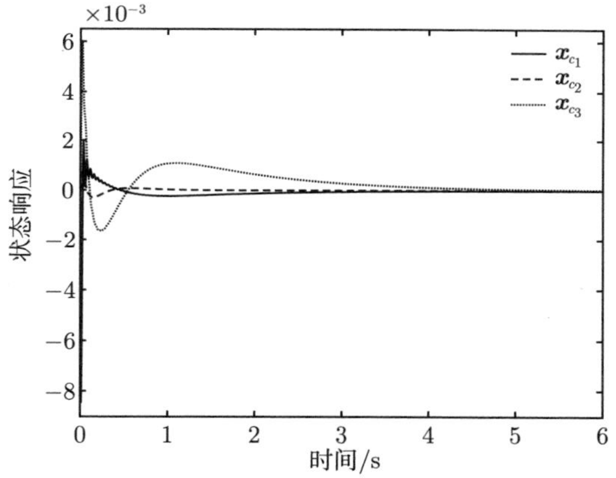

图 5.4 情况 1 中动态输出反馈控制器的状态

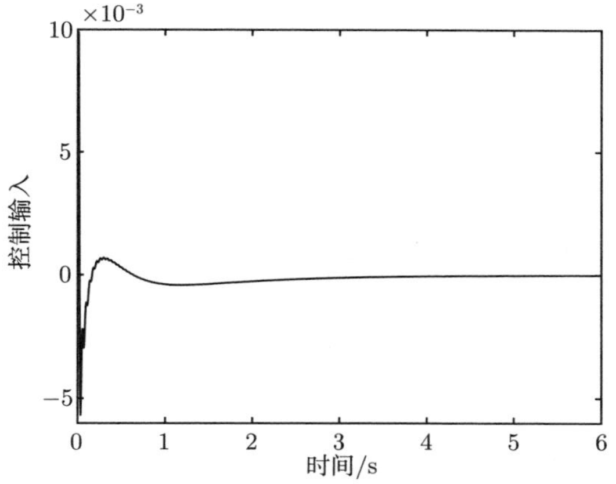

图 5.5 情况 1 中的控制输入 $\boldsymbol{u}(t)$

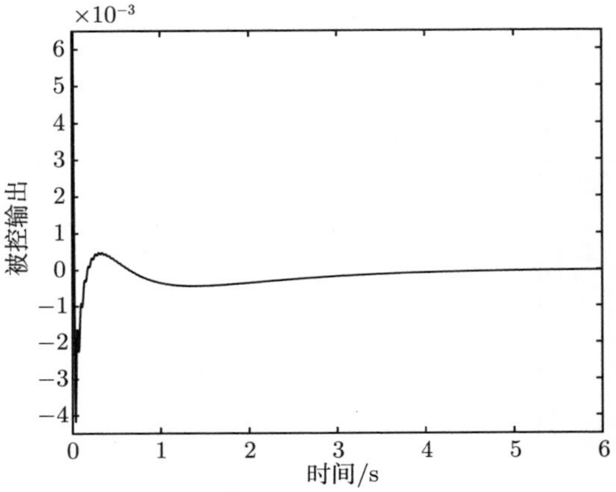

图 5.6　情况 1 中的被控输出 $\boldsymbol{z}(t)$

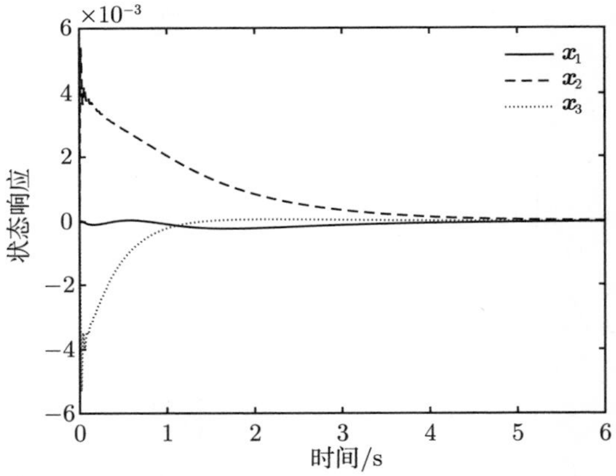

图 5.7　情况 2 中闭环系统的状态

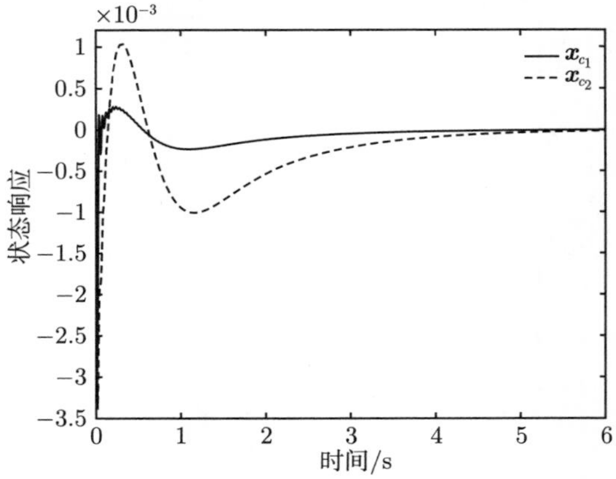

图 5.8　情况 2 中动态输出反馈控制器的状态

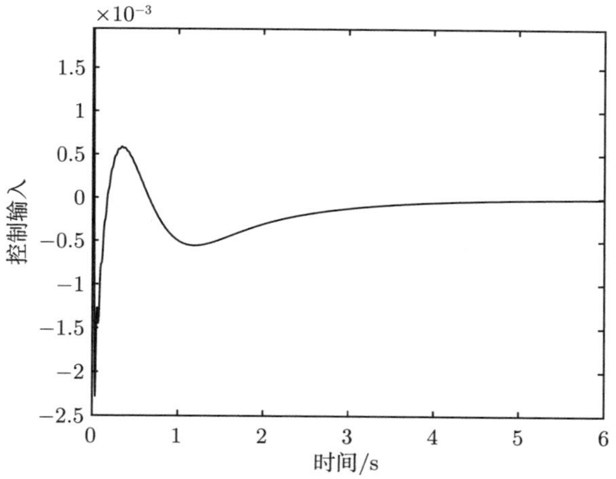

图 5.9 情况 2 中的控制输入 $\boldsymbol{u}(t)$

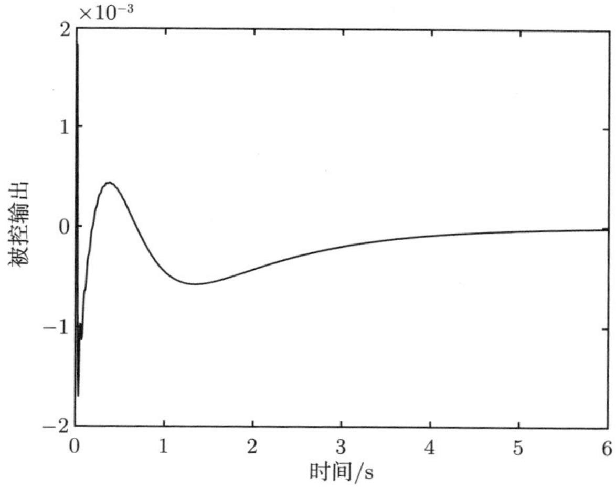

图 5.10 情况 2 中的被控输出 $\boldsymbol{z}(t)$

5.5 本章小结

本章研究了 T-S 模糊切换系统的动态输出反馈控制。首先，应用平均驻留时间技术，通过任意切换规则的方式实现以指数收敛方式稳定切换系统。然后，构造了一个分段 Lyapunov 函数，并导出了充分条件，以确保相应的闭环系统满足特定 $\mathcal{L}_2$-$\mathcal{L}_\infty$ 的性能水平 (γ,α)。此外，通过线性化导出了依赖于模糊规则的动态输出反馈控制可行条件，可以使用标准工具箱求解。最后，基于仿真实例说明了所提方案的优势。

第 6 章　基于降阶策略的模糊动态系统输出反馈控制

在实际应用中，数学模型往往包含大量的系统参数，通常被表示为复杂的高阶模型。对于此类高阶模型，由于其维数较大而不便直接应用高级控制策略研究相应的分析及综合问题，目前所能得到的结果大多是同阶次的控制器。高阶控制器需要的计算量较大，且实现成本高，因而，为了更好地在实际工业过程中实现系统的稳定，需要设计低维数的控制器，即通过损失部分性能实现整个系统的稳定，进而降低计算量和控制成本。在这种情况下，低阶控制器能满足实际情况，减少硬件中出现的错误或软件中需要修复的问题，从而可以提高整个系统的可靠性。目前针对 T-S 模糊系统的降阶控制器设计已有很多成果，并且包含时滞、随机项、不确定性等干扰因素。然而，这些研究成果都是基于两种方法：直接法和模型降阶法，得到的降阶控制器均具有一定的局限性。因此，对于 T-S 模糊模型的控制器降阶技术亟须一种直接有效的方法，为非线性控制器设计提供新的降阶技术。

本章将基于控制器降阶的第三种方法，针对高阶 T-S 模糊模型和高阶输出反馈控制器，设计降阶输出反馈控制器，建立高阶闭环系统和降阶闭环系统之间的误差闭环系统，选取 Lyapunov 函数，分析并给出误差系统渐近稳定及具有预定性能指标的充分条件，应用投影定理得到低阶输出反馈控制器的存在条件，进一步应用锥补线性化算法导出降阶控制器参数求解的最小化问题。最后，通过一个仿真实例验证所提算法的有效性。

6.1　问题描述和建模

许多非线性系统可以表示为一组在局部工作区域内的线性系统。一类由 r 个模型规则组成的 T-S 模糊模型可以表示如下。

模糊规则 i：如果 $\zeta_1(k)$ 是 $\mathcal{M}_{i1}$，$\zeta_2(k)$ 是 $\mathcal{M}_{i2}$，$\cdots$，$\zeta_p(k)$ 是 $\mathcal{M}_{ip}$，那么，

$$\begin{cases} \boldsymbol{x}(k+1)=\boldsymbol{A}_i\boldsymbol{x}(k)+\boldsymbol{B}_i\boldsymbol{u}(k)+\boldsymbol{D}_i\boldsymbol{\omega}(k) \\ \boldsymbol{y}(k)=\boldsymbol{C}_i\boldsymbol{x}(k)+\boldsymbol{F}_i\boldsymbol{\omega}(k) \\ \boldsymbol{z}(k)=\boldsymbol{E}_i\boldsymbol{x}(k)+\boldsymbol{G}_i\boldsymbol{u}(k)+\boldsymbol{H}_i\boldsymbol{\omega}(k) \end{cases} \tag{6.1}$$

其中，$\boldsymbol{x}(k) \in \mathbf{R}^n$ 表示系统状态；$\boldsymbol{y}(k) \in \mathbf{R}^p$ 表示系统测量输出；$\boldsymbol{z}(k) \in \mathbf{R}^q$ 表示系统控制输出；$\boldsymbol{u}(k) \in \mathbf{R}^s$ 表示系统输入；$\boldsymbol{\omega}(k) \in \mathbf{R}^l$ 表示属于 $\ell_2[0,\infty)$ 的外部扰动输入；$\boldsymbol{\zeta}(k) = [\zeta_1(k), \zeta_2(k), \cdots, \zeta_p(k)]$ 表示已知的前提变量；$\mathcal{M}_{ij}$ 表示模糊集合；$\boldsymbol{A}_i$, $\boldsymbol{B}_i$, $\boldsymbol{C}_i$, $\boldsymbol{D}_i$, $\boldsymbol{E}_i$, $\boldsymbol{F}_i$, $\boldsymbol{G}_i$ 和 $\boldsymbol{H}_i$ 表示具有合适维度的已知系数矩阵；r 表示模糊规则的数量。

最终的模糊系统可表示为如下形式：

$$G: \begin{cases} \boldsymbol{x}(k+1) = \sum\limits_{i=1}^{r} h_i(\boldsymbol{\zeta}) \left[\boldsymbol{A}_i \boldsymbol{x}(k) + \boldsymbol{B}_i \boldsymbol{u}(k) + \boldsymbol{D}_i \boldsymbol{\omega}(k)\right] \\ \boldsymbol{y}(k) = \sum\limits_{i=1}^{r} h_i(\boldsymbol{\zeta}) \left[\boldsymbol{C}_i \boldsymbol{x}(k) + \boldsymbol{F}_i \boldsymbol{\omega}(k)\right] \\ \boldsymbol{z}(k) = \sum\limits_{i=1}^{r} h_i(\boldsymbol{\zeta}) \left[\boldsymbol{E}_i \boldsymbol{x}(k) + \boldsymbol{G}_i \boldsymbol{u}(k) + \boldsymbol{H}_i \boldsymbol{\omega}(k)\right] \end{cases} \tag{6.2}$$

其中

$$h_i(\boldsymbol{\zeta}) \triangleq \frac{\prod_{j=1}^{p} \mathcal{M}_{ij}(\zeta_j)}{\sum\limits_{i=1}^{r} \prod_{j=1}^{p} \mathcal{M}_{ij}(\zeta_j)}, \quad i = 1, 2, \cdots, r$$

$\mathcal{M}_{ij}(\zeta_j)$ 表示前提变量 ζ_j 在模糊集合 $\mathcal{M}_{ij}$ 中的隶属度。对于所有的时刻，有 $h_i(\boldsymbol{\zeta}) \geqslant 0$，$\sum\limits_{i=1}^{r} h_i(\boldsymbol{\zeta}) = 1$。

6.1.1 高阶闭环系统

假设模糊模型的前提变量可得，则也可用于反馈。假设控制器的前提变量与被控对象的前提变量相同。因此，基于 PDC 思想，考虑第 i 个子系统的高阶动态输出反馈控制器如下。

模糊规则 i：如果 $\zeta_1(k)$ 是 $\mathcal{M}_{i1}$，$\zeta_2(k)$ 是 $\mathcal{M}_{i2}$，$\cdots$，$\zeta_p(k)$ 是 $\mathcal{M}_{ip}$，那么，

$$\begin{cases} \boldsymbol{x}_c(k+1) = \boldsymbol{A}_{cj} \boldsymbol{x}_c(k) + \boldsymbol{B}_{cj} \boldsymbol{y}(k) \\ \boldsymbol{u}(k) = \boldsymbol{C}_{cj} \boldsymbol{x}_c(k) + \boldsymbol{D}_{cj} \boldsymbol{y}(k) \end{cases} \tag{6.3}$$

其中，$\boldsymbol{x}_c(k) \in \mathbf{R}^\kappa$ 表示高阶控制器的状态；$\boldsymbol{A}_{cj}$、$\boldsymbol{B}_{cj}$、$\boldsymbol{C}_{cj}$ 和 $\boldsymbol{D}_{cj}$ 表示使对应被控子系统式 (6.1) 渐近稳定的已知参数矩阵，最终的模糊高阶输出反馈控制器表示为

$$K:\left\{\begin{aligned}\boldsymbol{x}_c(k+1)&=\sum_{i=1}^{r}h_j(\boldsymbol{\zeta})\left[\boldsymbol{A}_{cj}\boldsymbol{x}_c(k)+\boldsymbol{B}_{cj}\boldsymbol{y}(k)\right]\\\boldsymbol{u}(k)&=\sum_{i=1}^{r}h_j(\boldsymbol{\zeta})\left[\boldsymbol{C}_{cj}\boldsymbol{x}_c(k)+\boldsymbol{D}_{cj}\boldsymbol{y}(k)\right]\end{aligned}\right.\tag{6.4}$$

注 6.1 在本章提出的方法中，控制器阶数 κ 可以被自由选择。当选择 $\kappa=n$ 时，式 (6.4) 表示一个全阶控制器；当选取 $\kappa<n$ 时，通过本章提出的算法简化，该控制器可以作为相对的高阶控制器。为了表达式的一致性，下文统一将式 (6.4) 描述为高阶控制器。

针对被控系统 G 式 (6.2)，基于高阶模糊控制器 K 式 (6.4) 作用下的高阶闭环系统可表示如下：

$$\Sigma:\left\{\begin{aligned}\boldsymbol{\xi}_1(k+1)&=\sum_{i=1}^{r}\sum_{i=j}^{r}h_i(\boldsymbol{\zeta})h_j(\boldsymbol{\zeta})\left[\bar{\boldsymbol{A}}_{1ij}\boldsymbol{\xi}_1(k)+\bar{\boldsymbol{B}}_{1ij}\boldsymbol{\omega}(k)\right]\\\boldsymbol{z}_1(k)&=\sum_{i=1}^{r}\sum_{i=j}^{r}h_i(\boldsymbol{\zeta})h_j(\boldsymbol{\zeta})\left[\bar{\boldsymbol{E}}_{1ij}\boldsymbol{\xi}_1(k)+\bar{\boldsymbol{H}}_{1ij}\boldsymbol{\omega}(k)\right]\end{aligned}\right.\tag{6.5}$$

其中，$\boldsymbol{\xi}_1(k)\triangleq\begin{bmatrix}\boldsymbol{x}^{\mathrm{T}}(k) & \boldsymbol{x}_c^{\mathrm{T}}(k)\end{bmatrix}^{\mathrm{T}}$，并且，

$$\bar{\boldsymbol{A}}_{1ij}\triangleq\begin{bmatrix}\boldsymbol{A}_i+\boldsymbol{B}_i\boldsymbol{D}_{cj}\boldsymbol{C}_i & \boldsymbol{B}_i\boldsymbol{C}_{cj}\\\boldsymbol{B}_{cj}\boldsymbol{C}_i & \boldsymbol{A}_{cj}\end{bmatrix},\quad\bar{\boldsymbol{B}}_{1ij}\triangleq\begin{bmatrix}\boldsymbol{D}_i+\boldsymbol{B}_i\boldsymbol{D}_{cj}\boldsymbol{F}_i\\\boldsymbol{B}_{cj}\boldsymbol{F}_i\end{bmatrix}$$

$$\bar{\boldsymbol{E}}_{1ij}\triangleq\begin{bmatrix}\boldsymbol{E}_i+\boldsymbol{G}_i\boldsymbol{D}_{cj}\boldsymbol{C}_i & \boldsymbol{G}_i\boldsymbol{C}_{cj}\end{bmatrix},\quad\bar{\boldsymbol{H}}_{1ij}\triangleq\boldsymbol{H}_i+\boldsymbol{G}_i\boldsymbol{D}_{cj}\boldsymbol{F}_i$$

注 6.2 本章的主要目标是设计一类复杂非线性系统的降阶控制器。通过先给出一个高阶控制器，然后运用一定的算法简化来实现。这是为什么首先提出式 (6.4) 和式 (6.5) 的原因。假设控制器式 (6.4) 是一个能够稳定原系统式 (6.2) 的可行控制器，则式 (6.5) 中的闭环系统 Σ 是渐近稳定的，这是本章工作的预设条件。

注 6.3 作为所述算法的预设条件，高阶控制器参数 $\boldsymbol{A}_{cj}$、$\boldsymbol{B}_{cj}$、$\boldsymbol{C}_{cj}$、$\boldsymbol{D}_{cj}$ 可以通过任何有效的控制方法设计。此外，通过消除降阶控制器部分，后续的定理 6.2可用于求解全阶控制器。

6.1.2 降阶闭环系统

针对研究系统提出一种新的模糊控制器降阶技术，设计如下的控制器形式：

$$\hat{K}:\begin{cases}\hat{\boldsymbol{x}}_c(k+1)=\sum\limits_{i=1}^{r}h_j(\boldsymbol{\zeta})\left[\hat{\boldsymbol{A}}_{cj}\hat{\boldsymbol{x}}_c(k)+\hat{\boldsymbol{B}}_{cj}\boldsymbol{y}(k)\right]\\ \boldsymbol{u}(k)=\sum\limits_{i=1}^{r}h_j(\boldsymbol{\zeta})\left[\hat{\boldsymbol{C}}_{cj}\hat{\boldsymbol{x}}_c(k)+\hat{\boldsymbol{D}}_{cj}\boldsymbol{y}(k)\right]\end{cases}\tag{6.6}$$

其中，$\hat{\boldsymbol{x}}_c(k)\in\mathbf{R}^{\vartheta}$ $(\vartheta<\kappa)$ 表示低阶控制器的状态；模糊降阶控制器系数矩阵 $\hat{\boldsymbol{A}}_{cj}$、$\hat{\boldsymbol{B}}_{cj}$、$\hat{\boldsymbol{C}}_{cj}$ 和 $\hat{\boldsymbol{D}}_{cj}$ 是待求的目标参数。基于原被控系统式 (6.2) 和降阶控制器式 (6.6)，可以得到以下的降阶闭环系统：

$$\hat{\Sigma}:\begin{cases}\boldsymbol{\xi}_2(k+1)=\sum\limits_{i=1}^{r}\sum\limits_{j=1}^{r}h_i(\boldsymbol{\zeta})h_j(\boldsymbol{\zeta})\left[\bar{\boldsymbol{A}}_{2ij}\boldsymbol{\xi}_1(k)+\bar{\boldsymbol{B}}_{2ij}\boldsymbol{\omega}(k)\right]\\ \boldsymbol{z}_1(k)=\sum\limits_{i=1}^{r}\sum\limits_{j=1}^{r}h_i(\boldsymbol{\zeta})h_j(\boldsymbol{\zeta})\left[\bar{\boldsymbol{E}}_{2ij}\boldsymbol{\xi}_1(k)+\bar{\boldsymbol{H}}_{2ij}\boldsymbol{\omega}(k)\right]\end{cases}\tag{6.7}$$

其中，$\boldsymbol{\xi}_2(k)\triangleq\left[\begin{array}{cc}\boldsymbol{x}^{\mathrm{T}}(k) & \hat{\boldsymbol{x}}_c^{\mathrm{T}}(k)\end{array}\right]^{\mathrm{T}}$，并且，

$$\bar{\boldsymbol{A}}_{2ij}\triangleq\left[\begin{array}{cc}\boldsymbol{A}_i+\boldsymbol{B}_i\hat{\boldsymbol{D}}_{cj}\boldsymbol{C}_i & \boldsymbol{B}_i\hat{\boldsymbol{C}}_{cj}\\ \hat{\boldsymbol{B}}_{cj}\boldsymbol{C}_i & \hat{\boldsymbol{A}}_{cj}\end{array}\right],\quad \bar{\boldsymbol{B}}_{2ij}\triangleq\left[\begin{array}{c}\boldsymbol{D}_i+\boldsymbol{B}_i\hat{\boldsymbol{D}}_{cj}\boldsymbol{F}_i\\ \hat{\boldsymbol{B}}_{cj}\boldsymbol{F}_i\end{array}\right]$$

$$\bar{\boldsymbol{E}}_{2ij}\triangleq\left[\begin{array}{cc}\boldsymbol{E}_i+\boldsymbol{G}_i\hat{\boldsymbol{D}}_{cj}\boldsymbol{C}_i & \boldsymbol{G}_i\hat{\boldsymbol{C}}_{cj}\end{array}\right],\quad \bar{\boldsymbol{H}}_{2ij}\triangleq\boldsymbol{H}_i+\boldsymbol{G}_i\hat{\boldsymbol{D}}_{cj}\boldsymbol{F}_i$$

基于已知的高阶闭环系统模型 Σ 式 (6.5) 和待求的降阶闭环系统模型 $\hat{\Sigma}$ 式 (6.7)，构造如下形式的误差辅助系统：

$$\Sigma_e:\begin{cases}\boldsymbol{\xi}(k+1)=\sum\limits_{i=1}^{r}\sum\limits_{j=1}^{r}h_i(\boldsymbol{\zeta})h_j(\boldsymbol{\zeta})\left[\bar{\boldsymbol{A}}_{ij}\boldsymbol{\xi}(k)+\bar{\boldsymbol{D}}_{ij}\boldsymbol{\omega}(k)\right]\\ \boldsymbol{e}(k)=\sum\limits_{i=1}^{r}\sum\limits_{j=1}^{r}h_i(\boldsymbol{\zeta})h_j(\boldsymbol{\zeta})\left[\bar{\boldsymbol{E}}_{ij}\boldsymbol{\xi}(k)+\bar{\boldsymbol{H}}_{ij}\boldsymbol{\omega}(k)\right]\end{cases}\tag{6.8}$$

其中，$\boldsymbol{e}(k)\triangleq\boldsymbol{z}_1(k)-\boldsymbol{z}_2(k)$，$\boldsymbol{\xi}(k)$ 定义为

$$\boldsymbol{\xi}(k)\triangleq\left[\begin{array}{cc}\boldsymbol{\xi}_1^{\mathrm{T}}(k) & \boldsymbol{\xi}_2^{\mathrm{T}}(k)\end{array}\right]^{\mathrm{T}}=\left[\begin{array}{cccc}\boldsymbol{x}^{\mathrm{T}}(k) & \boldsymbol{x}_c^{\mathrm{T}}(k) & \boldsymbol{x}^{\mathrm{T}}(k) & \hat{\boldsymbol{x}}_c^{\mathrm{T}}(k)\end{array}\right]^{\mathrm{T}}$$

可得参数矩阵为

$$\bar{\boldsymbol{A}}_{ij}\triangleq\left[\begin{array}{cccc}\boldsymbol{A}_i+\boldsymbol{B}_{cj}\boldsymbol{D}_{cj}\boldsymbol{C}_i & \boldsymbol{B}_i\boldsymbol{C}_{cj} & 0 & 0\\ \boldsymbol{B}_{cj}\boldsymbol{C}_i & \boldsymbol{A}_{cj} & 0 & 0\\ 0 & 0 & \boldsymbol{A}_i+\boldsymbol{B}_i\hat{\boldsymbol{D}}_{cj}\boldsymbol{C}_i & \boldsymbol{B}_i\hat{\boldsymbol{C}}_{cj}\\ 0 & 0 & \hat{\boldsymbol{B}}_{cj}\boldsymbol{C}_i & \hat{\boldsymbol{A}}_{cj}\end{array}\right]$$

$$\bar{\boldsymbol{D}}_{ij}^{\mathrm{T}} \triangleq \begin{bmatrix} \boldsymbol{D}_i^{\mathrm{T}}+\boldsymbol{F}_i^{\mathrm{T}}\boldsymbol{D}_{cj}^{\mathrm{T}}\boldsymbol{B}_i^{\mathrm{T}} & \boldsymbol{F}_i^{\mathrm{T}}\boldsymbol{B}_{cj}^{\mathrm{T}} & \boldsymbol{D}_i^{\mathrm{T}}+\boldsymbol{F}_i^{\mathrm{T}}\hat{\boldsymbol{D}}_{cj}^{\mathrm{T}}\boldsymbol{B}_i^{\mathrm{T}} & \boldsymbol{F}_i^{\mathrm{T}}\hat{\boldsymbol{B}}_{cj}^{\mathrm{T}} \end{bmatrix}$$

$$\bar{\boldsymbol{E}}_{ij} \triangleq \begin{bmatrix} \boldsymbol{E}_i+\boldsymbol{G}_i\boldsymbol{D}_{cj}\boldsymbol{C}_i & \boldsymbol{G}_i\boldsymbol{C}_{cj} & -\boldsymbol{E}_i-\boldsymbol{G}_i\hat{\boldsymbol{D}}_{cj}\boldsymbol{C}_i & -\boldsymbol{G}_i\hat{\boldsymbol{C}}_{cj} \end{bmatrix}$$

$$\bar{\boldsymbol{H}}_{ij} \triangleq \boldsymbol{G}_i\boldsymbol{D}_{cj}\boldsymbol{F}_i-\boldsymbol{G}_i\hat{\boldsymbol{D}}_{cj}\boldsymbol{F}_i$$

基于误差系统 Σ_e 式 (6.8) 的控制器降阶技术框图如图 6.1 所示。

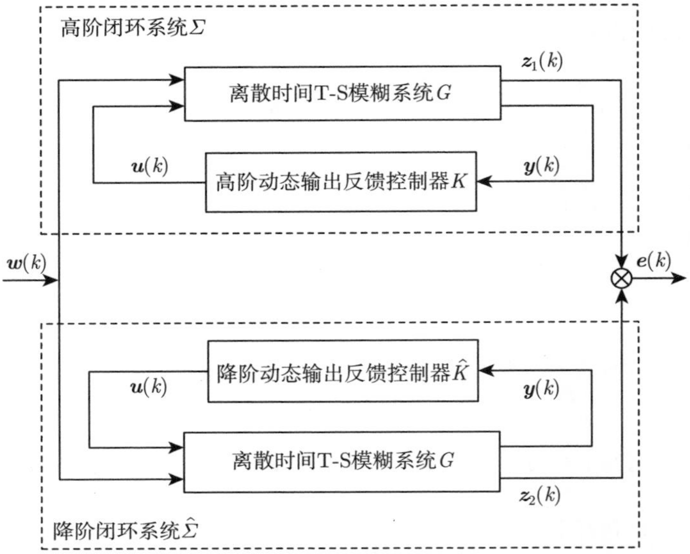

图 6.1 控制器降阶技术框图

提出以下定义，有助于后续的分析讨论。

定义 6.1 误差系统 Σ_e 式 (6.8) 渐近稳定的条件是：当 $\boldsymbol{\omega}(k)=0$ 时, 满足 $\lim_{k\to\infty}|\boldsymbol{\xi}(k)|=0$。

定义 6.2 误差系统 Σ_e 式 (6.8) 满足 $\mathcal{H}_\infty$ 性能指标 γ 下的渐近稳定的条件是：当 $\boldsymbol{\omega}(k)=0$ 时系统渐近稳定；对所有的非零 $\boldsymbol{\omega}(k)\in\ell_2\,[0,\infty)$, 以下条件成立：

$$\sum_{k=0}^{\infty} e^{\mathrm{T}}(k)e(k) < \gamma^2\sum_{k=0}^{\infty}\boldsymbol{\omega}^{\mathrm{T}}(k)\boldsymbol{\omega}(k) \tag{6.9}$$

本章的主要内容是针对 T-S 模糊系统，基于动态输出反馈控制策略，提出一种新的控制器降阶算法。算法目标是使得降阶闭环增广系统 $\hat{\Sigma}$ 式 (6.7) 渐近稳定，同时具有特定的 $\mathcal{H}_\infty$ 性能指标。

实际上，降阶闭环系统 $\hat{\Sigma}$ 式 (6.7) 的渐近稳定性问题等价于误差系统 Σ_e 式 (6.8) 的渐近稳定性问题，主要原因在于：

(1) 注 6.2 中已说明，高阶闭环系统 Σ 式 (6.5) 渐近稳定。

(2) 所导出的误差辅助模型 Σ_e 式 (6.8) 的状态变量由高阶闭环系统 Σ 式 (6.5) 的状态变量和降阶闭环模型 $\hat{\Sigma}$ 式 (6.7) 的状态变量组成。

因此，如果误差辅助系统 Σ_e 式 (6.8) 渐近稳定，可得降阶闭环模型 $\hat{\Sigma}$ 式 (6.7) 渐近稳定。那么，$\mathcal{H}_\infty$ 模糊控制器降阶策略可以转化为以下方案：考虑高阶增广系统 Σ 式 (6.5)，通过构建一个理想的降阶增广系统 $\hat{\Sigma}$ 式 (6.7)，保证相应的误差动态系统 Σ_e 式 (6.8) 满足特定的 $\mathcal{H}_\infty$ 性能。

6.2 误差系统渐近稳定性分析

本节中，将选取合适的 Lyapunov 函数，基于舒尔补定理，给出误差系统 Σ_e 式 (6.8) 渐近稳定并满足 $\mathcal{H}_\infty$ 性能指标的充分条件。

定理 6.1 对于给定常数 $\gamma > 0$，如果存在矩阵 $\boldsymbol{P} > 0$ 使得对于 $i, j = 1, 2, \cdots, r$，满足

$$\boldsymbol{\Omega}_{ij} \triangleq \begin{bmatrix} -\mathcal{P}^{-1} & 0 & \bar{\boldsymbol{A}}_{ij} & \bar{\boldsymbol{D}}_{ij} \\ \star & -I & \bar{\boldsymbol{E}}_{ij} & \bar{\boldsymbol{H}}_{ij} \\ \star & \star & -\mathcal{P} & 0 \\ \star & \star & \star & -\gamma^2 I \end{bmatrix} < 0 \tag{6.10}$$

则误差系统 Σ_e 式 (6.8) 满足 $\mathcal{H}_\infty$ 性能指标 γ 下的渐近稳定。

证明 选取 Lyapunov 函数 $\mathcal{V}(k) \triangleq \boldsymbol{\xi}^{\mathrm{T}}(k)\boldsymbol{\mathcal{P}}\boldsymbol{\xi}(k)$。沿着误差系统式 (6.8) 的轨迹，可得

$$\Delta\mathcal{V}(k) \triangleq \sum_{i=1}^{r}\sum_{j=1}^{r} h_i(\boldsymbol{\zeta}) h_j(\boldsymbol{\zeta}) \boldsymbol{\xi}^{\mathrm{T}}(k)\Pi_{ij}\boldsymbol{\xi}(k)$$

其中

$$\Pi_{ij} \triangleq \begin{bmatrix} \bar{\boldsymbol{A}}_{ij}^{\mathrm{T}}\boldsymbol{\mathcal{P}}\bar{\boldsymbol{A}}_{ij} - \boldsymbol{\mathcal{P}} & \bar{\boldsymbol{A}}_{ij}^{\mathrm{T}}\boldsymbol{\mathcal{P}}\bar{\boldsymbol{D}}_{ij} \\ \star & \bar{\boldsymbol{D}}_{ij}^{\mathrm{T}}\boldsymbol{\mathcal{P}}\bar{\boldsymbol{D}}_{ij} \end{bmatrix}$$

利用舒尔补方法，可以得到当干扰输入 $\boldsymbol{\omega}(k) = 0$ 时，$\Delta\mathcal{V}(k) < 0$，即误差系统 Σ_e 式 (6.8) 满足渐近稳定条件。

根据定义 6.2，构造性能函数：

$$\mathcal{J}(k) \triangleq \sum_{k=0}^{\infty}\left\{\boldsymbol{e}^{\mathrm{T}}(k)\boldsymbol{e}(k) - \gamma^2\boldsymbol{\omega}^{\mathrm{T}}(k)\boldsymbol{\omega}(k)\right\}$$

注意到零初始条件下有

$$\begin{aligned}\mathcal{J}(k) &\leqslant \sum_{k=0}^{\infty}\left[\boldsymbol{e}^{\mathrm{T}}(k)\boldsymbol{e}(k)-\gamma^2\boldsymbol{\omega}^{\mathrm{T}}(k)\boldsymbol{\omega}(k)\right]+\mathcal{V}(k)|_{k=\infty}-\mathcal{V}(k)|_{k=0}\\ &=\sum_{k=0}^{\infty}\left[\boldsymbol{e}^{\mathrm{T}}(k)\boldsymbol{e}(k)-\gamma^2\boldsymbol{\omega}^{\mathrm{T}}(k)\boldsymbol{\omega}(k)+\Delta\mathcal{V}(k)\right]\end{aligned}$$

根据式 (6.10) 中的条件可得

$$\begin{aligned}&\boldsymbol{e}^{\mathrm{T}}(k)\boldsymbol{e}(k)-\gamma^2\boldsymbol{\omega}^{\mathrm{T}}(k)\boldsymbol{\omega}(k)+\Delta\mathcal{V}(k)\\ =&\sum_{i=1}^{r}\sum_{j=1}^{r}h_i(\boldsymbol{\zeta})h_j(\boldsymbol{\zeta})\begin{bmatrix}\boldsymbol{\xi}(k)\\ \boldsymbol{\omega}(k)\end{bmatrix}^{\mathrm{T}}\boldsymbol{\Omega}_{ij}\begin{bmatrix}\boldsymbol{\xi}(k)\\ \boldsymbol{\omega}(k)\end{bmatrix}<0\end{aligned}$$

可以得到 $\mathcal{J}(k)<0$，即对于所有的非零 $\boldsymbol{\omega}(k)\in\ell_2[0,\infty)$，性能指标条件式 (6.9) 成立。定理得证。

注 6.4　根据 $\mathcal{H}_\infty$ 衰减性能，定理 6.1 给出了误差系统渐近稳定的充分条件。与现有结果不同的是，条件式 (6.10) 是由误差系统式 (6.8) 导出的。本章采用的降阶逼近方法克服了现有方法的不足，并得出有效的降阶控制器参数。

6.3　降阶控制器综合方法

6.2 节中给出了 $\mathcal{H}_\infty$ 模糊降阶控制器存在的充分条件。本节将给出控制器参数的构造方法。简单起见，首先引入以下变量：

$$\bar{\mathcal{W}}\triangleq\begin{bmatrix}-\mathcal{P}^{-1} & 0 & \bar{\boldsymbol{A}}_{0ij} & \bar{\boldsymbol{D}}_{0ij}\\ \star & -\boldsymbol{I} & \bar{\boldsymbol{E}}_{0ij} & \bar{\boldsymbol{H}}_{0ij}\\ \star & \star & -\mathcal{P} & 0\\ \star & \star & \star & -\gamma^2\boldsymbol{I}\end{bmatrix}$$

$$\bar{\boldsymbol{A}}_{0ij}\triangleq\begin{bmatrix}\boldsymbol{A}_i+\boldsymbol{B}_i\boldsymbol{D}_{cj}\boldsymbol{C}_i & \boldsymbol{B}_i\boldsymbol{C}_{cj} & 0 & 0\\ \boldsymbol{B}_{cj}\boldsymbol{C}_i & \boldsymbol{A}_{cj} & 0 & 0\\ 0 & 0 & \boldsymbol{A}_i & 0\\ 0 & 0 & 0 & 0\end{bmatrix}$$

$$\bar{\boldsymbol{D}}_{0ij}\triangleq\begin{bmatrix}\boldsymbol{D}_i+\boldsymbol{B}_i\boldsymbol{D}_{cj}\boldsymbol{F}_i\\ \boldsymbol{B}_{cj}\boldsymbol{F}_i\\ \boldsymbol{D}_i\\ 0\end{bmatrix},\quad \begin{aligned}&\bar{\boldsymbol{N}}_i\triangleq\begin{bmatrix}\boldsymbol{F}_i\\ 0_{\vartheta\times l}\end{bmatrix}\\ &\bar{\boldsymbol{\mathcal{N}}}_i\triangleq\bar{\boldsymbol{F}}_i^{\mathrm{T}\perp}\end{aligned}$$

$$\bar{\boldsymbol{H}}_{0ij} \triangleq \boldsymbol{G}_i\boldsymbol{D}_{cj}\boldsymbol{F}_i, \quad \bar{\boldsymbol{M}}_i \triangleq \begin{bmatrix} -\boldsymbol{G}_i & 0_{q\times\vartheta} \end{bmatrix}$$

$$\bar{\boldsymbol{E}}_{0ij} \triangleq \begin{bmatrix} \boldsymbol{E}_i + \boldsymbol{G}_i\boldsymbol{D}_{cj}\boldsymbol{C}_i & \boldsymbol{G}_i\boldsymbol{C}_{cj} & -\boldsymbol{E}_i & 0 \end{bmatrix}$$

$$\bar{\boldsymbol{R}}_i \triangleq \begin{bmatrix} 0_{n\times s} & 0_{n\times\vartheta} \\ 0_{\kappa\times s} & 0_{\kappa\times\vartheta} \\ \boldsymbol{B}_{i|n\times s} & 0_{n\times\vartheta} \\ 0_{\vartheta\times s} & I_\vartheta \end{bmatrix}, \quad \begin{matrix} \bar{\boldsymbol{\mathcal{M}}}_i \triangleq \bar{\boldsymbol{G}}_i^{\perp} \\ \bar{\boldsymbol{\mathcal{B}}}_i \triangleq \boldsymbol{B}_i^{\perp} \\ \bar{\boldsymbol{\mathcal{C}}}_i \triangleq \boldsymbol{C}_i^{\mathrm{T}\perp} \end{matrix}$$

$$\bar{\boldsymbol{\mathcal{R}}}_i \triangleq \begin{bmatrix} I_n & 0_{n\times\kappa} & 0_{n\times n} & 0_{n\times\vartheta} \\ 0_{\kappa\times n} & I_\kappa & 0_{\kappa\times n} & 0_{\kappa\times\vartheta} \\ 0_{s\times n} & 0_{s\times\kappa} & \bar{\boldsymbol{\mathcal{B}}}_i & 0_{s\times\vartheta} \end{bmatrix}$$

$$\bar{\boldsymbol{T}}_i \triangleq \begin{bmatrix} 0_{p\times n} & 0_{p\times\kappa} & \boldsymbol{C}_{i|p\times n} & 0_{p\times\vartheta} \\ 0_{\vartheta\times n} & 0_{\vartheta\times\kappa} & 0_{\vartheta\times n} & I_\vartheta \end{bmatrix}$$

$$\bar{\boldsymbol{\mathcal{T}}}_i \triangleq \begin{bmatrix} I_n & 0_{n\times\kappa} & 0_{n\times n} & 0_{n\times\vartheta} \\ 0_{\kappa\times n} & I_\kappa & 0_{\kappa\times n} & 0_{\kappa\times\vartheta} \\ 0_{p\times n} & 0_{p\times\kappa} & \bar{\boldsymbol{\mathcal{C}}}_i & 0_{p\times\vartheta} \end{bmatrix}$$

其中，$\begin{bmatrix} \bar{\boldsymbol{\mathcal{B}}}_i & \bar{\boldsymbol{\mathcal{M}}}_i \end{bmatrix}$ 和 $\begin{bmatrix} \bar{\boldsymbol{\mathcal{C}}}_i & \bar{\boldsymbol{\mathcal{N}}}_i \end{bmatrix}$ 分别是 $\begin{bmatrix} \boldsymbol{B}_i \\ -\boldsymbol{G}_i \end{bmatrix}$ 和 $\begin{bmatrix} \boldsymbol{C}_i^{\mathrm{T}} \\ \boldsymbol{F}_i^{\mathrm{T}} \end{bmatrix}$ 的正交补，即

$$\begin{bmatrix} \bar{\boldsymbol{\mathcal{B}}}_i & \bar{\boldsymbol{\mathcal{M}}}_i \end{bmatrix} \begin{bmatrix} \boldsymbol{B}_i \\ -\boldsymbol{G}_i \end{bmatrix} = 0, \quad \begin{bmatrix} \bar{\boldsymbol{\mathcal{C}}}_i & \bar{\boldsymbol{\mathcal{N}}}_i \end{bmatrix} \begin{bmatrix} \boldsymbol{C}_i^{\mathrm{T}} \\ \boldsymbol{F}_i^{\mathrm{T}} \end{bmatrix} = 0$$

然后，给出降阶控制器设计过程的充分条件。

定理 6.2 考虑由离散时间 T-S 模糊模型表示的非线性系统式 (6.2) 和高阶模糊输出反馈控制器式 (6.4)，存在一个可行的低阶模糊输出反馈控制器式 (6.6)，使得闭环误差系统式 (6.8) 渐近稳定并具有 $\mathcal{H}_\infty$ 误差性能水平的条件是：存在适当维度的矩阵 $\boldsymbol{\mathcal{P}} > 0$ 和 $\boldsymbol{\mathcal{L}} > 0$，满足以下不等式：

$$\begin{bmatrix} -\bar{\boldsymbol{\mathcal{R}}}_i\boldsymbol{\mathcal{L}}\bar{\boldsymbol{\mathcal{R}}}_i^{\mathrm{T}} - \bar{\boldsymbol{\mathcal{M}}}_i\bar{\boldsymbol{\mathcal{M}}}_i^{\mathrm{T}} & \bar{\boldsymbol{\mathcal{R}}}_i\bar{\boldsymbol{A}}_{0ij} + \bar{\boldsymbol{\mathcal{M}}}_i\bar{\boldsymbol{E}}_{0ij} & \bar{\boldsymbol{\mathcal{R}}}_i\bar{\boldsymbol{D}}_{0ij} + \bar{\boldsymbol{\mathcal{M}}}_i\bar{\boldsymbol{H}}_{0ij} \\ \star & -\boldsymbol{\mathcal{P}} & 0 \\ \star & \star & -\gamma^2\boldsymbol{I} \end{bmatrix} < 0 \tag{6.11}$$

$$\begin{bmatrix} -\boldsymbol{\mathcal{L}} & 0 & \bar{\boldsymbol{A}}_{0ij}\bar{\boldsymbol{\mathcal{T}}}_i^{\mathrm{T}} + \bar{\boldsymbol{D}}_{0ij}\bar{\boldsymbol{\mathcal{N}}}_i^{\mathrm{T}} \\ \star & -I & \bar{\boldsymbol{E}}_{0ij}\bar{\boldsymbol{\mathcal{T}}}_i^{\mathrm{T}} + \bar{\boldsymbol{H}}_{0ij}\bar{\boldsymbol{\mathcal{N}}}_i^{\mathrm{T}} \\ \star & \star & -\bar{\boldsymbol{\mathcal{T}}}_i\boldsymbol{\mathcal{P}}\bar{\boldsymbol{\mathcal{T}}}_i^{\mathrm{T}} - \gamma^2\bar{\boldsymbol{\mathcal{N}}}_i\bar{\boldsymbol{\mathcal{N}}}_i^{\mathrm{T}} \end{bmatrix} < 0 \tag{6.12}$$

$$\boldsymbol{\mathcal{P}}\boldsymbol{\mathcal{L}} = \boldsymbol{I} \tag{6.13}$$

如果 $\boldsymbol{\mathcal{P}}$，$\boldsymbol{\mathcal{L}}$ 是式 (6.11) 和式 (6.12) 的一个可行解，则降阶输出反馈控制器 $\hat{K}$ 式 (6.6) 的系数矩阵可由下式求得

$$\mathscr{G}_j = \begin{bmatrix} \hat{\boldsymbol{D}}_{cj|s\times p} & \hat{\boldsymbol{C}}_{cj|s\times\vartheta} \\ \hat{\boldsymbol{B}}_{cj|\vartheta\times p} & \hat{\boldsymbol{A}}_{cj|\vartheta\times\vartheta} \end{bmatrix} = -\boldsymbol{\Pi}^{-1}\boldsymbol{U}^{\mathrm{T}}\Lambda\boldsymbol{V}^{\mathrm{T}}(\boldsymbol{V}\Lambda\boldsymbol{V}^{\mathrm{T}})^{-1} + \boldsymbol{\Pi}^{-1}\Xi^{\frac{1}{2}}\boldsymbol{L}(\boldsymbol{V}\Lambda\boldsymbol{V}^{\mathrm{T}})^{-\frac{1}{2}}$$

其中，$\Lambda = (\boldsymbol{U}\boldsymbol{\Pi}^{-1}\boldsymbol{U}^{\mathrm{T}} - \bar{\mathcal{W}})^{-1} > 0$; $\Xi = \boldsymbol{\Pi} - \boldsymbol{U}^{\mathrm{T}}(\Lambda - \Lambda\boldsymbol{V}^{\mathrm{T}}(\boldsymbol{V}\Lambda\boldsymbol{V}^{\mathrm{T}})^{-1}\boldsymbol{V}\Lambda)U$。$\boldsymbol{\Pi}$ 和 $\boldsymbol{L}$ 分别是满足 $\boldsymbol{\Pi} > 0$ 和 $\|\boldsymbol{L}\| < 1$ 的任意矩阵。

证明　考虑以下转换变量:

$$\begin{cases} \bar{\boldsymbol{A}}_{ij} \triangleq \bar{\boldsymbol{A}}_{0ij} + \bar{\boldsymbol{R}}_i\mathscr{G}_j\bar{\boldsymbol{T}}_i, & \bar{\boldsymbol{D}}_{ij} \triangleq \bar{\boldsymbol{D}}_{0ij} + \bar{\boldsymbol{R}}_i\mathscr{G}_j\bar{\boldsymbol{N}}_i \\ \bar{\boldsymbol{E}}_{ij} \triangleq \bar{\boldsymbol{E}}_{0ij} + \bar{\boldsymbol{M}}_i\mathscr{G}_j\bar{\boldsymbol{T}}_i, & \bar{\boldsymbol{H}}_{ij} \triangleq \bar{\boldsymbol{H}}_{0ij} + \bar{\boldsymbol{M}}_i\mathscr{G}_j\bar{\boldsymbol{N}}_i \end{cases} \tag{6.14}$$

其中，$\bar{\boldsymbol{A}}_{0ij}$, $\bar{\boldsymbol{D}}_{0ij}$, $\bar{\boldsymbol{E}}_{0ij}$, $\bar{\boldsymbol{H}}_{0ij}$, $\bar{\boldsymbol{R}}_i$, $\bar{\boldsymbol{T}}_i$, $\bar{\boldsymbol{M}}_i$ 和 $\bar{\boldsymbol{N}}_i$ 在本节开始时已定义，则定理 6.1 中的不等式 $\boldsymbol{\Omega}_{ij} < 0$ 可以被重写为

$$\bar{\boldsymbol{\mathcal{W}}} + \bar{\boldsymbol{\mathcal{U}}}_i\mathscr{G}_j\bar{\mathcal{V}}_i + \left(\bar{\boldsymbol{\mathcal{U}}}_i\mathscr{G}_j\bar{\boldsymbol{\mathcal{V}}}_i\right)^{\mathrm{T}} < 0 \tag{6.15}$$

其中，$\bar{\boldsymbol{\mathcal{W}}}$ 和 $\mathscr{G}_j$ 在本节初已定义，同时，

$$\bar{\boldsymbol{\mathcal{U}}}_i \triangleq \begin{bmatrix} \bar{\boldsymbol{R}}_i \mid_{(2n+k+\vartheta)\times(s+\vartheta)} \\ \bar{\boldsymbol{M}}_i \mid_{q\times(s+\vartheta)} \\ 0_{(2n+k+\vartheta)\times(s+\vartheta)} \\ 0_{l\times(s+\vartheta)} \end{bmatrix}, \quad \bar{\boldsymbol{\mathcal{V}}}_i^{\mathrm{T}} \triangleq \begin{bmatrix} 0_{(2n+k+\vartheta)\times(p+\vartheta)} \\ 0_{q\times(p+\vartheta)} \\ \bar{\boldsymbol{T}}_i^{\mathrm{T}} \mid_{(2n+k+\vartheta)\times(p+\vartheta)} \\ \bar{\boldsymbol{N}}_i^{\mathrm{T}} \mid_{l\times(p+\vartheta)} \end{bmatrix}$$

选取

$$\bar{\boldsymbol{\mathcal{U}}}_i^{\perp} \triangleq \begin{bmatrix} \bar{\boldsymbol{\mathcal{R}}}_i & \bar{\boldsymbol{\mathcal{M}}}_i & 0 & 0 \\ 0 & 0 & I & 0 \\ 0 & 0 & 0 & I \end{bmatrix}, \quad \bar{\boldsymbol{\mathcal{V}}}_i^{\mathrm{T}\perp} \triangleq \begin{bmatrix} I & 0 & 0 & 0 \\ 0 & I & 0 & 0 \\ 0 & 0 & \bar{\boldsymbol{\mathcal{T}}}_i & \bar{\boldsymbol{\mathcal{N}}}_i \end{bmatrix}$$

应用投影定理，不等式 (6.15) 中 $\mathscr{G}_j$ 可解的条件满足当且仅当下式成立:

$$\bar{\boldsymbol{\mathcal{U}}}_i^{\perp}\bar{\boldsymbol{\mathcal{W}}}\bar{\boldsymbol{\mathcal{U}}}_i^{\perp\mathrm{T}} < 0, \quad \bar{\boldsymbol{\mathcal{V}}}_i^{\mathrm{T}\perp}\bar{\boldsymbol{\mathcal{W}}}\bar{\boldsymbol{\mathcal{V}}}_i^{\mathrm{T}\perp\mathrm{T}} < 0 \tag{6.16}$$

即

$$\begin{bmatrix} -\bar{\boldsymbol{\mathcal{R}}}_i\boldsymbol{\mathcal{P}}^{-1}\bar{\boldsymbol{\mathcal{R}}}_i^{\mathrm{T}} - \bar{\boldsymbol{\mathcal{M}}}_i\bar{\boldsymbol{\mathcal{M}}}_i^{\mathrm{T}} & \Xi_{12} & \Xi_{13} \\ \star & -\boldsymbol{\mathcal{P}} & 0 \\ \star & \star & -\gamma^2\boldsymbol{I} \end{bmatrix} < 0$$

$$\begin{bmatrix} -\mathcal{P}^{-1} & 0 & \Lambda_{13} \\ \star & -I & \Lambda_{23} \\ \star & \star & \Lambda_{33} \end{bmatrix} < 0$$

令 $\mathcal{L} \triangleq \mathcal{P}^{-1}$，可得式 (6.11) 和式 (6.12)。证明完毕。

注 6.5 定理 6.2 中的充分判据并不都是严格线性矩阵不等式形式。这意味着降阶控制器参数不能通过 Matlab 工具包直接求解。因此，本章引入锥互补线性化算法求解该问题，具体描述如下。

模糊输出反馈控制器降阶问题： min trace($\mathcal{P}\mathcal{L}$) 满足线性矩阵不等式式 (6.11) 和式 (6.12)。

$$\begin{bmatrix} \mathcal{P} & I \\ I & \mathcal{L} \end{bmatrix} \geqslant 0 \tag{6.17}$$

如果上述最小迹问题可解，那么定理 6.2 中的条件是可行的。

6.4 仿 真 验 证

本节将基于上一节的结果，通过高阶复杂系统算例来说明所提出的模糊控制器降阶算法的有效性。T-S 模糊系统式 (6.2) 的相关参数选取如下。

子系统 1：

$$\boldsymbol{A}_1 = \begin{bmatrix} 1.5 & 0.35 & 0.1 & -0.4 & -0.08 \\ 0.28 & -0.3 & -0.14 & -0.11 & 0.3 \\ -0.1 & 0.22 & -0.18 & 0.21 & -0.4 \\ 0.48 & -0.32 & 0.54 & 0 & -0.5 \\ 0 & 0.2 & -0.3 & 0.1 & -0.6 \end{bmatrix}$$

$$\boldsymbol{B}_1 = \begin{bmatrix} 0.08 & 0 & 0 & 0 & 0.05 \end{bmatrix}^{\mathrm{T}}$$

$$\boldsymbol{D}_1 = \begin{bmatrix} 1.1 & 0 & 0.8 & -0.5 & 0.7 \end{bmatrix}^{\mathrm{T}}$$

$$\boldsymbol{C}_1 = \begin{bmatrix} 0.1 & 0.2 & 0.05 & 0.01 & 0.02 \\ -0.1 & 0.1 & -0.3 & 0 & 0.2 \end{bmatrix}$$

$$\boldsymbol{E}_1 = \begin{bmatrix} 0.1 & 0 & 0.01 & 0.1 & 0.4 \end{bmatrix}$$

$$\boldsymbol{F}_1 = \begin{bmatrix} 0.2 & -0.05 \end{bmatrix}^{\mathrm{T}}, \quad G_1 = 0.02, \quad H_1 = 0.1$$

子系统 2：

$$
\boldsymbol{A}_2=\begin{bmatrix} 1.6 & -0.35 & 0.1 & -0.4 & -0.08 \\ 0.1 & -0.1 & 0.1 & -0.15 & 0.3 \\ -0.1 & 0.52 & -0.28 & 0.21 & -0.4 \\ 0.48 & -0.12 & 0.31 & 0 & 0.1 \\ 0.4 & 0 & -0.2 & 0.4 & -0.4 \end{bmatrix}
$$

$$
\boldsymbol{B}_2=\begin{bmatrix} 0.1 & 0 & 0.12 & 0.01 & 0 \end{bmatrix}^{\mathrm{T}}
$$

$$
\boldsymbol{D}_2=\begin{bmatrix} 1 & 0.2 & 1.1 & -0.1 & 0.5 \end{bmatrix}^{\mathrm{T}}
$$

$$
\boldsymbol{C}_2=\begin{bmatrix} 0.1 & 0.1 & 0.02 & 0.03 & 0.02 \\ -0.1 & 0.1 & -0.2 & 0 & 0.2 \end{bmatrix}
$$

$$
\boldsymbol{E}_2=\begin{bmatrix} 0.01 & 0.2 & 0.01 & 0.3 & 0.2 \end{bmatrix}
$$

$$
\boldsymbol{F}_2=\begin{bmatrix} 0.1 & 0.01 \end{bmatrix}^{\mathrm{T}},\quad G_2=0.01,\quad H_2=0.01
$$

从图 6.2 中可以看出，具有上述参数的 T-S 模糊高阶原始系统具有明显的发散性。给定如下的高阶 (全阶) 控制器：

$$
\boldsymbol{A}_{c1}=\begin{bmatrix} -0.4147 & 0.0309 & -0.3724 & -0.0071 & 0.0277 \\ 0.1662 & -0.0118 & 0.1570 & -0.0076 & -0.0112 \\ 0.4990 & -0.0755 & 0.2860 & 0.0805 & -0.0914 \\ 0.0609 & 0.1914 & 0.7148 & -0.3870 & 0.1706 \\ 0.0353 & -0.1173 & -0.3614 & 0.2200 & -0.1128 \end{bmatrix}
$$

$$
\boldsymbol{B}_{c1}=\begin{bmatrix} -0.0016 & 0.5784 \\ 0.1398 & -0.3837 \\ 1.5955 & -1.5579 \\ -1.1703 & -1.8219 \\ 1.6683 & 0.3929 \end{bmatrix}
$$

$$
\boldsymbol{C}_{c1}=\begin{bmatrix} -4.7084 & 0.9745 & -6.9641 & 2.5282 & -0.4797 \end{bmatrix}
$$

$$
\boldsymbol{D}_{c1}=\begin{bmatrix} -73.6169 & -7.9297 \end{bmatrix}
$$

$$\boldsymbol{A}_{c2}=\begin{bmatrix} 0.0505 & 0.0298 & 0.3876 & -0.2754 & 0.0648 \\ 0.0861 & -0.0490 & -0.0832 & 0.1145 & -0.0374 \\ -0.0517 & -0.0791 & -0.4976 & 0.3096 & -0.1003 \\ -0.0640 & 0.0919 & -0.1900 & 0.1937 & -0.0154 \\ -0.0729 & -0.0303 & -0.0256 & -0.0857 & 0.0019 \end{bmatrix}$$

$$\boldsymbol{B}_{c2}=\begin{bmatrix} 1.4609 & 0.4920 \\ 0.5693 & -0.2948 \\ -1.7182 & -1.0896 \\ -1.1486 & -0.5174 \\ -0.6686 & 0.0107 \end{bmatrix}$$

$$\boldsymbol{C}_{c2}=\begin{bmatrix} -2.6104 & 1.4070 & -3.1308 & 1.2927 & -0.1036 \end{bmatrix}$$

$$\boldsymbol{D}_{c2}=\begin{bmatrix} -67.9545 & 0.3563 \end{bmatrix}$$

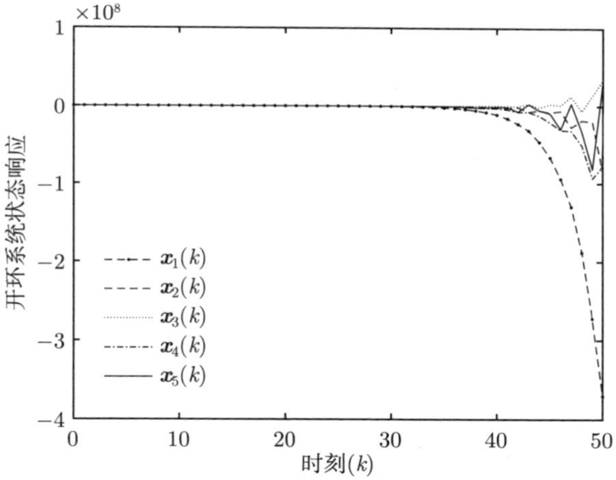

图 6.2 例 1：开环系统状态响应

图 6.3 描述了高阶闭环系统的状态响应。为了区分不同控制器维数的降阶模型，分别设 $\vartheta=1,2,3,4$，根据定理 6.2 得到一阶控制器、二阶控制器、三阶控制器和四阶控制器。具体参数如下。

情况 1. 一阶控制器 $\vartheta=1$，$\gamma^*=0.0352$。

$$\hat{\boldsymbol{A}}_{c1}=0.2581,\quad \hat{\boldsymbol{B}}_{c1}=\begin{bmatrix} -0.5988 & 0.1992 \end{bmatrix}$$

$$\hat{\boldsymbol{C}}_{c1}=1.5285, \quad \hat{\boldsymbol{D}}_{c1}=\begin{bmatrix} -64.4178 & -6.2907 \end{bmatrix}$$

$$\hat{\boldsymbol{A}}_{c2}=-0.1520, \quad \hat{\boldsymbol{B}}_{c2}=\begin{bmatrix} 0.6202 & 0.2982 \end{bmatrix}$$

$$\hat{\boldsymbol{C}}_{c2}=2.4171, \quad \hat{\boldsymbol{D}}_{c2}=\begin{bmatrix} -60.2058 & -2.1891 \end{bmatrix}$$

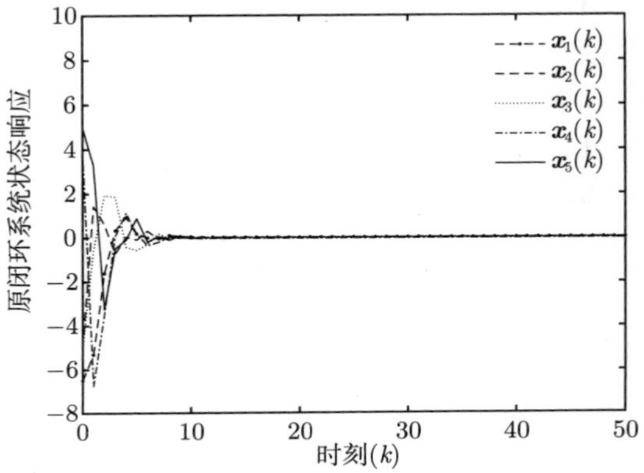

图 6.3 例 1：高阶闭环系统状态响应

情况 2. 二阶控制器 $\vartheta=2$，$\gamma^*=0.0172$。

$$\hat{\boldsymbol{A}}_{c1}=\begin{bmatrix} -0.1856 & -0.2393 \\ -0.2221 & -0.4091 \end{bmatrix}, \quad \hat{\boldsymbol{B}}_{c1}=\begin{bmatrix} 1.0238 & 0.0844 \\ 0.8349 & -0.0796 \end{bmatrix}$$

$$\hat{\boldsymbol{C}}_{c1}=\begin{bmatrix} -2.3283 & -2.4261 \end{bmatrix}, \quad \hat{\boldsymbol{D}}_{c1}=\begin{bmatrix} -69.5062 & -8.6713 \end{bmatrix}$$

$$\hat{\boldsymbol{A}}_{c2}=\begin{bmatrix} -0.1164 & -0.1428 \\ -0.0709 & -0.1289 \end{bmatrix}, \quad \hat{\boldsymbol{B}}_{c2}=\begin{bmatrix} -1.3017 & -0.1011 \\ -0.9274 & -0.2623 \end{bmatrix}$$

$$\hat{\boldsymbol{C}}_{c2}=\begin{bmatrix} -1.9734 & -1.9285 \end{bmatrix}, \quad \hat{\boldsymbol{D}}_{c2}=\begin{bmatrix} -64.2689 & 0.0743 \end{bmatrix}$$

情况 3. 三阶控制器 $\vartheta=3$，$\gamma^*=0.0146$。

$$\hat{\boldsymbol{A}}_{c1}=\begin{bmatrix} 0.0462 & 0.0674 & 0.4421 \\ -0.0688 & -0.0806 & -0.1108 \\ 0.1299 & -0.2764 & 0.1734 \end{bmatrix}, \quad \hat{\boldsymbol{B}}_{c1}=\begin{bmatrix} 0.8066 & 0.3330 \\ 0.1211 & -0.2732 \\ -0.4412 & -0.1014 \end{bmatrix}$$

$$\hat{\boldsymbol{C}}_{c1}=\begin{bmatrix} -0.5505 & 2.3762 & 2.9134 \end{bmatrix}, \quad \hat{\boldsymbol{D}}_{c1}=\begin{bmatrix} -71.5223 & -4.4317 \end{bmatrix}$$

$$\hat{\boldsymbol{A}}_{c2}=\begin{bmatrix} -0.0220 & 0.2318 & -0.0269 \\ 0.0653 & -0.0709 & 0.1632 \\ -0.0541 & 0.1921 & -0.2634 \end{bmatrix}, \ \hat{\boldsymbol{B}}_{c2}=\begin{bmatrix} -0.1182 & 0.2922 \\ -0.1667 & 0.0196 \\ -1.0377 & 0.8402 \end{bmatrix}$$

$$\hat{\boldsymbol{C}}_{c2}=\begin{bmatrix} 0.4351 & 0.2587 & 3.3155 \end{bmatrix}, \ \hat{\boldsymbol{D}}_{c2}=\begin{bmatrix} -63.2109 & 4.7273 \end{bmatrix}$$

情况 4. 四阶控制器 $\vartheta=4$，$\gamma^*=0.008$。

$$\hat{\boldsymbol{A}}_{c1}=\begin{bmatrix} 0.1217 & 0.0602 & 0.2961 & -0.1129 \\ -0.4489 & -0.4581 & -0.2875 & -0.0990 \\ 0.1182 & 0.1407 & -0.0629 & -0.0514 \\ -0.1000 & 0.1256 & -0.1785 & 0.0730 \end{bmatrix}$$

$$\hat{\boldsymbol{B}}_{c1}=\begin{bmatrix} -0.1124 & 0.0682 \\ 1.0179 & -0.7710 \\ -0.2958 & 0.4958 \\ 0.1422 & 0.1091 \end{bmatrix}$$

$$\hat{\boldsymbol{C}}_{c1}=\begin{bmatrix} -2.8239 & -1.4457 & 2.7344 & -0.1782 \end{bmatrix}$$

$$\hat{\boldsymbol{D}}_{c1}=\begin{bmatrix} -74.6945 & -4.2161 \end{bmatrix}$$

$$\hat{\boldsymbol{A}}_{c2}=\begin{bmatrix} 0.0827 & 0.4020 & -0.0846 & 0.2847 \\ 0.1107 & -0.1737 & 0.1945 & 0.0247 \\ 0.2609 & 0.5678 & 0.1408 & 0.4678 \\ -0.5329 & 0.1369 & -0.3208 & 0.5760 \end{bmatrix}$$

$$\hat{\boldsymbol{B}}_{c2}=\begin{bmatrix} -1.6789 & 0.6457 \\ -1.6143 & -0.5566 \\ -1.2740 & 1.1309 \\ -2.9488 & 1.8124 \end{bmatrix}$$

$$\hat{\boldsymbol{C}}_{c2}=\begin{bmatrix} -2.6448 & 0.4343 & 1.8119 & 1.1871 \end{bmatrix}$$

$$\hat{\boldsymbol{D}}_{c2}=\begin{bmatrix} -68.7089 & 3.5053 \end{bmatrix}$$

根据所获得的参数，下一步的目标是验证该误差模型的渐近稳定性。选取初始状态 $\boldsymbol{x}(0)=[2\ \ -4.5\ \ -2\ \ 3\ \ 2]^{\mathrm{T}}$ 和 $\boldsymbol{x}_c(0)=0$。外部扰动 $\boldsymbol{\omega}(k)$ 能量有界，

选取为 $\boldsymbol{\omega}(k) = \exp(-0.5k)\sin(0.2k)$，隶属度函数为

$$h_1(\zeta) \triangleq \frac{1}{2}\Big[1 - \sin\big(\boldsymbol{x}_1^2(k)\big)\Big], \quad h_2(\zeta) \triangleq \frac{1}{2}\Big[1 + \sin\big(\boldsymbol{x}_1^2(k)\big)\Big]$$

基于上述参数和信号，可以得到以下的仿真结果。图 6.4～ 图 6.7 分别描绘了运用不同阶次降阶控制器的闭环模型的状态响应；原高阶系统和降阶闭环模型的输出如图 6.8 所示；高阶闭环系统与降阶闭环模型之间的输出误差 $\boldsymbol{e}(k)$ 如图 6.9 所示。从图中可以看出，得到的闭环系统与所有降阶控制器之间的误差都趋于零，并且控制器阶数越低，接近原闭环系统的能力就越弱，系统输出误差就越大。因此，上述实例可以深入说明降阶控制器设计方案的优越性和可行性，为高阶系统的研究分析提供了新的思路。

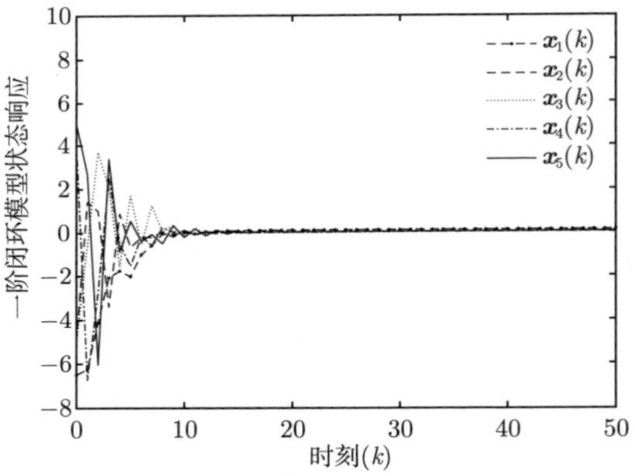

图 6.4　一阶闭环系统状态响应

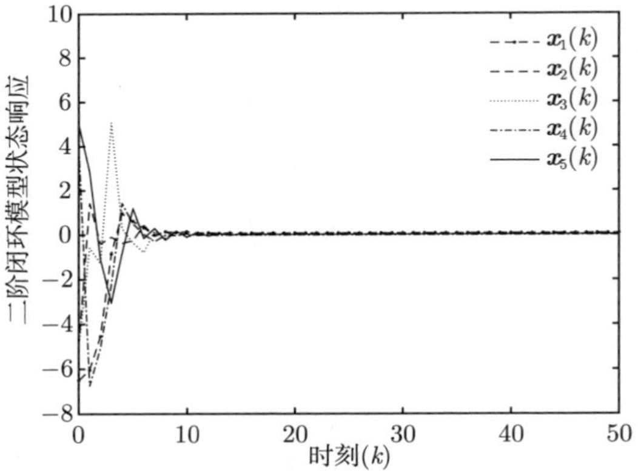

图 6.5　二阶闭环系统状态响应

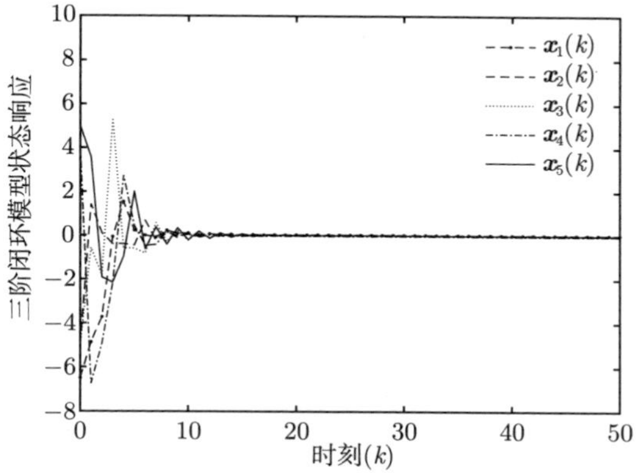

图 6.6 三阶闭环系统状态响应

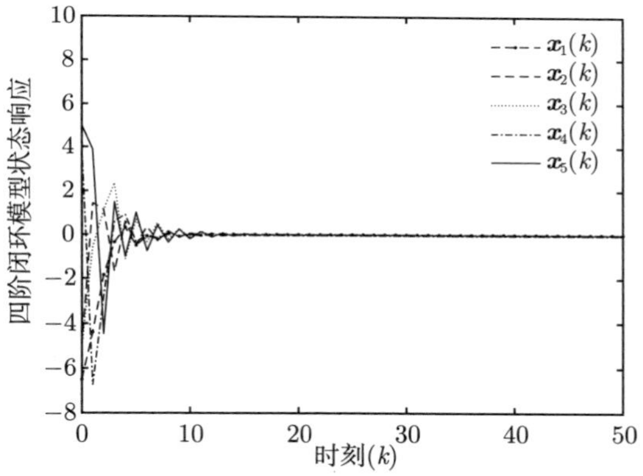

图 6.7 四阶闭环系统状态响应

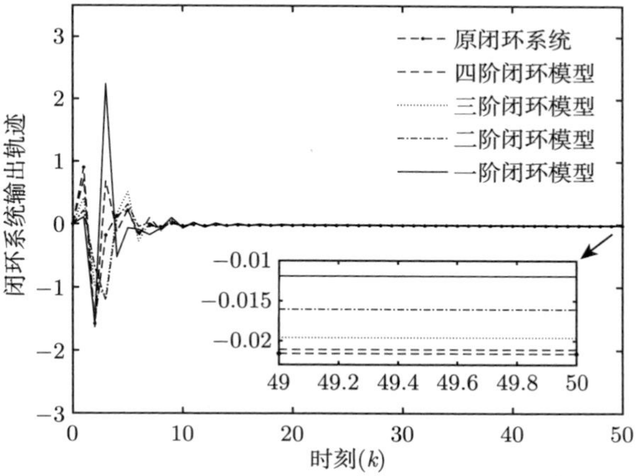

图 6.8 原高阶系统和降阶闭环模型的输出

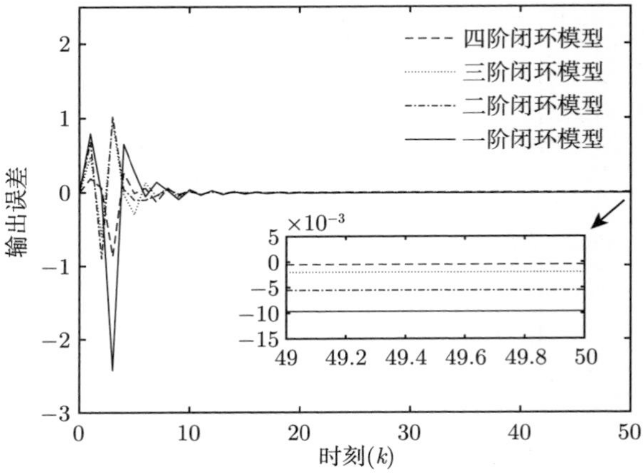

图 6.9 高阶闭环系统与降阶闭环模型之间的输出误差

6.5 本 章 小 结

本章研究了一类离散非线性 T-S 模糊系统的动态输出反馈控制器的降阶问题。首先，构造了由高阶和低阶闭环系统组成的误差辅助系统。然后，提出了误差系统具有 $\mathcal{H}_\infty$ 误差性能水平 γ 下的渐近稳定的充分条件，并通过投影定理和锥互补线性化算法给出了降阶控制器参数设计方法。最后，通过仿真实例验证了所提方法的有效性。

第 7 章　基于干扰观测器的六轮滑移转向车辆模糊滑模跟踪控制

近些年，随着自主无人平台及其应用在各行各业普及，商业化自主移动车辆逐渐出现在公众视野中。滑移转向车辆 [162] 作为轮式无人平台的一种，因其机动性和灵活性在室外环境探索得到了广泛应用 [163]。本章针对多轮移动车辆的底层运动控制 [164]，以分布式独立驱动六轮滑移转向车辆 [165] 的运动系统作为研究对象，开展抗干扰智能控制 [166] 算法开发及应用验证研究。众所周知，滑模控制技术具有对干扰不敏感 [167]、动态响应快 [168]、实现简单 [169] 等优点，是首选的干扰抑制或降低干扰影响的控制方法。然而，传统滑模控制器的控制增益是固定值，这在车辆运动控制应用中是不可取的，而解决此类问题的最佳方法是设计一个随车况变化的控制增益 [170]。此外，通过建立干扰观测器 [171]，对车辆控制系统施加干扰补偿 [172]，实现车辆运动系统的抗干扰控制也是一种解决办法。因此，本章以六轮滑移转向车辆的运动系统为对象，结合模糊控制和滑模控制的优点，建立基于模糊增益调节的观测器，实现动态观测车辆底层运动系统干扰信号，并设计模糊滑模运动控制算法，最后实现六轮滑移转向车辆的运动跟踪控制。

7.1　车辆运动学模型构建

六轮滑移转向车辆的瞬时运动状态如图 7.1所示，此处提出两个假设：①车辆的质心位于纵向中心线上；②车辆的每个车轮都与地面接触。

定义 ν_{xj}、ν_{yj} 和 ω_j $(j=1,2,3,4,5,6)$ 分别为车轮中心点处的纵向速度、横向速度和车轮转动角速度。图 7.1中，定义 $O(X,Y,Z)$ 为全局坐标系，$R(x,y,z)$ 为车身坐标系。定义 $\varTheta \triangleq (\theta,\alpha,\gamma)$ 为车辆在 $R(x,y,z)$ 坐标系下的姿态角，其中，滚动角 θ 为绕 x 轴转动的角度，俯仰角 α 为绕 y 轴转动的角度，横摆角 γ 为绕 z 轴转动的角度。因此，基于车辆运动学定义，各个车轮中心处的纵向速度和横向速度为

$$\nu_{x1}=\nu_{x3}=\nu_{x5}\triangleq \nu_x - l_{\rm s} r \tag{7.1}$$

$$\nu_{x2}=\nu_{x4}=\nu_{x6}\triangleq \nu_x + l_{\rm s} r \tag{7.2}$$

$$\nu_{y1}=\nu_{y2}\triangleq \nu_y + l_{\rm f} r \tag{7.3}$$

$$\nu_{y3} = \nu_{y4} \triangleq \nu_y + l_{\mathrm{m}} r \tag{7.4}$$

$$\nu_{y5} = \nu_{y6} \triangleq \nu_y + l_{\mathrm{r}} r \tag{7.5}$$

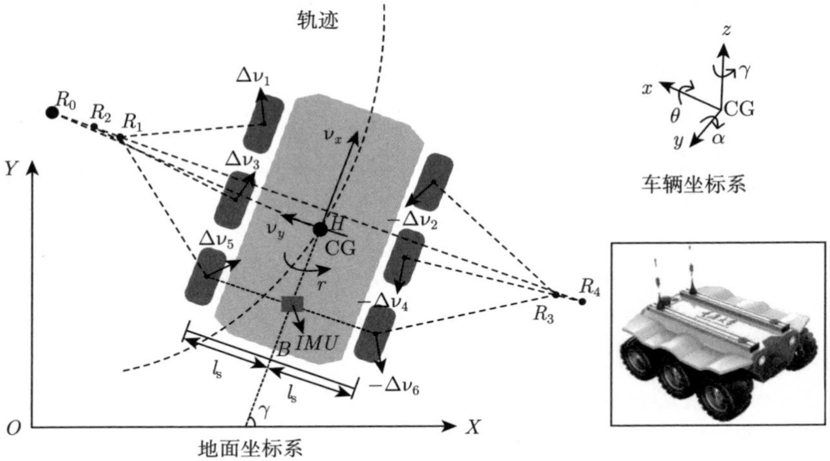

图 7.1　车辆运动状态

l_{s}：轮间距的一半；γ：车辆横摆角度；r：车辆横摆角速度；CG：center of gravity(车辆的重心处)

式中，ν_x 表示车辆质心处的纵向速度；ν_y 表示车辆质心处的横向速度；l_{f}、l_{m} 和 l_{r} 分别表示车辆质心到前轴、中轴和后轴的垂直距离。此外，车轮中心处的纵向速度和轮上任意一处的转动速度之差可以定义为 $\Delta\nu_{xj} \triangleq \nu_j - \omega_j R$，其中，$R$ 是车轮的有效半径。基于此，定义车轮驱动滑移率为

$$s_j \triangleq \frac{-\Delta\nu_{xj}}{\omega_j R} \tag{7.6}$$

车轮制动滑移率为

$$s_j \triangleq \frac{\Delta\nu_{xj}}{\nu_j} \tag{7.7}$$

7.2　车辆动力学模型构建

本节将建立六轮滑移转向车辆的动力学模型，包括车辆的纵向、横向和偏航运动，以及六个车轮的旋转动力学。运动方程建立如下：

$$\dot{r} \triangleq \frac{l_{\mathrm{s}}}{\mathcal{I}_z R}(\tau_m + \varpi_{md}) + \mathcal{E}_I \tag{7.8}$$

$$\dot{\nu}_x \triangleq \frac{\tau_d + \varpi_{ld}}{mR} + r\nu_y \tag{7.9}$$

$$\dot{\beta} \triangleq \sum_{j=1}^{6} \frac{F_{yj}}{m\nu_x} - r \tag{7.10}$$

$$\dot{\omega}_j \triangleq \frac{1}{I_t}(T_j - F_{xj}R) \tag{7.11}$$

其中

$$\mathcal{E}_I = \frac{l_{\mathrm{f}}}{\mathcal{I}_z}F_{yf} + \frac{l_{\mathrm{m}}}{\mathcal{I}_z}F_{ym} + \frac{l_{\mathrm{r}}}{\mathcal{I}_z}F_{yr},$$

$$F_{yf} = F_{y1} + F_{y2}, \quad F_{ym} = F_{y3} + F_{y4}, \quad F_{yr} = F_{y5} + F_{y6}$$

式中，I_z 表示偏航惯性矩；F_{xj} 和 F_{yj} 分别表示车轮纵向力和侧向力；τ_d 和 τ_m 分别表示作用在车身上的驱动/制动力矩和横摆力矩；ϖ_{ld} 和 ϖ_{md} 分别表示幅值受限的扰动输入；T_j 表示每个电机的驱动/制动力矩；I_t 表示轮胎转动惯性矩。

为获得轮胎纵向力和侧向力数据，可选取魔术轮胎模型 [173] 作为参考模型：

$$F_{xj} \triangleq d_x \sin\left[c_x \arctan(b_x s_j - e_x \Pi_{xj})\right] \tag{7.12}$$

$$F_{yj} \triangleq d_y \sin\left[c_y \arctan(b_y \sigma_j - e_y \Pi_{yj})\right] \tag{7.13}$$

其中，b、c、d、e 表示拟合参数；

$$\Pi_{xj} = b_x s_j - \arctan(b_x s_j), \quad \Pi_{yj} = b_y \sigma_j - \arctan(b_y \sigma_j)$$

式中，σ_j 表示轮胎侧偏角，其值可以通过传感器检测到的车辆纵向速度和横向速度计算得到：

$$\sigma_1 \triangleq \arctan\left(\frac{\nu_y + l_{\mathrm{f}}r}{\nu_x - l_{\mathrm{s}}r}\right), \quad \sigma_2 \triangleq \arctan\left(\frac{\nu_y + l_{\mathrm{f}}r}{\nu_x + l_{\mathrm{s}}r}\right), \quad \sigma_3 \triangleq \arctan\left(\frac{\nu_y + l_{\mathrm{m}}r}{\nu_x - l_{\mathrm{s}}r}\right)$$

$$\sigma_4 \triangleq \arctan\left(\frac{\nu_y + l_{\mathrm{m}}r}{\nu_x + l_{\mathrm{s}}r}\right), \quad \sigma_5 \triangleq \arctan\left(\frac{\nu_y + l_{\mathrm{r}}r}{\nu_x - l_{\mathrm{s}}r}\right), \quad \sigma_6 \triangleq \arctan\left(\frac{\nu_y + l_{\mathrm{r}}r}{\nu_x + l_{\mathrm{s}}r}\right)$$

例如，选取 $b_x = 8.102$, $c_x = 1.775$, $d_x = 23550$, $e_x = 0.5623$, $b_y = 0.12$, $c_y = 1.6$, $d_y = 23540$, $e_y = -0.3028$, 使用 Matlab 的曲线拟合工具可以得到拟合的轮胎纵向力和侧向力，如图 7.2 所示。

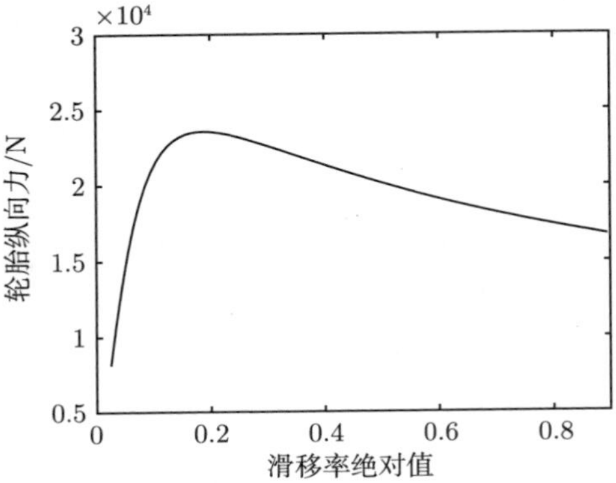

(a) 轮胎纵向力曲线

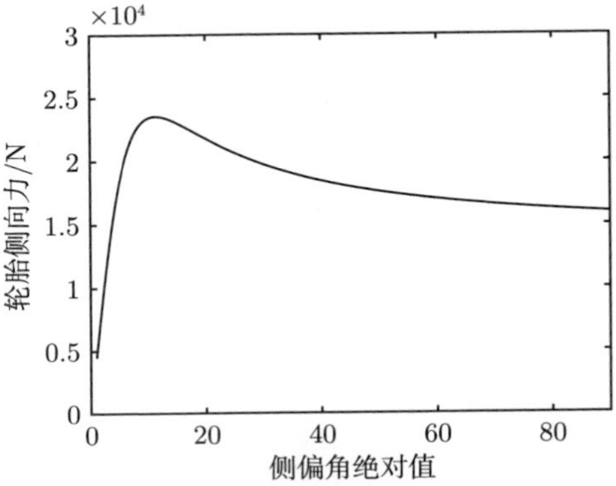

(b) 轮胎侧向力曲线

图 7.2 轮胎的拟合曲线

注 7.1 对传统轿车而言，车辆运动系统的输入为期望纵向速度 ν_{xd} 和期望转向角 δ_d。对六轮滑移转向车辆来说，实际命令是期望纵向速度 ν_{xd} 和期望偏航率 r_d。因此，设计六轮滑移转向车辆的速度跟踪控制器和横摆角速度跟踪控制器是本章的首要任务。

7.3 用于上层控制系统的抗扰动模糊滑模控制器设计

以具有中性转向特性的车辆为参考模型 [174]，获得侧偏角的临界值。为估计车辆控制系统中的干扰信号，设计基于模糊增益调节的扰动观测器。然后，提出施加扰动补偿的模糊滑模控制器，确保车辆运动系统能够快速收敛到期望指令。

定义 $\tilde{\nu}_x \triangleq \nu_{xd} - \nu_x$, $\tilde{r} \triangleq r_d - r$ 和 $\tilde{\beta} \triangleq \beta_{\max} - \beta$。为保证车辆反馈信号能够快速跟踪期望指令，且车辆质心侧偏角小于等于最大允许值，定义滑模面如下：

$$\boldsymbol{s} \triangleq \begin{bmatrix} s_1 & s_2 \end{bmatrix}^{\mathrm{T}} \tag{7.14}$$

其中

$$s_1 \triangleq \varsigma\tilde{\nu}_x \qquad \varsigma > 0$$

$$s_2 \triangleq \begin{cases} p\tilde{r} + q\tilde{\beta}, & |\beta| > |\beta_{\max}| \\ p\tilde{r}, & |\beta| \leqslant |\beta_{\max}| \end{cases} \qquad p,\ q > 0$$

式中，p 和 q 表示权重参数。对 s_1 和 s_2 求导，得

$$\dot{s} \triangleq \begin{bmatrix} \dot{s}_1 \\ \dot{s}_2 \end{bmatrix} = \begin{bmatrix} \varsigma(\dot{\nu}_{xd} - \dot{\nu}_x) \\ p(\dot{r}_d - \dot{r}) + q(\dot{\beta}_{\max} - \dot{\beta}) \end{bmatrix} \tag{7.15}$$

将式 (7.8)~ 式 (7.10) 代入式 (7.15)，则等效输入 u^{eq} 为

$$u^{eq} \triangleq \begin{bmatrix} \tau_d^{eq} \\ \tau_m^{eq} \end{bmatrix} = \begin{bmatrix} mR(\dot{\nu}_{xd} + \varDelta_1) \\ \dfrac{\mathcal{I}_z R}{pl_s}(\tilde{D} + \varDelta_2) \end{bmatrix} \tag{7.16}$$

其中

$$\tilde{D} \triangleq D_1 + d_1 + d_2, \quad \mathcal{E}_f \triangleq F_{fy} + F_{fm} + F_{fr}$$
$$D_1 = p\dot{r}_d + q\dot{\beta}_{\max}, \quad d_1 = qr - q\frac{\mathcal{E}_f}{m\nu_x}, \quad d_2 = -p\mathcal{E}_I$$
$$\varDelta_1 = -\frac{1}{mR}\varpi_{ld} - r\nu_y, \quad \varDelta_2 = -\frac{pl_s}{\mathcal{I}_z R}\varpi_{md}$$

由于 ϖ_{ld} 和 ϖ_{md} 是假设有界的，可知 $\varDelta_1$ 和 $\varDelta_2$ 是有界的。

7.3.1 模糊非线性干扰观测

通常来说，$\varDelta_1$ 和 $\varDelta_2$ 是不可直接测量的一类混合干扰信号。因此，本节设计两个基于模糊增益调节的非线性干扰观测器分别估计 $\varDelta_1$ 和 $\varDelta_2$。

(1) 用于观测车辆纵向运动非线性干扰的模糊观测器：

$$\begin{cases} \dot{P}_1 = \tilde{L}_1 \varsigma \left\{ \dfrac{1}{mR}\tau_d - \dot{\nu}_{xd} - \left(P_1 + \tilde{L}_1 s_1\right) \right\} \\ \hat{\varDelta}_1 = P_1 + \tilde{L}_1 s_1 \end{cases} \tag{7.17}$$

(2) 用于观测车辆横向运动非线性干扰的模糊观测器：

$$\begin{cases} \dot{P}_2 = \tilde{L}_2 \left\{ \dfrac{pl_s}{\mathcal{I}_z R}\tau_m - \tilde{D} - \left(P_2 + \tilde{L}_2 s_2\right) \right\} \\ \hat{\varDelta}_2 = P_2 + \tilde{L}_2 s_2 \end{cases} \tag{7.18}$$

式中，$\hat{\varDelta}_o$ $(o = 1, 2)$ 表示非线性干扰的估计值；P_o 和 $\tilde{L}_o$ 分别表示非线性干扰观测器的内部状态和需要设计的观测器增益。根据式 (7.17) 和式 (7.18)，可知 $\dot{\hat{\varDelta}}_1$ 和 $\dot{\hat{\varDelta}}_2$ 是有界的。因此，此处假设 $|\dot{\varDelta}_1| < \bar{\varDelta}_1$ 和 $|\dot{\varDelta}_2| < \bar{\varDelta}_2$。

为实现动态观测扰动信号，此处建立一个模糊系统以动态调节观测增益。模糊系统的输入为车辆纵向速度和横摆角速度，输出为观测器增益值。具体做法为：定义输入语言向量 $\boldsymbol{v}(\nu_x, r) \triangleq [\sigma_1, \sigma_2, \cdots, \sigma_p]$，可调整向量 $\boldsymbol{L}_1^{\mathrm{T}} \triangleq [l_{11}, l_{12}, \cdots, l_{1p}]$ 和 $\boldsymbol{L}_2^{\mathrm{T}} \triangleq [l_{21}, l_{22}, \cdots, l_{2p}]$。为了书写方便，使用模糊集合符号 v_1^i, v_2^i, $\cdots$, v_p^i。然后，构造如下模糊逻辑系统。

R^i: 如果 σ_1 为 v_1^i, $\cdots$, σ_p 为 v_p^i, 那么,

$$Y_1=\frac{\sum\limits_{i=1}^{R} l_{1i}\big(\prod\limits_{j}^{p} v_j^i(\sigma_j)\big)}{\sum\limits_{i=1}^{R}\big(\prod\limits_{j}^{p} v_j^i(\sigma_{ij})\big)} \tag{7.19}$$

同理可得 Y_2。给定 $\boldsymbol{W}^{\mathrm{T}}=[W_1,W_2,\cdots,W_r]$，其中，$W_i$ 定义为

$$W_i=\big(\prod_{j}^{p} v_j^i(\sigma_j)\big)/\sum_{i=1}^{R}\big(\prod_{j}^{p} v_j^i(\sigma_{ij})\big) \tag{7.20}$$

因此，观测器增益可以描述为

$$\tilde{L}_1=\boldsymbol{L}_1^{\mathrm{T}}\boldsymbol{W},\quad \tilde{L}_2=\boldsymbol{L}_2^{\mathrm{T}}\boldsymbol{W} \tag{7.21}$$

为便于推导，定义估计误差为 $e_o=\Delta_o-\hat{\Delta}_o$。然后，可以得出如下推论。

推论 7.1　在非线性观测器式 (7.17) 和式 (7.18) 下，估计误差 e_1 和 e_2 将分别收敛到区域 $Q_1\triangleq\{e_1:|e_1|\leqslant\dfrac{\bar{\Delta}_1}{\tilde{L}_1\varsigma}\triangleq\dfrac{\rho_1}{\varsigma}\}$ 和 $Q_2\triangleq\{e_2:|e_2|\leqslant\dfrac{\bar{\Delta}_2}{\tilde{L}_2}\triangleq\rho_2\}$，其中观测器增益 $\tilde{L}_1$ 和 $\tilde{L}_2$ 分别满足 $\tilde{L}_1\varsigma>\bar{\Delta}_1$ 和 $\tilde{L}_2>\bar{\Delta}_2$。

证明　考虑式 (7.14)、式 (7.15)、式 (7.17) 和式 (7.18)，并对 e_1 求导可得

$$\dot{e}_1=\dot{\Delta}_1-\tilde{L}_1\varsigma\Big[\frac{1}{mR}\tau_d-\dot{\nu}_{xd}-\hat{\Delta}_1\Big]-\tilde{L}_1\varsigma(\dot{\nu}_{xd}-\dot{\nu}_x)=\dot{\Delta}_1-\tilde{L}_1\varsigma e_1$$

选取 Lyapunov 函数为 $V_{e_1}=0.5e_1^2$，可以得到

$$\dot{V}_{e_1}=e_1(\dot{\Delta}_1-\tilde{L}_1\varsigma e_1)<|e_1|(\bar{\Delta}_1-\tilde{L}_1\varsigma|e_1|) \tag{7.22}$$

当 $|e_1|\geqslant\dfrac{\bar{\Delta}_1}{\tilde{L}_1\varsigma}$,有 $\dot{V}_{e_1}<0$,误差 e_1 可渐近收敛到区域 $Q_1\triangleq\left\{e_1:|e_1|\leqslant\dfrac{\bar{\Delta}_1}{\tilde{L}_1\varsigma}\triangleq\dfrac{\rho_1}{\varsigma}\right\}$。同理可得，误差 e_2 可渐近收敛到区域 $Q_2\triangleq\left\{e_2:|e_2|\leqslant\dfrac{\bar{\Delta}_2}{\tilde{L}_2}\triangleq\rho_2\right\}$。

7.3.2 模糊滑模控制器设计

通过引入估计误差，本书的滑模控制律设计如下:

$$\dot{s}=-\mathcal{K}_1\boldsymbol{s}-\mathcal{K}_2\boldsymbol{f}(\boldsymbol{s})+\mathcal{E} \tag{7.23}$$

其中

$$\mathcal{K}_1 \triangleq \text{diag}\{\varsigma k_{11}, k_{21}\}, \quad \mathcal{K}_2 \triangleq \text{diag}\{\varsigma k_{12}, k_{22}\}$$

$$\boldsymbol{f}(s) \triangleq \begin{bmatrix} f(s_1) & f(s_2) \end{bmatrix}^{\mathrm{T}}, \quad \boldsymbol{\mathcal{E}} = \begin{bmatrix} \varsigma e_1 & e_2 \end{bmatrix}^{\mathrm{T}}$$

$$\boldsymbol{f}(s_o) \triangleq \begin{cases} |s_o|^{\alpha} \dfrac{s_o}{|s_o|} & |s_o| \geqslant \zeta_o \\ |s_o|^{\alpha} \dfrac{s_o}{\zeta_o} & |s_o| < \zeta_o \end{cases}$$

式中，$\alpha \in (0, 1)$，且 ζ_o 表示边界层的厚度。为使得滑模控制增益 k_{11}、k_{12}、k_{21} 和 k_{22} 更灵活，定义 $k_{11} \in [\underline{k}_{11}, \overline{k}_{11}]$, $k_{12} \in [\underline{k}_{12}, \overline{k}_{12}]$, $k_{21} = [\underline{k}_{21}, \overline{k}_{21}]$, $k_{22} = [\underline{k}_{22}, \overline{k}_{22}]$。本章中，$k_{11}$、$k_{12}$、$k_{21}$ 和 k_{22} 的具体取值依赖于模糊规则。输入输出模糊集的‘小’‘中’‘大’分别用来表示以上变量。模糊规则如下。

规则 1: 如果 $\tilde{\nu}_x$ 为‘小’，$\tilde{r}$ 为‘小’，则 k_{11} 为‘小’，k_{12} 为‘小’，k_{21} 为‘小’，k_{22} 为‘小’。

规则 2: 如果 $\tilde{\nu}_x$ 为‘小’，$\tilde{r}$ 为‘中’，则 k_{11} 为‘小’，k_{12} 为‘中’，k_{21} 为‘中’，k_{22} 为‘中’。

规则 3: 如果 $\tilde{\nu}_x$ 为‘小’，$\tilde{r}$ 为‘大’，则 k_{11} 为‘中’，k_{12} 为‘中’，k_{21} 为‘大’，k_{22} 为‘大’。

规则 4: 如果 $\tilde{\nu}_x$ 为‘中’，$\tilde{r}$ 为‘小’，则 k_{11} 为‘中’，k_{12} 为‘中’，k_{21} 为‘小’，k_{22} 为‘小’。

规则 5: 如果 $\tilde{\nu}_x$ 为‘中’，$\tilde{r}$ 为‘中’，则 k_{11} 为‘中’，k_{12} 为‘中’，k_{21} 为‘中’，k_{22} 为‘中’。

规则 6: 如果 $\tilde{\nu}_x$ 为‘中’，$\tilde{r}$ 为‘大’，则 k_{11} 为‘中’，k_{12} 为‘中’，k_{21} 为‘大’，k_{22} 为‘大’。

规则 7: 如果 $\tilde{\nu}_x$ 为‘大’，$\tilde{r}$ 为‘小’，则 k_{11} 为‘大’，k_{12} 为‘大’，k_{21} 为‘中’，k_{22} 为‘中’。

规则 8: 如果 $\tilde{\nu}_x$ 为‘大’，$\tilde{r}$ 为‘中’，则 k_{11} 为‘大’，k_{12} 为‘大’，k_{21} 为‘中’，k_{22} 为‘中’。

规则 9: 如果 $\tilde{\nu}_x$ 为‘大’，$\tilde{r}$ 为‘大’，则 k_{11} 为‘中’，k_{12} 为‘中’，k_{21} 为‘大’，k_{22} 为‘大’。

定理 7.1 对于动力学模型式 (7.8)~ 式 (7.9)，如果滑模面设计为式 (7.14) 且控制律设计为式 (7.23)，同时满足 $\varsigma k_{11} < k_{21}$，则车辆纵向速度和横摆角速度

可以快速跟踪期望指令，并使得以下等式成立：

$$\boldsymbol{\tau} \triangleq \begin{bmatrix} \tau_d \\ \tau_m \end{bmatrix} = \mathcal{K}_1 \boldsymbol{\mathcal{R}}_1 \boldsymbol{s} + \mathcal{K}_2 \boldsymbol{\mathcal{R}}_1 f(\boldsymbol{s}) + \boldsymbol{\mathcal{R}}_1 \boldsymbol{\mathcal{R}}_2 + \boldsymbol{\mathcal{R}}_1 \boldsymbol{\mathcal{D}}_c \tag{7.24}$$

其中

$$\boldsymbol{\mathcal{R}}_1 = \begin{bmatrix} \dfrac{MR}{\varsigma} & 0 \\ 0 & \dfrac{\mathcal{I}_z R}{pb} \end{bmatrix}, \quad \boldsymbol{\mathcal{R}}_2 = \begin{bmatrix} \varsigma \dot{\nu}_{xd} \\ \tilde{D} \end{bmatrix}, \quad \boldsymbol{\mathcal{D}}_c = \begin{bmatrix} \varsigma \hat{\Delta}_1 \\ \hat{\Delta}_2 \end{bmatrix}$$

可以得出以下结论：

(1) 当期望指令恒定不变且无干扰时，车辆纵向速度和横摆角速度的跟踪误差将渐近收敛到 0。

(2) 当期望指令变化且有干扰时，车辆纵向速度和横摆角速度跟踪误差将渐近收敛到 0 附近，且有以下不等式成立：

$$|\tilde{\nu}_x| \leqslant \frac{\Delta_\nu}{\varsigma}, \quad |\tilde{r}| \leqslant \frac{\Delta_r}{p}, \quad |\beta| \leqslant |\beta_{\max}|$$

证明 选择 Lyapunov 函数如下：

$$V \triangleq \frac{1}{2}\big(||\boldsymbol{s}||^2 + e_1^2 + e_2^2\big) \tag{7.25}$$

(1) 当 $\mathcal{E} = \mathbf{0}_{2\times 1}$ 时, 有

$$\begin{aligned} \dot{V} &= \boldsymbol{s}^{\mathrm{T}} \dot{s} = \boldsymbol{s}^{\mathrm{T}}\big(-\mathcal{K}_1 \boldsymbol{s} - \mathcal{K}_2 f(\boldsymbol{s})\big) \\ &= -\varsigma k_{11}(s_1^2 + s_2^2) + (\varsigma k_{11} - k_{21}) s_2^2 - \varsigma k_{12} s_1 f(s_1) - k_{22} s_2 f(s_2) \end{aligned}$$

若使 $\varsigma k_{11} \leqslant k_{21}$，则有 $\dot{V} \leqslant -2\varsigma k_{11} V$，这意味着纵向速度和横摆角速度的跟踪误差将渐近收敛到 0。

(2) 当 $\mathcal{E} \neq \mathbf{0}_{2\times 1}$ 时, 有

$$\dot{V} = \varXi - 2\varsigma k_{11} V - \varsigma k_{12} s_1 f(s_1) - k_{22} s_2 f(s_2)$$

其中，$\varXi \triangleq (\varsigma k_{11} - k_{21}) s_2^2 + e_1 \dot{\Delta}_1 + e_2 \dot{\Delta}_2 + \boldsymbol{s}^{\mathrm{T}} \mathcal{E} + (\varsigma k_{11} - \mathcal{L}_1 \varsigma) e_1^2 + (\varsigma k_{11} - \mathcal{L}_2) e_2^2$。

情况 1. 若 $\varXi \leqslant 0$，则有 $\dot{V} \leqslant -2\varsigma k_{11} V$。

情况 2. 若 $\varXi > 0$，关于 $\dot{V} \leqslant 0$ 的条件仍然可以得到。

因此，就情况 2 而言，当 $\varsigma k_{11} \leqslant k_{21}$ 成立时，有如下结果：

(1) 当 $|s_1|$ 和 $|s_1|$ 分别满足 $|s_1| \geqslant \zeta_1$，$|s_2| \geqslant \zeta_2$ 时，假设 $|e_1|\bar{\Delta}_1 \leqslant \sigma_1|s_1|$ 和 $|e_2|\bar{\Delta}_2 \leqslant \sigma_2|s_2|$，其中 σ_1 和 σ_2 为正整数。然后定义 $\tilde{\rho}_1 = \dfrac{\rho_1+\sigma_1}{\varsigma}$ 和 $\tilde{\rho}_2 = \dfrac{\rho_2+\sigma_2}{\varsigma}$，则有

$$\dot{V} \leqslant -\varsigma|s_1|\left(k_{11}|s_1| - \tilde{\rho}_1\right) - \varsigma|s_2|\left(k_{21}|s_2| - \tilde{\rho}_2\right)$$

(2) 当 $|s_1|$ 和 $|s_2|$ 分别满足 $|s_1| \geqslant \dfrac{\tilde{\rho}_1}{k_{11}}$ 和 $|s_2| \geqslant \dfrac{\tilde{\rho}_2}{k_{21}}$ 时，可以得到 $\dot{V} \leqslant 0$，这意味着跟踪误差可以渐近收敛到区域 $\left(|s_1| \leqslant \dfrac{\tilde{\rho}_1}{k_{11}}, |s_2| \leqslant \dfrac{\tilde{\rho}_2}{k_{21}}\right)$ 内。因此，讨论所有的情况后，定义：

$$\varUpsilon_s^1 \triangleq \min\left\{\frac{\tilde{\rho}_1}{k_{11}}, \left(\frac{\tilde{\rho}_1}{k_{12}}\right)^{\frac{1}{\alpha}}, \left(\frac{\zeta_1\tilde{\rho}_1}{k_{12}}\right)^{\frac{1}{\alpha+1}}\right\}$$

$$\varUpsilon_t^1 \triangleq \min\left\{\frac{\tilde{\rho}_2}{k_{21}}, \left(\frac{\tilde{\rho}_2}{k_{22}}\right)^{\frac{1}{\alpha}}, \left(\frac{\zeta_2\tilde{\rho}_2}{k_{22}}\right)^{\frac{1}{\alpha+1}}\right\}$$

总结可得，跟踪误差最终会收敛到期望的误差区域，即

$$|\boldsymbol{s}| \leqslant \varDelta_s \triangleq \begin{bmatrix} \varUpsilon_s^1 \\ \varUpsilon_t^1 \end{bmatrix} \tag{7.26}$$

组合式 (7.14)、式 (7.15) 和式 (7.26)，可以获得

$$\varsigma|\tilde{\nu}_x| \leqslant \varDelta_\nu \triangleq \varUpsilon_s^1 \tag{7.27}$$

和

$$\max s_2 = p|\tilde{r}| + q|\tilde{\beta}| = |\phi| \leqslant \varDelta_r \triangleq \varUpsilon_t^1 \tag{7.28}$$

最后，可以获得以下结果：

$$|\tilde{\nu}_x| \leqslant \frac{\varDelta_\nu}{\varsigma}, \quad |\tilde{r}| \leqslant \frac{|\phi|}{p} \leqslant \frac{\varDelta_r}{p} \tag{7.29}$$

因此，根据式 (7.8)、式 (7.10)、式 (7.15) 和式 (7.23)，可以推导定理 7.1，证明过程到此结束。

注 7.2 如果在没有扰动补偿的情况下执行六轮滑移转向电动汽车的运动跟踪控制，则式 (7.24) 中的控制器将退化为

$$\boldsymbol{\tau} = \mathcal{K}_1\boldsymbol{\mathcal{R}}_1\boldsymbol{s} + \mathcal{K}_2\boldsymbol{\mathcal{R}}_1 f(\boldsymbol{s}) + \boldsymbol{\mathcal{R}}_1\boldsymbol{\mathcal{R}}_2 \tag{7.30}$$

该控制器保留了快速跟踪和对微弱干扰不敏感的优点。然而，在发生强扰动时，式 (7.24) 中的控制器优于式 (7.30) 中的控制器。这两个控制器的比较结果将在仿真部分介绍。

注 7.3 可以选择合适的 k_{11}、k_{12}、ζ_1 和 ζ_2 来确定跟踪误差的收敛区域，从而确保车辆运动系统的有效性和实用性。在某种程度上，参数 ς 和 p 可以减小或扩大滑模面的区域宽度。为了保证跟踪的有效性和流畅性，ς 和 p 的具体取值需要根据应用情况来确定。

注 7.4 注意到，滑模控制律式 (7.23) 是连续的，这意味着控制过程不会出现严重的震颤。此外，控制律不涉及任何负分数幂，因此也是无奇点的，即能够保证控制系统的连续性。

7.4 用于下层控制系统的力矩分配器设计

车辆运动系统的底层系统是力矩分配，即运动控制器获得的驱动/制动力矩和横摆力矩通过某种方式分配给每个电机以实现车辆路径跟踪 [175]。常见的力矩分配方法包括模糊分配、平均分配、基于负载的比例分配和基于目标的优化分配 (如降低轮胎使用率 [176]、减少工作 [177]、最大再生制动力矩 [178] 等)。本章从电动车辆的实用性出发，以提高车辆横摆稳定性和降低能量消耗为目标进行力矩分配。因此，本节基于两个优化目标提出力矩分配策略，实现电机力矩动态分配。

1. 以提高车辆横摆稳定性为优化目标 1

轮胎附着利用率可以用来描述车辆的横摆稳定性 [179]。轮胎附着利用率高意味着轮胎受力接近附着极限，也意味着车辆的横向稳定性低。轮胎附着利用率可用下式表示：

$$\eta_j \triangleq \frac{\sqrt{F_{xj}^2 + F_{yj}^2}}{\mu F_{zj}}, \qquad j = 1, 2, 3, 4, 5, 6 \tag{7.31}$$

式中，μ 表示路面附着系数；F_{zj} 表示轮胎垂直载荷。本书最终目标是求解轮胎的最优纵向力以获得最优力矩，故此处的优化函数 1 构造如下：

$$J_{\text{cost1}} \triangleq \min\left\{\sum_{j=1}^{6} \left|\frac{F_{xj}}{(\mu F_{zj})}\right|^2\right\} \tag{7.32}$$

2. 以降低能量消耗为优化目标 2

根据电机做功的定义，单位时间（Δt，$\Delta t = 1/f$, f 是运动系统的控制频率) 内电机做功的定义如下：

$$\tilde{W}_j \triangleq F_{xj}\nu_{xj}\Delta t = \frac{F_{xj}\nu_{xj}}{f} \tag{7.33}$$

由上式可知，通过优化轮胎纵向力可以降低电机功耗。另外，由于电机转速不能突变，此处假设轮速 ν_{xj} 是已知的，故此处的优化函数 2 构造如下：

$$J_{\text{cost2}} \triangleq \min\left\{\sum_{j=1}^{6}|\frac{F_{xj}\nu_{xj}}{f}|^2\right\} \tag{7.34}$$

基于以上分析，为求得各个电机的优化力矩，有如下定理。

定理 7.2 通过在线求极值的方法，式子

$$\min J_{\text{cost}} \triangleq \min\left\{\sum_{j=1}^{6}\left[\phi|\frac{F_{xj}}{\mu F_{zj}}|^2 + \varphi|\frac{F_{xj}\nu_{xj}}{f}|^2\right]\right\} \tag{7.35}$$

可以求到最优解，其最优解受以下约束：

$$\begin{cases} \sum\limits_{j=1}^{6} F_{xj}R \triangleq \tau_d \\ \tau_m \triangleq (F_{x2}+F_{x4}+F_{x6}-F_{x1}-F_{x3}-F_{x5})l_{\text{s}} \\ |\tau_j| \leqslant |T_{\max}| \\ |F_{xj}| < \left|\min\left(\mu F_{zj}, \dfrac{T_{\max}}{R}\right)\right| \end{cases} \tag{7.36}$$

式中，τ_j 表示分配给每个电机的力矩；$T_{\max}$ 表示每个电机能够承受的最大力矩；ϕ 和 φ 表示两个优化函数的权重值。

证明 先假设 F_{x3} 和 F_{x4} 是已知的常数值，再分别求解目标函数式 (7.35) 的一阶导数和二阶导数，即

$$\frac{\partial J_{\text{cost}}}{\partial F_{x1}} = \Omega_1 \times 2F_{x1} + \Omega_3\left[2F_{x1} - 2(F_L - F_{x5})\right]$$
$$\frac{\partial J_{\text{cost}}}{\partial F_{x5}} = \Omega_5 \times 2F_{x5} + \Omega_3\left[2F_{x5} - 2(F_L - F_{x1})\right]$$

$$\frac{\partial J_{\rm cost}}{\partial F_{x2}} = \Omega_2 \times 2F_{x2} + \Omega_4\big[2F_{x2} - 2(F_R - F_{x6})\big]$$
$$\frac{\partial J_{\rm cost}}{\partial F_{x6}} = \Omega_6 \times 2F_{x6} + \Omega_4\big[2F_{x6} - 2(F_R - F_{x2})\big]$$

和

$$\frac{\partial^2 J_{\rm cost}}{\partial F_{x1}^2} = 2\Omega_1 + 2\Omega_3,\ \ \frac{\partial^2 J_{\rm cost}}{\partial F_{x5}^2} = 2\Omega_5 + 2\Omega_3$$
$$\frac{\partial^2 J_{\rm cost}}{\partial F_{x2}^2} = 2\Omega_2 + 2\Omega_4,\ \ \frac{\partial^2 J_{\rm cost}}{\partial F_{x6}^2} = 2\Omega_6 + 2\Omega_4$$

其中

$$\Omega_j = \frac{\phi}{(\mu F_{zj})^2} + \frac{\varphi \nu_{xj}^2}{f^2}$$

$$F_L = \left(\frac{\tau_d}{R} - \frac{\tau_m}{b}\right)/2$$

$$F_R = \left(\frac{\tau_d}{R} + \frac{\tau_m}{b}\right)/2$$

然后，令一阶导数等于 0 和二阶导数大于 0，则轮胎最优纵向力可以通过以下方程得到：

$$\begin{bmatrix} F_{x1} \\ F_{x5} \\ F_{x2} \\ F_{x6} \end{bmatrix} = \begin{bmatrix} \boldsymbol{\mathcal{H}}_1 & 0_{2\times 2} \\ 0_{2\times 2} & \boldsymbol{\mathcal{H}}_2 \end{bmatrix}^{-1} \begin{bmatrix} \Omega_3 F_L \\ \Omega_3 F_L \\ \Omega_4 F_R \\ \Omega_4 F_R \end{bmatrix}$$

其中

$$\boldsymbol{\mathcal{H}}_1 = \begin{bmatrix} \Omega_1 + \Omega_3 & \Omega_3 \\ \Omega_3 & \Omega_3 + \Omega_5 \end{bmatrix},\ \ \boldsymbol{\mathcal{H}}_2 = \begin{bmatrix} \Omega_2 + \Omega_4 & \Omega_4 \\ \Omega_4 & \Omega_4 + \Omega_6 \end{bmatrix}$$

最后可以得到

$$F_{x3} = F_L - F_{x1} - F_{x5},\ \ F_{x4} = F_R - F_{x2} - F_{x6}$$

根据以上证明过程，通过电机动力学模型式 (7.11)，可以得到每个电机的输入值。至此，六轮滑移转向车辆的层级控制策略已全部执行结束。

注 7.5 在本章中，通过使用求偏导和零干预方法对式 (7.35) 求解最优值。在某一时刻 t_k，目标函数 $\min J_{\text{cost}}$ 可以写为

$$\min J_{\text{cost}}(t_k) = \min \sum_{j=1}^{6} \left[aF_{xj}^2(t_k) \right]$$

根据上一时刻 $t_k - T$ (T 是采样时间)，$a = \dfrac{\phi}{(\mu F_{zj}(t_k - T))^2} + \dfrac{\varphi \nu_{xj}^2(t_k - T)}{f^2}$ 是一个已知的值。在这一时刻，J_{cost} 是一个关于 F_{xj} 的二次函数。由此可知，在满足电机的内部约束条件下，式 (7.35) 的结果总是存在。

7.5 仿真验证

本节中，为了验证所提出算法的可行性和优势，验证过程分为两类：带扰动补偿的运动跟踪控制和无扰动补偿的运动跟踪控制，以及使用优化力矩分配 (optimal torque distribution，OTD) 策略的下层控制系统和使用载荷比例分配 (load-based torque distribution，LTD) 策略的下层控制系统。通过使用表 7.1所示的真实车辆数据，在 Trucksim 平台建立六轮车模型。基于该建模的车辆，在 Trucksim 和 Matlab-Simulink 的联合环境中进行验证测试。

表 7.1 六轮原型车参数

参数	描述	值
M	车的质量/kg	95
l_{f}	重心到前轴的垂直距离/m	0.56
l_{m}	重心到中轴的垂直距离/m	0.08
l_{r}	重心到后轴的垂直距离/m	−0.4
b	轮距/m	0.29
R	车轮半径/m	0.14
I_z	偏航惯性矩/(kg · m^2)	86
I_t	轮胎转动惯性矩/(kg · m^2)	0.8
C_α	轮胎侧偏刚度/(N/rad)	11500

实验 1: 本节中，测试期望指令的 J 型跟踪。外部扰动 τ_m 和 τ_d 选择为 $\tau_m = 2000\text{N} \cdot \text{m}$ [70(s), 75(s)] 和 $\tau_d = 100\text{N} \cdot \text{m}$ [20(s), 25(s)]。结果如图 7.3∼ 图 7.6所示。图 7.3为车辆纵向速度跟踪结果。在 20s 和 25s 之间，施加扰动补偿的速度控制的跟踪误差受强干扰影响最小，而没有扰动补偿的速度控制最大跟踪误差达到 0.9m/s。表 7.2显示了实验 1 中控制误差的均方根 (root mean square，RMS) 值，表明在整个运动过程中，施加扰动补偿的速度控制跟踪误差 RMS 值显著降

低。图 7.4显示了横摆角速度跟踪结果。在 70s 和 75s 之间，施加扰动补偿的横摆角速度控制保持低于 0.2deg/s 的跟踪误差，而没有扰动补偿的横摆角速度控制最大跟踪误差达到 0.8deg/s。如表 7.2所示，施加扰动补偿的横摆角速度控制跟踪误差的 RMS 值在整个运动过程中减少了约一半。图 7.5显示了力矩分配结果。此外，图 7.6证明使用 OTD 策略的力矩分配器以较低的总力矩实现了目标偏航力矩。

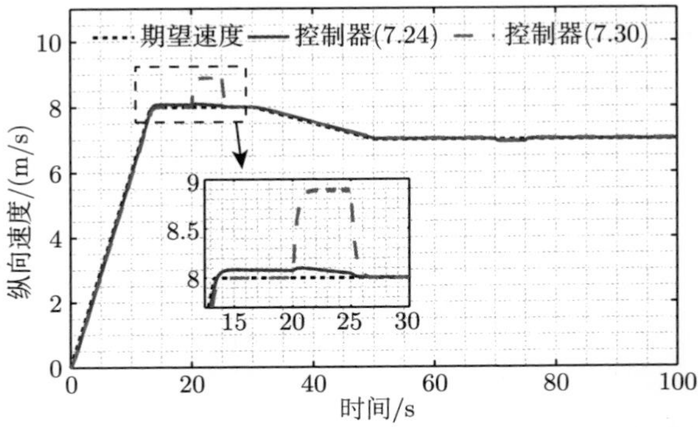

图 7.3　实验 1 的速度跟踪

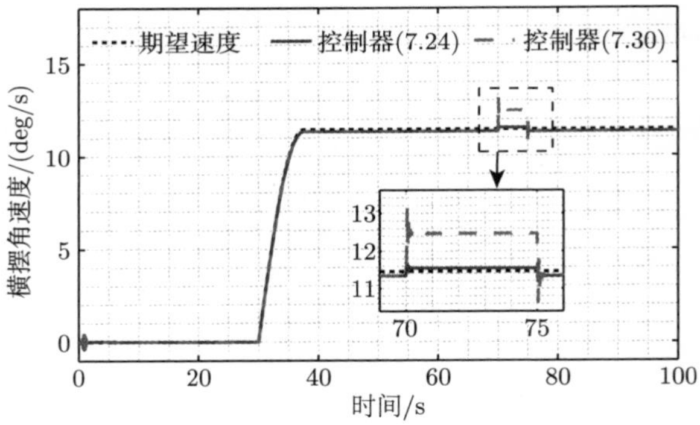

图 7.4　实验 1 的横摆角速度跟踪

表 7.2　例子 1 中控制误差的 RMS 值

RMS 值	控制器 (7.24)	控制器 (7.30)
速度跟踪误差的 RMS 值/(m/s)	0.0340	0.0924
横摆角速度跟踪误差的 RMS 值/(deg/s)	0.1953	0.4116

实验 2: 在本节中，测试期望指令的正弦式跟踪。外部扰动 τ_m 和 τ_d 分别选择为 $\tau_m = 2000\mathrm{N}\cdot\mathrm{m}$ [10(s), 15(s)] 和 $\tau_d = 100\mathrm{N}\cdot\mathrm{m}$ [47.5(s), 52.5(s)]。结果如图 7.7~ 图 7.10所示。图 7.7绘制了纵向速度跟踪结果。与无扰动补偿的速度控制

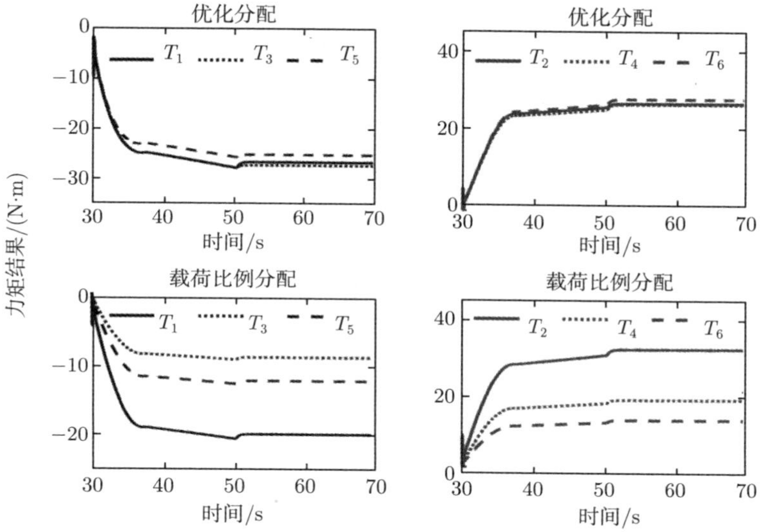

图 7.5 实验 1 的力矩分配结果

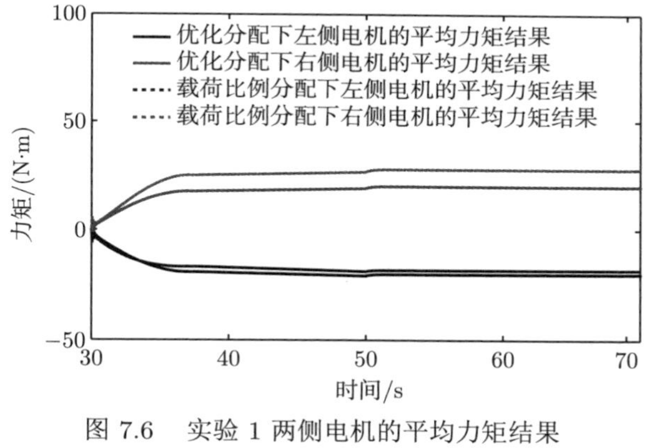

图 7.6 实验 1 两侧电机的平均力矩结果

相比，有扰动补偿的速度控制在发生干扰时基本不受影响。横摆角速度跟踪结果如图 7.8所示。当出现强扰动时，无扰动补偿的横摆角速度控制最大跟踪误差为 1.6deg/s，而有扰动补偿的横摆角速度控制相对不受影响。表 7.3给出了实验 2 中控制误差的 RMS 值。与没有扰动补偿的横摆角速度控制相比，如表 7.3所示，有扰动补偿的横摆角速度控制跟踪误差的 RMS 值降低了近 2/3。实验 2 中的力矩分配结果如图 7.9所示，平均力矩结果如图 7.10所示。图 7.10证实在相同驱动/制动力矩和偏航力矩条件下，采用 OTD 策略的电机总力矩低于采用 LTD 策略的电机总力矩。从图 7.6和图 7.10可以得出结论，使用 OTD 策略的力矩分配器可以以较低的力矩差实现所需的运动，并最大限度地减小电机总力矩。

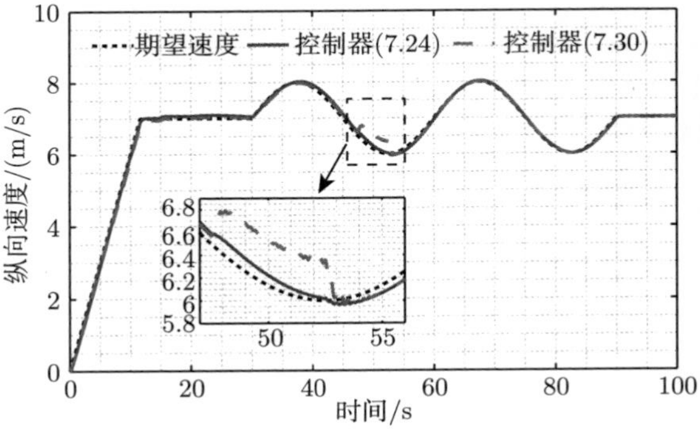

图 7.7　实验 2 的速度跟踪

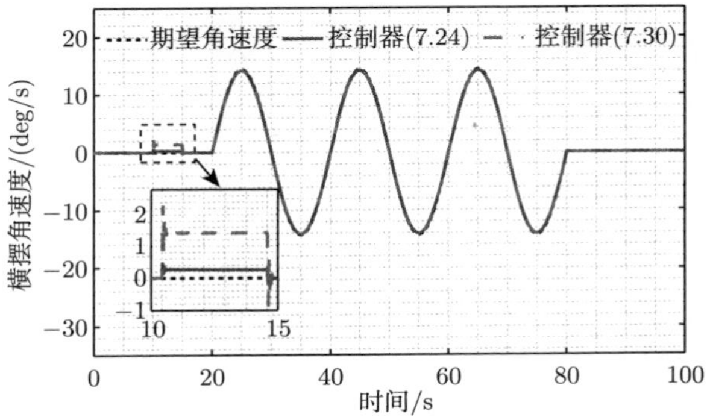

图 7.8　实验 2 的横摆角速度跟踪

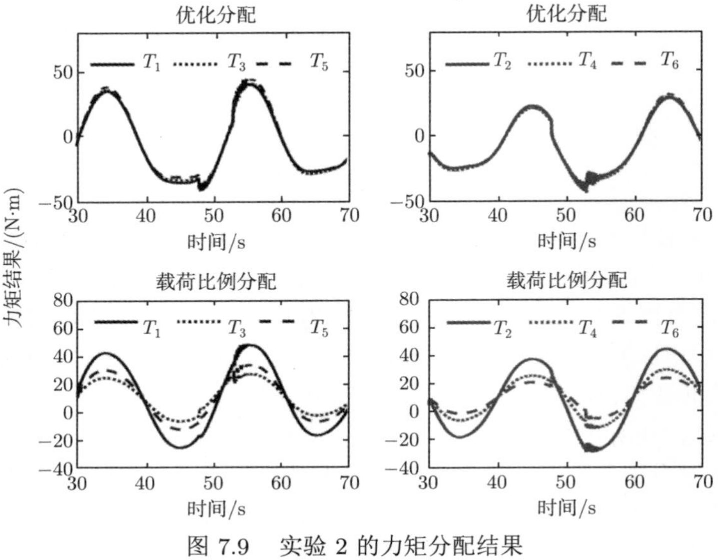

图 7.9　实验 2 的力矩分配结果

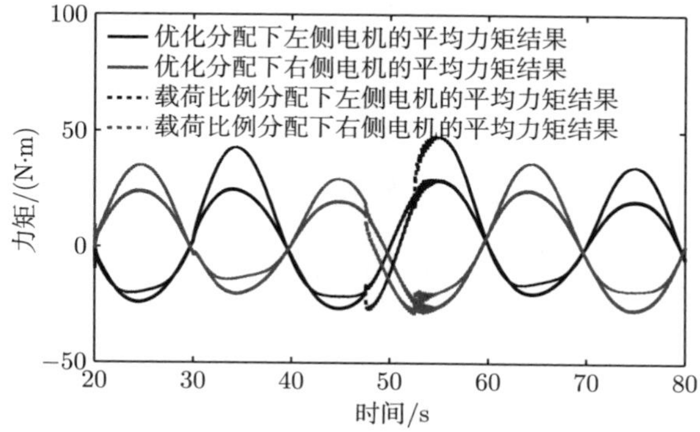

图 7.10 实验 2 两侧电机的平均力矩结果

表 7.3 实验 2 中控制误差的 RMS 值

RMS 值	控制器 (7.24)	控制器 (7.30)
速度跟踪误差的 RMS 值/(m/s)	0.0641	0.1079
横摆角速度跟踪误差的 RMS 值/(deg/s)	0.1212	0.3355

综上所述，仿真结果表明，使用扰动补偿的运动跟踪控制可以准确跟踪所需的命令，同时受强干扰的影响最小。此外，采用 OTD 策略的力矩分配器可以在满足特定车辆性能指标下最小化电机总力矩，同时保证抗扰动运动跟踪性能。

7.6 本章小结

本章提出了一种用于六轮滑移转向电动汽车的控制算法，该算法由一个抗扰动模糊滑模控制器和一个力矩分配器组成。在上层控制系统中，设计了抗扰动模糊滑模控制器不受干扰地跟踪所需的运动指令，保证了运动跟踪控制的有效性。在下层控制系统中，提出了采用 OTD 策略的力矩分配器，确保力矩分配结果满足特定的车辆性能指标，即提高车辆横摆稳定性，降低能耗。最后在 Trucksim 和 Matlab-Simulink 联合环境下验证了所提算法的可行性和优势。

第 8 章　基于模糊模型的卡车拖车系统事件触发控制

卡车拖车系统是一个典型的多变量、非线性、不稳定的动态系统。在实际情况中，车手要多次尝试后退、前进，再次后退、再次前进等操作才能到达理想的位置，由此可见其控制过程较为困难。此外，保证系统的稳定性也尤为重要，而卡车拖车系统内部的多状态特性、模型参数的不确定性以及运行环境不断变化等问题，使一般的线性控制方法不再适用 [180]。前几章研究了模糊动态系统的鲁棒控制和状态估计，以及模糊逻辑系统的工程应用等问题。在上述讨论的背景下，本章旨在借助模糊控制方法解决非线性卡车拖车系统的稳定性分析和控制器协调设计问题。首先，运用一系列线性输入-输出关系近似非线性卡车拖车系统，设计事件驱动的模糊耗散控制方法，获得较为理想的动态特性，这对系统参数和外部干扰变化具有一定的鲁棒性，同时减轻网络带宽占用的负担。其次，通过仿真实例验证所提方法的有效性和实用性，本章为 T-S 模糊控制理论与工程实践建立桥梁。

8.1　非线性卡车拖车系统

在本章中，考虑文献 [181] 中的卡车拖车模型，如图 8.1 所示。

$$
\begin{cases}
\dot{x}_1(t) = -\dfrac{\bar{v}\bar{t}}{L\bar{t}_0}x_1(t) + \dfrac{\bar{v}\bar{t}}{l\bar{t}_0}u(t) + 0.1\boldsymbol{\omega}_1(t) + 0.1\boldsymbol{\omega}_2(t) \\[2ex]
\dot{x}_2(t) = \dfrac{\bar{v}\bar{t}}{L\bar{t}_0}x_1(t) + 0.1\boldsymbol{\omega}_1(t) + 0.1\boldsymbol{\omega}_2(t) \\[2ex]
\dot{x}_3(t) = -\dfrac{\bar{v}\bar{t}}{\bar{t}_0}\sin[x_2(t) + \dfrac{\bar{v}\bar{t}}{2L}x_1(t)]
\end{cases}
\tag{8.1}
$$

其中，$x_1(t)$ 表示卡车和拖车之间的夹角差；$x_2(t)$ 表示拖车相对于理想轨迹的角度；$x_3(t)$ 表示在拖车尾端的垂直位置；$u(t)$ 表示系统的控制输入；$\boldsymbol{\omega}_1(t)$、$\boldsymbol{\omega}_2(t)$ 表示系统的外部扰动。卡车拖车系统相关参数如表 8.1所示。

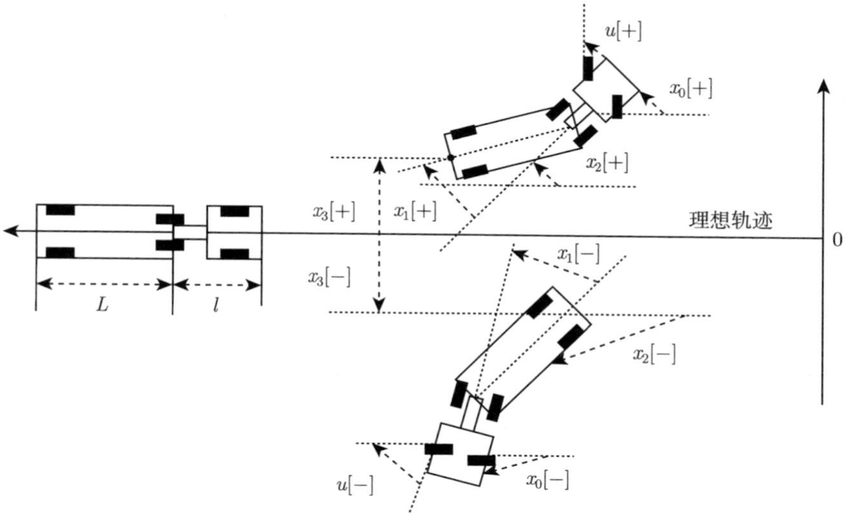

图 8.1 卡车拖车模型及其坐标系示意图

表 8.1 卡车拖车系统相关参数

参数	取值	含义
L/m	5.5	拖车长度
l/m	2.8	卡车长度
$\bar{v}$/(m/s)	−1.0	倒车恒定速度
$\bar{t}$/s	2.0	采样时间
$\bar{t}_0$/s	0.5	初始时间
$\bar{g}/\pi$	10^{-2}	模型常量

令 $\zeta(t)=x_2(t)+\left(\dfrac{\bar{v}\bar{t}}{2L}\right)x_1(t)$，选择如下的模糊基函数：

$$h_1\big(\zeta(t)\big)=\begin{cases}\dfrac{\sin\big(\zeta(t)\big)-\bar{g}\zeta(t)}{\zeta(t)(1-\bar{g})}, & \zeta(t)\neq 0\\ 1, & \zeta(t)=0\end{cases}$$

$$h_2\big(\zeta(t)\big)=1-\begin{cases}\dfrac{\sin\big(\zeta(t)\big)-\bar{g}\zeta(t)}{\zeta(t)(1-\bar{g})}, & \zeta(t)\neq 0\\ 1, & \zeta(t)=0\end{cases}$$

为了更好地估计卡车拖车系统，采用如下 T-S 模糊模型。

规则 1：如果 $\zeta(t)\approx 0$，那么，$\dot{\boldsymbol{x}}(t)=\boldsymbol{A}_1\boldsymbol{x}(t)+\boldsymbol{C}_1\boldsymbol{\omega}(t)+\boldsymbol{B}_1\boldsymbol{u}(t)$。

规则 2：如果 $\zeta(t)\approx \pm\pi$，那么，$\dot{\boldsymbol{x}}(t)=\boldsymbol{A}_2\boldsymbol{x}(t)+\boldsymbol{C}_2\boldsymbol{\omega}(t)+\boldsymbol{B}_2\boldsymbol{u}(t)$。

其中，$\boldsymbol{x}(t)=\begin{bmatrix} x_1(t) \\ x_2(t) \\ x_3(t) \end{bmatrix}$, $\boldsymbol{w}(t)=\begin{bmatrix} \boldsymbol{\omega}_1(t) \\ \boldsymbol{\omega}_2(t) \end{bmatrix}$

$$\boldsymbol{A}_1=\begin{bmatrix} -\dfrac{\bar{v}\bar{t}}{L\bar{t}_0} & 0 & 0 \\ \dfrac{\bar{v}\bar{t}}{L\bar{t}_0} & 0 & 0 \\ \dfrac{\bar{v}^2\bar{t}^2}{2L\bar{t}_0} & \dfrac{\bar{v}\bar{t}}{\bar{t}_0} & 0 \end{bmatrix},\quad \boldsymbol{A}_2=\begin{bmatrix} -\dfrac{\bar{v}\bar{t}}{L\bar{t}_0} & 0 & 0 \\ \dfrac{\bar{v}\bar{t}}{L\bar{t}_0} & 0 & 0 \\ \dfrac{\bar{g}\bar{v}^2\bar{t}^2}{2L\bar{t}_0} & \dfrac{\bar{g}\bar{v}\bar{t}}{\bar{t}_0} & 0 \end{bmatrix}$$

$$\boldsymbol{B}_1=\boldsymbol{B}_2=\begin{bmatrix} \dfrac{\bar{v}\bar{t}}{l\bar{t}_0} \\ 0 \\ 0 \end{bmatrix},\quad \boldsymbol{C}_1=\boldsymbol{C}_2=\begin{bmatrix} 0.1 & 0.1 \\ 0.1 & 0.1 \\ 0 & 0 \end{bmatrix}$$

8.2 T-S 模糊建模

通过如下所示的 T-S 模糊模型近似上述非线性卡车拖车系统。

模型规则 i：如果 $\zeta_1(t)$ 是 ϑ_{i1}，$\cdots$，$\zeta_p(t)$ 是 ϑ_{ip}，那么，

$$\begin{cases} \dot{\boldsymbol{x}}(t)=\boldsymbol{A}_i\boldsymbol{x}(t)+\boldsymbol{B}_i\boldsymbol{u}(t)+\boldsymbol{C}_i\boldsymbol{\omega}(t) \\ \boldsymbol{z}(t)=\boldsymbol{D}_i\boldsymbol{x}(t)+\boldsymbol{E}_i\boldsymbol{u}(t)+\boldsymbol{F}_i\boldsymbol{\omega}(t) \end{cases} \tag{8.2}$$

其中，$\boldsymbol{x}(t)\in\mathbf{R}^n$ 表示系统的状态向量；$\boldsymbol{u}(t)\in\mathbf{R}^s$ 表示控制输入；$\boldsymbol{z}(t)\in\mathbf{R}^m$ 表示控制输出；$\boldsymbol{\omega}(t)\in\mathbf{R}^q$ 表示系统外部扰动，属于 $\mathcal{L}_2[0,\infty)$；ϑ_{ij} 表示模糊集，$i=1,2,\cdots,r$，$j=1,2,\cdots,p$，r 是模糊规则数；$\boldsymbol{A}_i$、$\boldsymbol{B}_i$、$\boldsymbol{C}_i$、$\boldsymbol{D}_i$、$\boldsymbol{E}_i$、$\boldsymbol{F}_i$ 是具有适当维数的矩阵。模糊基函数表示为 $h_i(\zeta(t))$，满足 $h_i(\zeta(t))\geqslant 0$, $\sum\limits_{i=1}^{r}h_i\Big(\zeta(t)\Big)=1$。那么，完整的模糊动态模型可以表示为

$$\begin{cases} \dot{\boldsymbol{x}}(t)=\sum\limits_{i=1}^{r}h_i\Big(\zeta(t)\Big)\Big\{\boldsymbol{A}_i\boldsymbol{x}(t)+\boldsymbol{B}_i\boldsymbol{u}(t)+\boldsymbol{C}_i\boldsymbol{\omega}(t)\Big\} \\ \boldsymbol{z}(t)=\sum\limits_{i=1}^{r}h_i\Big(\zeta(t)\Big)\Big\{\boldsymbol{D}_i\boldsymbol{x}(t)+\boldsymbol{E}_i\boldsymbol{u}(t)+\boldsymbol{F}_i\boldsymbol{\omega}(t)\Big\} \end{cases} \tag{8.3}$$

本章采用如下的事件触发机制：

$$\Big[\boldsymbol{x}(t_kT+nT)-\boldsymbol{x}(t_kT)\Big]^{\mathrm{T}}\boldsymbol{\varLambda}_1\Big[\boldsymbol{x}(t_kT+nT)-\boldsymbol{x}(t_kT)\Big]\leqslant\delta\boldsymbol{x}^{\mathrm{T}}(kT)\boldsymbol{\varLambda}_2\boldsymbol{x}(kT) \tag{8.4}$$

其中，$\boldsymbol{\Lambda}_1 > 0$，$\boldsymbol{\Lambda}_2 > 0$ 表示事件触发权重矩阵；δ 表示给定的触发参数；$\boldsymbol{x}(t_kT+nT)$ 表示当前采样信号；$\boldsymbol{x}(t_kT)$ 表示最新传输信号。当采样数据超过式 (8.4) 中的触发条件时，采样信号才能被存储，进而传输到控制器。

网络时延定义为 $h(t)=t-t_kT-nT, 0\leqslant h(t)\leqslant T+\bar{h}=h$，当前采样信号和最新传输信号的误差设置为 $\boldsymbol{e}_k(s_kT)=\boldsymbol{x}(s_kT)-\boldsymbol{x}(t_kT)$，其中 $s_kT=t_kT+nT$，表示 t_kT 到 $t_{k+1}T$ 的采样时间。那么，事件触发条件改写为

$$\boldsymbol{e}_k^{\mathrm{T}}(s_kT)\boldsymbol{\Lambda}_1\boldsymbol{e}_k(s_kT) \leqslant \delta\boldsymbol{x}^{\mathrm{T}}(s_kT)\boldsymbol{\Lambda}_2\boldsymbol{x}(s_kT) \tag{8.5}$$

此外，状态反馈控制器设计如下。

控制器规则 j：如果 $\zeta_1(t)$ 是 ϑ_{i1}，$\cdots$，$\zeta_p(t)$ 是 ϑ_{ip}，那么，

$$u(t) = K_j\boldsymbol{x}(t_kT) \qquad t\in[t_kT+h_{t_k}, t_{k+1}T+h_{t_{k+1}})$$

其中，$K_j\in\mathbf{R}^{n\times n}$ 表示待求的控制器增益。那么，模糊控制器进一步表示为

$$u(t)=\sum_{j=1}^{r}h_j\big(\zeta(t)\big)K_j\boldsymbol{x}(t_kT) \tag{8.6}$$

基于上述讨论，可得完整的模糊闭环控制系统：

$$\begin{cases}\dot{\boldsymbol{x}}(t)=\displaystyle\sum_{i=1}^{r}\sum_{j=1}^{r}h_i\big(\zeta(t)\big)h_j\big(\zeta(t)\big)\Big\{\boldsymbol{A}_i\boldsymbol{x}(t)+\boldsymbol{C}_i\boldsymbol{\omega}(t)+\boldsymbol{B}_iK_j\boldsymbol{x}\big(t-h(t)\big)\\ \qquad -\boldsymbol{B}_iK_j\boldsymbol{e}_k\big(s_kT\big)\Big\}\\ \boldsymbol{z}(t)=\displaystyle\sum_{i=1}^{r}\sum_{j=1}^{r}h_i\big(\zeta(t)\big)h_j\big(\zeta(t)\big)\Big\{\boldsymbol{D}_i\boldsymbol{x}(t)+\boldsymbol{F}_i\boldsymbol{\omega}(t)+\boldsymbol{E}_iK_j\boldsymbol{x}\big(t-h(t)\big)\\ \qquad -\boldsymbol{E}_iK_j\boldsymbol{e}_k\big(s_kT\big)\Big\}\end{cases} \tag{8.7}$$

引理 8.1 [151] 对于给定的正定矩阵 $\boldsymbol{Z}>0$，以及可微函数 $\big\{x(u)|u\in[a,b]\big\}$，下述不等式成立：

$$\int_a^b \dot{\boldsymbol{x}}^{\mathrm{T}}(s)\boldsymbol{Z}\dot{x}(s)\mathrm{d}s \geqslant \frac{1}{b-a}\boldsymbol{\Gamma}_1^{\mathrm{T}}\boldsymbol{Z}\boldsymbol{\Gamma}_1+\frac{3}{b-a}\boldsymbol{\Gamma}_2^{\mathrm{T}}\boldsymbol{Z}\boldsymbol{\Gamma}_2+\frac{5}{b-a}\boldsymbol{\Gamma}_3^{\mathrm{T}}\vartheta\boldsymbol{\Gamma}_3$$

$$\int_a^b\int_\theta^b \dot{\boldsymbol{x}}^{\mathrm{T}}(s)\boldsymbol{Z}\dot{x}(s)\mathrm{d}s\mathrm{d}\theta \geqslant 2\boldsymbol{\Gamma}_4^{\mathrm{T}}\boldsymbol{Z}\boldsymbol{\Gamma}_4+4\boldsymbol{\Gamma}_5^{\mathrm{T}}\boldsymbol{Z}\boldsymbol{\Gamma}_5$$

$$\int_a^b\int_a^\theta \dot{\boldsymbol{x}}^{\mathrm{T}}(s)\boldsymbol{Z}\dot{x}(s)\mathrm{d}s\mathrm{d}\theta \geqslant 2\boldsymbol{\Gamma}_6^{\mathrm{T}}\boldsymbol{Z}\boldsymbol{\Gamma}_6+4\boldsymbol{\Gamma}_7^{\mathrm{T}}\boldsymbol{Z}\boldsymbol{\Gamma}_7$$

$$\int_a^b \dot{\boldsymbol{x}}^{\mathrm{T}}(s)\boldsymbol{Z}\dot{\boldsymbol{x}}(s)\mathrm{d}s \geqslant \frac{1}{b-a}\left(\int_a^b \boldsymbol{x}(s)\mathrm{d}s\right)^{\mathrm{T}}\boldsymbol{Z}\left(\int_a^b \boldsymbol{x}(s)\mathrm{d}s\right)+\frac{3}{b-a}\boldsymbol{\varGamma}_8^{\mathrm{T}}\vartheta\boldsymbol{\varGamma}_8$$

其中

$$\boldsymbol{\varGamma}_1 \triangleq x(b)-x(a),\ \boldsymbol{\varGamma}_2 \triangleq x(b)+x(a)-\frac{2}{b-a}\int_a^b x(s)\mathrm{d}s$$

$$\boldsymbol{\varGamma}_3 \triangleq \frac{6}{b-a}\int_a^b x(s)\mathrm{d}s-\frac{12}{(b-a)^2}\int_a^b\int_\theta^b x(s)\mathrm{d}s\mathrm{d}\theta+x(b)-x(a)$$

$$\boldsymbol{\varGamma}_4 \triangleq x(b)-\frac{1}{b-a}\int_a^b x(s)\mathrm{d}s$$

$$\boldsymbol{\varGamma}_5 \triangleq x(b)+\frac{2}{b-a}\int_a^b x(s)\mathrm{d}s-\frac{6}{(b-a)^2}\int_a^b\int_\theta^b x(s)\mathrm{d}s\mathrm{d}\theta$$

$$\boldsymbol{\varGamma}_6 \triangleq x(a)-\frac{1}{b-a}\int_a^b x(s)\mathrm{d}s$$

$$\boldsymbol{\varGamma}_7 \triangleq x(a)-\frac{4}{b-a}\int_a^b x(s)\mathrm{d}s+\frac{6}{(b-a)^2}\int_a^b\int_\theta^b x(s)\mathrm{d}s\mathrm{d}\theta$$

$$\boldsymbol{\varGamma}_8 \triangleq \int_a^b x(s)\mathrm{d}s-\frac{2}{b-a}\int_a^b\int_\theta^b x(s)\mathrm{d}s\mathrm{d}\theta$$

8.3　系统稳定性能分析

为了便于后续描述，定义如下矩阵：

$$\begin{aligned}\boldsymbol{\varPsi}(t) \triangleq \mathrm{col}\Big\{&x(t),\ x(t-h),\ x(t-h(t)),\ \frac{1}{h(t)}\int_{t-h(t)}^t x(\alpha)\mathrm{d}\alpha,\\ &\frac{1}{h-h(t)}\int_{t-h}^{t-h(t)} x(\alpha)\mathrm{d}\alpha,\ \frac{2}{h^2(t)}\int_{-h(t)}^0\int_{t+\beta}^t x(\alpha)\mathrm{d}\alpha\mathrm{d}\beta,\\ &\frac{2}{\big(h-h(t)\big)^2}\int_{-h}^{-h(t)}\int_{t+\beta}^{t-h(t)} x(\alpha)\mathrm{d}\alpha\mathrm{d}\beta,\ \dot{x}(t),\ e_k(s_kT),\ w(t)\Big\}\end{aligned}$$

$$\boldsymbol{\chi} \triangleq \begin{bmatrix}\chi_{11} & \chi_{12} & \chi_{13}\\ \chi_{21} & \chi_{22} & \chi_{23}\\ \chi_{31} & \chi_{32} & \chi_{33}\end{bmatrix},\ \boldsymbol{O}_{3\times3} \triangleq \begin{bmatrix}0&0&0\\0&0&0\\0&0&0\end{bmatrix},\ \boldsymbol{\varXi} \triangleq \begin{bmatrix}\mathcal{I}\otimes R & \chi\\ \star & \mathcal{I}\otimes R\end{bmatrix}$$

$$\boldsymbol{\varGamma} \triangleq \Big[\ e_3-e_2 \quad e_3+e_2-2e_5 \quad e_3-e_2+6e_5-6e_7 \quad e_1-e_3 \quad e_1+e_3-2e_4$$

$$e_1 - e_3 + 6e_4 - 6e_6 \Big], \ \mathcal{I} \triangleq \mathrm{diag}\{I, 3I, 5I\}$$

定理 8.1 对于给定的标量 h, δ, θ，以及实矩阵 $\boldsymbol{X} = \boldsymbol{X}^{\mathrm{T}} = -\hat{\boldsymbol{X}}^{\mathrm{T}}\hat{\boldsymbol{X}}, \boldsymbol{Y}, \boldsymbol{Z}$，如果存在矩阵 $\boldsymbol{P} > 0, \boldsymbol{Q} > 0, \boldsymbol{R} > 0, \boldsymbol{S} > 0, \boldsymbol{T} > 0, \boldsymbol{\Lambda}_1 > 0, \boldsymbol{\Lambda}_2 > 0, \boldsymbol{\Phi}_1 > 0, \boldsymbol{\Phi}_2 > 0, \boldsymbol{\chi}$，使得下列条件成立：

$$\frac{2}{r-1}\begin{bmatrix} \boldsymbol{\Omega}_1^{ii} & \boldsymbol{\Omega}_2^{ii} & \boldsymbol{\Omega}_3^{ii} \\ \star & \boldsymbol{\Omega}_4 & \boldsymbol{\Omega}_5^{ii} \\ \star & \star & \boldsymbol{\Omega}_6^{ii} \end{bmatrix} + \begin{bmatrix} \boldsymbol{\Omega}_1^{ij} & \boldsymbol{\Omega}_2^{ij} & \boldsymbol{\Omega}_3^{ij} \\ \star & \boldsymbol{\Omega}_4 & \boldsymbol{\Omega}_5^{ij} \\ \star & \star & \boldsymbol{\Omega}_6^{ij} \end{bmatrix} + \begin{bmatrix} \boldsymbol{\Omega}_1^{ji} & \boldsymbol{\Omega}_2^{ji} & \boldsymbol{\Omega}_3^{ji} \\ \star & \boldsymbol{\Omega}_4 & \boldsymbol{\Omega}_5^{ji} \\ \star & \star & \boldsymbol{\Omega}_6^{ji} \end{bmatrix} < 0 \quad (8.8)$$

$$\begin{bmatrix} \boldsymbol{\Omega}_1^{ii} & \boldsymbol{\Omega}_2^{ii} & \boldsymbol{\Omega}_3^{ii} \\ \star & \boldsymbol{\Omega}_4 & \boldsymbol{\Omega}_5^{ii} \\ \star & \star & \boldsymbol{\Omega}_6^{ii} \end{bmatrix} < 0 \quad (8.9)$$

$$\boldsymbol{F} \triangleq \begin{bmatrix} \mathcal{I} \otimes \boldsymbol{R} + \mathcal{I} \otimes \boldsymbol{S} & \boldsymbol{\chi} \\ \star & \mathcal{I} \otimes \boldsymbol{R} + \mathcal{I} \otimes \boldsymbol{T} \end{bmatrix} > 0 \quad (8.10)$$

其中

$$\boldsymbol{\Omega}_1^{ij} \triangleq \begin{bmatrix} -9\boldsymbol{R} - 6\boldsymbol{S} + \boldsymbol{Q} + 2\boldsymbol{\Phi}_2^{T}\boldsymbol{A}_i & \boldsymbol{M}_1 & \boldsymbol{M}_2^{ij} & -24\boldsymbol{R} - 6\boldsymbol{S} \\ \star & -9\boldsymbol{R} - 6\boldsymbol{T} - \boldsymbol{Q} & \boldsymbol{M}_3 & \boldsymbol{M}_4 \\ \star & \star & \boldsymbol{M}_5 & \boldsymbol{M}_6 \\ \star & \star & \star & -192\boldsymbol{R} - 18\boldsymbol{S} - 66\boldsymbol{T} \end{bmatrix}$$

$$\boldsymbol{\Omega}_2^{ij} \triangleq \begin{bmatrix} \boldsymbol{M}_7 & 30\boldsymbol{R} + 12\boldsymbol{S} & \sum\limits_{m=1}^{3} 6\boldsymbol{\chi}_{3m}^{\mathrm{T}} & \boldsymbol{P}^{\mathrm{T}} - \boldsymbol{\Phi}_1^{\mathrm{T}} + \boldsymbol{A}_i^{\mathrm{T}}\boldsymbol{\Phi}_2 \\ 36\boldsymbol{R} + 18\boldsymbol{T} & (-1)^m \sum\limits_{m=1}^{3} 6\boldsymbol{\chi}_{m3} & -30\boldsymbol{R} - 12\boldsymbol{T} & 0 \\ \boldsymbol{M}_8 & \boldsymbol{M}_9 & \boldsymbol{M}_{10} & \boldsymbol{K}_j^{\mathrm{T}}\boldsymbol{B}_i^{\mathrm{T}}\boldsymbol{\Phi}_2 \\ \boldsymbol{M}_{11} & 180\boldsymbol{R} + 24\boldsymbol{S} + 48\boldsymbol{T} & -12\boldsymbol{\chi}_{32}^{\mathrm{T}} + 36\boldsymbol{\chi}_{33}^{\mathrm{T}} & 0 \end{bmatrix}$$

$$\boldsymbol{\Omega}_3^{ij} \triangleq \begin{bmatrix} -\boldsymbol{\Phi}_1^{\mathrm{T}}\boldsymbol{B}_i K_j & \boldsymbol{\Phi}_1^{\mathrm{T}}\boldsymbol{C}_j - \boldsymbol{D}_i^{\mathrm{T}}Y & \boldsymbol{D}_i^{\mathrm{T}}\hat{\boldsymbol{X}}^{\mathrm{T}} \\ 0 & 0 & 0 \\ 0 & -\boldsymbol{K}_j^{\mathrm{T}}\boldsymbol{E}_i^{\mathrm{T}}Y & \boldsymbol{K}_j^{\mathrm{T}}\boldsymbol{E}_i^{\mathrm{T}}\hat{\boldsymbol{X}}^{\mathrm{T}} \\ 0 & 0 & 0 \end{bmatrix}$$

$$\boldsymbol{\Omega}_4 \triangleq \begin{bmatrix} -192\boldsymbol{R}-18\boldsymbol{S}-66\boldsymbol{T} & -12\boldsymbol{\chi}_{23}+36\boldsymbol{\chi}_{33} & 180\boldsymbol{R}+48\boldsymbol{T}+24\boldsymbol{S} & 0 \\ \star & -180\boldsymbol{R}-36\boldsymbol{T}-36\boldsymbol{S} & -36\boldsymbol{\chi}_{33} & 0 \\ \star & \star & -180\boldsymbol{R}-36\boldsymbol{T}-36\boldsymbol{S} & 0 \\ \star & \star & \star & \boldsymbol{M}_{12} \end{bmatrix}$$

$$\boldsymbol{\Omega}_5^{ij} \triangleq \left[\begin{array}{ccc} & \boldsymbol{O}_{3\times 3} & \\ \hline -\boldsymbol{\Phi}_2^{\mathrm{T}}\boldsymbol{B}_iK_j & \boldsymbol{\Phi}_2^{\mathrm{T}}\boldsymbol{C}_j & 0 \end{array}\right]$$

$$\boldsymbol{\Omega}_6^{ij} \triangleq \begin{bmatrix} -\boldsymbol{\Lambda}_1 & \boldsymbol{K}_j^{\mathrm{T}}\boldsymbol{E}_i^{\mathrm{T}}Y & -\boldsymbol{K}_j^{\mathrm{T}}\boldsymbol{E}_i^{\mathrm{T}}\hat{\boldsymbol{X}}^{\mathrm{T}} \\ \star & -2\boldsymbol{F}_i^{\mathrm{T}}Y-\boldsymbol{Z}+\theta & \boldsymbol{F}_i^{\mathrm{T}}\hat{\boldsymbol{X}}^{\mathrm{T}} \\ \star & \star & -I \end{bmatrix}$$

$$\boldsymbol{M}_1 \triangleq \sum_{m=1}^{3}\left(\boldsymbol{\chi}_{1m}^{\mathrm{T}}-\boldsymbol{\chi}_{2m}^{\mathrm{T}}+\boldsymbol{\chi}_{3m}^{\mathrm{T}}\right),\ \boldsymbol{M}_7 \triangleq \sum_{m=1}^{3}\left(2\boldsymbol{\chi}_{2m}^{\mathrm{T}}-6\boldsymbol{\chi}_{3m}^{\mathrm{T}}\right)$$

$$\boldsymbol{M}_2^{ij} \triangleq \sum_{m=1}^{3}\left(-\boldsymbol{\chi}_{1m}^{\mathrm{T}}-\boldsymbol{\chi}_{2m}^{\mathrm{T}}-\boldsymbol{\chi}_{3m}^{\mathrm{T}}\right)+3\boldsymbol{R}+\boldsymbol{\Phi}_1^{\mathrm{T}}\boldsymbol{B}_i\boldsymbol{K}_j$$

$$\boldsymbol{M}_3 \triangleq (-1)^m\sum_{m=1}^{3}\left(\boldsymbol{\chi}_{m1}-\boldsymbol{\chi}_{m2}+\boldsymbol{\chi}_{m3}\right)+3\boldsymbol{R}$$

$$\boldsymbol{M}_4 \triangleq (-1)^m\sum_{m=1}^{3}\left(2\boldsymbol{\chi}_{m2}-6\boldsymbol{\chi}_{m3}\right),\boldsymbol{M}_6 \triangleq \sum_{m=1}^{3}\left(2\boldsymbol{\chi}_{m2}-6\boldsymbol{\chi}_{m3}\right)+36\boldsymbol{R}+18\boldsymbol{T}$$

$$\boldsymbol{M}_5 \triangleq \mathrm{sym}\left\{\sum_{m=1}^{3}\left(\boldsymbol{\chi}_{m1}-\boldsymbol{\chi}_{m2}+\boldsymbol{\chi}_{m3}\right)\right\}-18\boldsymbol{R}-6\boldsymbol{S}-6\boldsymbol{T}+\delta\boldsymbol{\Lambda}_2$$

$$\boldsymbol{M}_8 \triangleq (-1)^m\sum_{m=1}^{3}\left(2\boldsymbol{\chi}_{2m}^{\mathrm{T}}-6\boldsymbol{\chi}_{3m}^{\mathrm{T}}\right)-24\boldsymbol{R}-6\boldsymbol{S},\boldsymbol{M}_9 \triangleq \sum_{m=1}^{3}6\boldsymbol{\chi}_{m3}-30\boldsymbol{R}-12\boldsymbol{T}$$

$$\boldsymbol{M}_{10} \triangleq (-1)^m\sum_{m=1}^{3}6\boldsymbol{\chi}_{3m}^{\mathrm{T}}+30\boldsymbol{R}+12\boldsymbol{S},\boldsymbol{M}_{11} \triangleq -4\boldsymbol{\chi}_{22}^{\mathrm{T}}+12\boldsymbol{\chi}_{23}^{\mathrm{T}}+12\boldsymbol{\chi}_{32}^{\mathrm{T}}-36\boldsymbol{\chi}_{33}^{\mathrm{T}}$$

$$\boldsymbol{M}_{12} \triangleq h^2\boldsymbol{R}+\frac{1}{2}h^2(\boldsymbol{S}+\boldsymbol{T})-2\boldsymbol{\Phi}_2^{\mathrm{T}}$$

那么，系统式 (8.7) 是渐近稳定的，并且满足严格的 (X,Y,Z)-θ-耗散性能指标。

证明 Lyapunov 函数选择如下：

$$\begin{aligned}V(t)\triangleq&\boldsymbol{x}^{\mathrm{T}}(t)\boldsymbol{P}x(t)+\int_{t-h}^{t}\boldsymbol{x}^{\mathrm{T}}(s)\boldsymbol{Q}\boldsymbol{x}(s)\mathrm{d}s\\&+h\int_{-h}^{0}\int_{t+\theta}^{t}\dot{\boldsymbol{x}}^{\mathrm{T}}(s)\boldsymbol{R}\dot{\boldsymbol{x}}(s)\mathrm{d}s\mathrm{d}\theta\\&+\int_{-h}^{0}\int_{r}^{0}\int_{t+\theta}^{t}\dot{\boldsymbol{x}}^{\mathrm{T}}(s)\boldsymbol{S}\dot{\boldsymbol{x}}(s)\mathrm{d}s\mathrm{d}\theta\mathrm{d}r\\&+\int_{-h}^{0}\int_{-h}^{r}\int_{t+\theta}^{t}\dot{\boldsymbol{x}}^{\mathrm{T}}(s)\boldsymbol{T}\dot{\boldsymbol{x}}(s)\mathrm{d}s\mathrm{d}\theta\mathrm{d}r\end{aligned}\tag{8.11}$$

因此，可以得到

$$\begin{aligned}\dot{V}(t)\triangleq&2\dot{\boldsymbol{x}}^{\mathrm{T}}(t)\boldsymbol{P}\boldsymbol{x}(t)+\boldsymbol{x}^{\mathrm{T}}(t)\boldsymbol{Q}\boldsymbol{x}(t)-\boldsymbol{x}^{\mathrm{T}}(t-h)\boldsymbol{Q}\boldsymbol{x}(t-h)+h^{2}\dot{\boldsymbol{x}}^{\mathrm{T}}(t)\boldsymbol{R}\dot{\boldsymbol{x}}(t)\\&-h\int_{t-h}^{t}\dot{\boldsymbol{x}}^{\mathrm{T}}(\alpha)\boldsymbol{R}\dot{\boldsymbol{x}}(\alpha)\mathrm{d}\alpha+\frac{1}{2}h^{2}\dot{\boldsymbol{x}}^{\mathrm{T}}(t)\boldsymbol{S}\dot{\boldsymbol{x}}(t)-\int_{-h}^{0}\int_{t+\beta}^{t}\dot{\boldsymbol{x}}^{\mathrm{T}}(\alpha)\boldsymbol{S}\dot{\boldsymbol{x}}(\alpha)\mathrm{d}\alpha\mathrm{d}\beta\\&+\frac{1}{2}h^{2}\dot{\boldsymbol{x}}^{\mathrm{T}}(t)\boldsymbol{T}\dot{\boldsymbol{x}}(t)-\int_{-h}^{0}\int_{t-h}^{t+\beta}\dot{\boldsymbol{x}}^{\mathrm{T}}(\alpha)\boldsymbol{T}\dot{\boldsymbol{x}}(\alpha)\mathrm{d}\alpha\mathrm{d}\beta\end{aligned}\tag{8.12}$$

由 $-h\int_{t-h}^{t}\dot{\boldsymbol{x}}^{\mathrm{T}}(\alpha)\boldsymbol{R}\dot{x}(\alpha)\mathrm{d}\alpha=-h\int_{t-h}^{t-h(t)}\dot{\boldsymbol{x}}^{\mathrm{T}}(\alpha)\boldsymbol{R}\dot{\boldsymbol{x}}(\alpha)\mathrm{d}\alpha-h\int_{t-h(t)}^{t}\dot{\boldsymbol{x}}^{\mathrm{T}}(\alpha)\boldsymbol{R}\dot{\boldsymbol{x}}(\alpha)$ $\mathrm{d}\alpha$，可以得到

$$\begin{aligned}&-h\int_{t-h}^{t-h(t)}\dot{\boldsymbol{x}}^{\mathrm{T}}(\alpha)\boldsymbol{R}\dot{\boldsymbol{x}}(\alpha)\mathrm{d}\alpha\\\leqslant&-\frac{h}{h-h(t)}\boldsymbol{\Psi}^{\mathrm{T}}(t)\Big\{\big(e_3-e_2\big)\boldsymbol{R}\big(e_3-e_2\big)^{\mathrm{T}}\\&+3\big(e_3+e_2-2e_5\big)\boldsymbol{R}\big(e_3+e_2-2e_5\big)^{\mathrm{T}}\\&+5\big(e_3-e_2+6e_5-6e_7\big)\boldsymbol{R}\big(e_3-e_2+6e_5-6e_7\big)^{\mathrm{T}}\Big\}\boldsymbol{\Psi}(t)\\&-h\int_{t-h(t)}^{t}\dot{\boldsymbol{x}}^{\mathrm{T}}(\alpha)\boldsymbol{R}\dot{\boldsymbol{x}}(\alpha)\mathrm{d}\alpha\\\leqslant&-\frac{h}{h(t)}\boldsymbol{\Psi}^{\mathrm{T}}(t)\Big\{\big(e_1-e_3\big)\boldsymbol{R}\big(e_1-e_3\big)^{\mathrm{T}}\\&+3\big(e_1+e_3-2e_4\big)\boldsymbol{R}\big(e_1+e_3-2e_4\big)^{\mathrm{T}}\end{aligned}$$

$$
\begin{aligned}
&+5\big(e_1-e_3+6e_4-6e_6\big)\boldsymbol{R}\big(e_1-e_3+6e_4-6e_6\big)^{\mathrm{T}}\Big\}\boldsymbol{\varPsi}(t)\\
&-\big(h-h(t)\big)\int_{t-h(t)}^{t}\dot{\boldsymbol{x}}^{\mathrm{T}}(\alpha)\boldsymbol{S}\dot{\boldsymbol{x}}(\alpha)\mathrm{d}\alpha\\
\leqslant&-\Big(\frac{h}{h(t)}-1\Big)\boldsymbol{\varPsi}^{\mathrm{T}}(t)\Big\{\big(e_1-e_3\big)\boldsymbol{S}\big(e_1-e_3\big)^{\mathrm{T}}\\
&+3\big(e_1+e_3-2e_4\big)\boldsymbol{S}\big(e_1+e_3-2e_4\big)^{\mathrm{T}}\\
&+5\big(e_1-e_3+6e_4-6e_6\big)\boldsymbol{S}\big(e_1-e_3+6e_4-6e_6\big)^{\mathrm{T}}\Big\}\boldsymbol{\varPsi}(t)\\
&-h(t)\int_{t-h}^{t-h(t)}\dot{\boldsymbol{x}}^{\mathrm{T}}(\alpha)\boldsymbol{T}\dot{\boldsymbol{x}}(\alpha)\mathrm{d}\alpha\\
\leqslant&-\frac{h(t)}{h-h(t)}\boldsymbol{\varPsi}^{\mathrm{T}}(t)\Big\{\big(e_3-e_2\big)\boldsymbol{T}\big(e_3-e_2\big)^{\mathrm{T}}\\
&+3\big(e_3+e_2-2e_5\big)\boldsymbol{T}\big(e_3+e_2-2e_5\big)^{\mathrm{T}}\\
&+5\big(e_3-e_2+6e_5-6e_7\big)\boldsymbol{T}\big(e_3-e_2+6e_5-6e_7\big)^{\mathrm{T}}\Big\}\boldsymbol{\varPsi}(t)
\end{aligned}
$$

考虑到 $\boldsymbol{S}>0$，$\boldsymbol{T}>0$ 及引理 8.1，则有

$$
\begin{aligned}
&-\int_{-h}^{-h(t)}\int_{t+\beta}^{t-h(t)}\dot{\boldsymbol{x}}^{\mathrm{T}}(\alpha)\boldsymbol{S}\dot{\boldsymbol{x}}(\alpha)\mathrm{d}\alpha\mathrm{d}\beta\\
\leqslant&-\boldsymbol{\varPsi}^{\mathrm{T}}(t)\Big\{2\big(e_3-e_5\big)\boldsymbol{S}\big(e_3-e_5\big)^{\mathrm{T}}\\
&+4\big(e_3+2e_5-3e_7\big)\boldsymbol{S}\big(e_3+2e_5-3e_7\big)^{\mathrm{T}}\Big\}\boldsymbol{\varPsi}(t)\\
&-\int_{-h(t)}^{0}\int_{t+\beta}^{t}\dot{\boldsymbol{x}}^{\mathrm{T}}(\alpha)\boldsymbol{S}\dot{\boldsymbol{x}}(\alpha)\mathrm{d}\alpha\mathrm{d}\beta\\
\leqslant&-\boldsymbol{\varPsi}^{\mathrm{T}}(t)\Big\{2\big(e_1-e_4\big)\boldsymbol{S}\big(e_1-e_4\big)^{\mathrm{T}}\\
&+4\big(e_1+2e_4-3e_6\big)\boldsymbol{S}\big(e_1+2e_4-3e_6\big)^{\mathrm{T}}\Big\}\boldsymbol{\varPsi}(t)\\
&-\int_{-h}^{-h(t)}\int_{t-h}^{t+\beta}\dot{\boldsymbol{x}}^{\mathrm{T}}(\alpha)\boldsymbol{T}\dot{\boldsymbol{x}}(\alpha)\mathrm{d}\alpha\mathrm{d}\beta\\
\leqslant&-\boldsymbol{\varPsi}^{\mathrm{T}}(t)\Big\{2\big(e_2-e_5\big)\boldsymbol{T}\big(e_2-e_5\big)^{\mathrm{T}}\\
&+4\big(e_2-4e_5+3e_7\big)\boldsymbol{T}\big(e_2-4e_5+3e_7\big)^{\mathrm{T}}\Big\}\boldsymbol{\varPsi}(t)
\end{aligned}
$$

$$
\begin{aligned}
&-\int_{-h(t)}^{0}\int_{t-h(t)}^{t+\beta}\dot{\boldsymbol{x}}^{\mathrm{T}}(\alpha)\boldsymbol{T}\dot{\boldsymbol{x}}(\alpha)\mathrm{d}\alpha\mathrm{d}\beta\\
\leqslant& -\boldsymbol{\Psi}^{\mathrm{T}}(t)\Big\{2\big(e_3-e_4\big)\boldsymbol{T}\big(e_3-e_4\big)^{\mathrm{T}}\\
&+4\big(e_3-4e_4+3e_6\big)\boldsymbol{T}\big(e_3-4e_4+3e_6\big)^{\mathrm{T}}\Big\}\boldsymbol{\Psi}(t)
\end{aligned}
$$

给定具有适当维数的矩阵 $\boldsymbol{\Phi}_1$，$\boldsymbol{\Phi}_2$，下列等式成立：

$$
\begin{aligned}
&\sum_{i=1}^{r}\sum_{j=1}^{r}h_i\big(\zeta(t)\big)h_j\big(\zeta(t)\big)\big[\boldsymbol{x}^{\mathrm{T}}(t)\boldsymbol{\Phi}_1^{\mathrm{T}}+\dot{\boldsymbol{x}}^{\mathrm{T}}(t)\boldsymbol{\Phi}_2^{\mathrm{T}}\big]\big[-\dot{\boldsymbol{x}}(t)+\boldsymbol{A}_i\boldsymbol{x}(t)\\
&\qquad+\boldsymbol{B}_iK_j\boldsymbol{x}\big(t-h(t)\big)-\boldsymbol{B}_iK_je_k(s_kT)+\boldsymbol{C}_i\boldsymbol{\omega}(t)\big]=0
\end{aligned}
\tag{8.13}
$$

引入指标 $\boldsymbol{\Theta}(t)\triangleq-\boldsymbol{z}^{\mathrm{T}}(t)X\boldsymbol{z}(t)-2\boldsymbol{z}^{\mathrm{T}}(t)Y\boldsymbol{\omega}(t)-\boldsymbol{\omega}^{\mathrm{T}}(t)Z\boldsymbol{\omega}(t)+\theta\boldsymbol{\omega}^{\mathrm{T}}(t)\boldsymbol{\omega}(t)$。通过上述讨论，不难得到

$$
\dot{\boldsymbol{V}}(t)+\boldsymbol{\Theta}(t)\leqslant\sum_{i=1}^{r}\sum_{j=1}^{r}h_i\big(\zeta(t)\big)h_j\big(\zeta(t)\big)\left\{\boldsymbol{\Psi}^{\mathrm{T}}(t)\begin{bmatrix}\Omega_1^{ij}&\Omega_2^{ij}&\Omega_3^{ij}\\ \star&\Omega_4&\Omega_5^{ij}\\ \star&\star&\Omega_6^{ij}\end{bmatrix}\boldsymbol{\Psi}(t)\right\}
$$

考虑式 (8.8) 和式 (8.9)，可得 $\dot{\boldsymbol{V}}(t)+\boldsymbol{\Theta}(t)<0$。基于零初始条件，则有

$$
\int_0^{\varphi}\boldsymbol{\Theta}(t)\mathrm{d}t\leqslant\int_0^{\varphi}\big(\boldsymbol{\Theta}(t)+\dot{\boldsymbol{V}}(t)\big)\mathrm{d}t<0
$$

这意味着

$$
\int_0^{\varphi}\Big[\boldsymbol{z}^{\mathrm{T}}(t)X\boldsymbol{z}(t)+2\boldsymbol{z}^{\mathrm{T}}(t)Y\boldsymbol{\omega}(t)+\boldsymbol{\omega}^{\mathrm{T}}(t)Z\boldsymbol{\omega}(t)\Big]\mathrm{d}t\geqslant\theta\int_0^{\varphi}\Big[\boldsymbol{\omega}^{\mathrm{T}}(t)\boldsymbol{\omega}(t)\Big]\mathrm{d}t
$$

至此，定理 8.1得证。

8.4 模糊控制方案设计

定理8.2 对于给定的标量 $h,\delta,\theta,\boldsymbol{\xi},\beta_1,\beta_2$，以及实矩阵 $\boldsymbol{X}=\boldsymbol{X}^{\mathrm{T}}=-\hat{\boldsymbol{X}}^{\mathrm{T}}\hat{\boldsymbol{X}}$，$\boldsymbol{Y}$，$\boldsymbol{Z}$，如果存在矩阵 $\bar{\boldsymbol{P}}>0$，$\bar{\boldsymbol{Q}}>0$，$\bar{\boldsymbol{R}}>0$，$\bar{\boldsymbol{S}}>0$，$\bar{\boldsymbol{T}}>0$，$\bar{\boldsymbol{\Lambda}}_1>0$，$\bar{\boldsymbol{\Lambda}}_2>0$，$\bar{\boldsymbol{\chi}}=(\bar{\boldsymbol{\chi}}_{mn})_{3\times3}$，使得下列条件成立：

$$
\frac{2}{r-1}\begin{bmatrix}\boldsymbol{\Psi}_1^{ii}&\boldsymbol{\Psi}_2^{ii}&\boldsymbol{\Psi}_3^{ii}\\ \star&\boldsymbol{\Psi}_4&\boldsymbol{\Psi}_5^{ii}\\ \star&\star&\boldsymbol{\Psi}_6^{ii}\end{bmatrix}+\begin{bmatrix}\boldsymbol{\Psi}_1^{ij}&\boldsymbol{\Psi}_2^{ij}&\boldsymbol{\Psi}_3^{ij}\\ \star&\boldsymbol{\Psi}_4&\boldsymbol{\Psi}_5^{ij}\\ \star&\star&\boldsymbol{\Psi}_6^{ij}\end{bmatrix}+\begin{bmatrix}\boldsymbol{\Psi}_1^{ji}&\boldsymbol{\Psi}_2^{ji}&\boldsymbol{\Psi}_3^{ji}\\ \star&\boldsymbol{\Psi}_4&\boldsymbol{\Psi}_5^{ji}\\ \star&\star&\boldsymbol{\Psi}_6^{ji}\end{bmatrix}<0 \tag{8.14}
$$

$$\begin{bmatrix} \boldsymbol{\Psi}_1^{ii} & \boldsymbol{\Psi}_2^{ii} & \boldsymbol{\Psi}_3^{ii} \\ \star & \boldsymbol{\Psi}_4 & \boldsymbol{\Psi}_5^{ii} \\ \star & \star & \boldsymbol{\Psi}_6^{ii} \end{bmatrix} < 0 \quad (8.15)$$

$$\bar{\boldsymbol{F}} \triangleq \begin{bmatrix} \boldsymbol{\mathcal{I}} \otimes \bar{\boldsymbol{R}} + \boldsymbol{\mathcal{I}} \otimes \bar{\boldsymbol{S}} & \bar{\boldsymbol{\chi}} \\ \star & \boldsymbol{\mathcal{I}} \otimes \bar{\boldsymbol{R}} + \boldsymbol{\mathcal{I}} \otimes \bar{\boldsymbol{T}} \end{bmatrix} > 0 \quad (8.16)$$

其中

$$\boldsymbol{\Psi}_1^{ij} \triangleq \begin{bmatrix} -9\bar{\boldsymbol{R}} - 6\bar{\boldsymbol{S}} + \bar{\boldsymbol{Q}} + 2\beta_2 \boldsymbol{A}_i \boldsymbol{\xi} & \boldsymbol{N}_1 & \boldsymbol{N}_2^{ij} & -24\bar{\boldsymbol{R}} - 6\bar{\boldsymbol{S}} \\ \star & -9\bar{\boldsymbol{R}} - 6\bar{\boldsymbol{T}} - \bar{\boldsymbol{Q}} & \boldsymbol{N}_3 & \boldsymbol{N}_4 \\ \star & \star & \boldsymbol{N}_5 & \boldsymbol{N}_6 \\ \star & \star & \star & -192\bar{\boldsymbol{R}} - 18\bar{\boldsymbol{S}} - 66\bar{\boldsymbol{T}} \end{bmatrix}$$

$$\boldsymbol{\Psi}_2^{ij} \triangleq \begin{bmatrix} \boldsymbol{N}_7 & 30\bar{\boldsymbol{R}} + 12\bar{\boldsymbol{S}} & \sum_{m=1}^{3} 6\bar{\boldsymbol{\chi}}_{3m}^{\mathrm{T}} & \bar{\boldsymbol{P}}^{\mathrm{T}} - \beta_1 \boldsymbol{\xi} + \beta_2 \boldsymbol{\xi}^{\mathrm{T}} \boldsymbol{A}_i^{\mathrm{T}} \\ 36\bar{\boldsymbol{R}} + 18\bar{\boldsymbol{T}} & (-1)^m \sum_{m=1}^{3} 6\bar{\boldsymbol{\chi}}_{m3} & -30\bar{\boldsymbol{R}} - 12\bar{\boldsymbol{T}} & 0 \\ \boldsymbol{N}_8 & \boldsymbol{N}_9 & \boldsymbol{N}_{10} & \beta_2 \boldsymbol{\Omega}_j^{\mathrm{T}} \boldsymbol{B}_i^{\mathrm{T}} \\ \boldsymbol{N}_{11} & 180\bar{\boldsymbol{R}} + 24\bar{\boldsymbol{S}} + 48\bar{\boldsymbol{T}} & -12\bar{\boldsymbol{\chi}}_{32}^{\mathrm{T}} + 36\bar{\boldsymbol{\chi}}_{33}^{\mathrm{T}} & 0 \end{bmatrix}$$

$$\boldsymbol{\Psi}_3^{ij} \triangleq \begin{bmatrix} -\beta_1 \boldsymbol{B}_i \boldsymbol{\Omega}_j & \beta_1 \boldsymbol{C}_j - \boldsymbol{\xi}^{\mathrm{T}} \boldsymbol{D}_i^{\mathrm{T}} \boldsymbol{Y} & \boldsymbol{\xi}^{\mathrm{T}} \\ 0 & 0 & 0 \\ 0 & -\boldsymbol{\Omega}_j^{\mathrm{T}} \boldsymbol{E}_i^{\mathrm{T}} \boldsymbol{Y} & \boldsymbol{\Omega}_j^{\mathrm{T}} \boldsymbol{E}_i^{\mathrm{T}} \hat{\boldsymbol{X}}^{\mathrm{T}} \\ 0 & 0 & 0 \end{bmatrix}, \boldsymbol{\Psi}_5^{ij} \triangleq \left[\begin{array}{ccc} & \boldsymbol{O}_{3\times 3} & \\ \hline -\beta_2 \boldsymbol{B}_i \boldsymbol{\Omega}_j & \beta_2 \boldsymbol{C}_j & 0 \end{array} \right]$$

$$\boldsymbol{\Psi}_4 \triangleq \begin{bmatrix} -192\bar{\boldsymbol{R}} - 18\bar{\boldsymbol{S}} - 66\bar{\boldsymbol{T}} & -12\bar{\boldsymbol{\chi}}_{23} + 36\bar{\boldsymbol{\chi}}_{33} & 180\bar{\boldsymbol{R}} + 48\bar{\boldsymbol{T}} + 24\bar{\boldsymbol{S}} & 0 \\ \star & -180\bar{\boldsymbol{R}} - 36\bar{\boldsymbol{T}} - 36\bar{\boldsymbol{S}} & -36\bar{\boldsymbol{\chi}}_{33} & 0 \\ \star & \star & -180\bar{\boldsymbol{R}} - 36\bar{\boldsymbol{T}} - 36\bar{\boldsymbol{S}} & 0 \\ \star & \star & \star & \boldsymbol{N}_{12} \end{bmatrix}$$

$$\boldsymbol{\Psi}_6^{ij} \triangleq \begin{bmatrix} -\bar{\boldsymbol{\Lambda}}_1 & \boldsymbol{\Omega}_j^{\mathrm{T}} \boldsymbol{E}_i^{\mathrm{T}} \boldsymbol{Y} & -\boldsymbol{\Omega}_j^{\mathrm{T}} \boldsymbol{E}_i^{\mathrm{T}} \hat{\boldsymbol{X}}^{\mathrm{T}} \\ \star & -2\boldsymbol{F}_i^{\mathrm{T}} \boldsymbol{Y} - \boldsymbol{Z} + \theta & \boldsymbol{F}_i^{\mathrm{T}} \hat{\boldsymbol{X}}^{\mathrm{T}} \\ \star & \star & -I \end{bmatrix}$$

$$\boldsymbol{N}_1 \triangleq \sum_{m=1}^{3}\left(\bar{\boldsymbol{\chi}}_{1m}^{\mathrm{T}}-\bar{\boldsymbol{\chi}}_{2m}^{\mathrm{T}}+\bar{\boldsymbol{\chi}}_{3m}^{\mathrm{T}}\right),\ \boldsymbol{N}_2^{ij} \triangleq \sum_{m=1}^{3}\left(-\bar{\boldsymbol{\chi}}_{1m}^{\mathrm{T}}-\bar{\boldsymbol{\chi}}_{2m}^{\mathrm{T}}-\bar{\boldsymbol{\chi}}_{3m}^{\mathrm{T}}\right)+3\bar{\boldsymbol{R}}+\beta_1\boldsymbol{B}_i\boldsymbol{\Omega}_j$$

$$\boldsymbol{N}_3 \triangleq (-1)^m\sum_{m=1}^{3}\left(\bar{\boldsymbol{\chi}}_{m1}-\bar{\boldsymbol{\chi}}_{m2}+\bar{\boldsymbol{\chi}}_{m3}\right)+3\bar{\boldsymbol{R}},\ \boldsymbol{N}_4 \triangleq (-1)^m\sum_{m=1}^{3}\left(2\bar{\boldsymbol{\chi}}_{m2}-6\bar{\boldsymbol{\chi}}_{m3}\right)$$

$$\boldsymbol{N}_5 \triangleq \mathrm{sym}\left\{\sum_{m=1}^{3}\left(\bar{\boldsymbol{\chi}}_{m1}-\bar{\boldsymbol{\chi}}_{m2}+\bar{\boldsymbol{\chi}}_{m3}\right)\right\}-18\bar{\boldsymbol{R}}-6\bar{\boldsymbol{S}}-6\bar{\boldsymbol{T}}+\delta\bar{\boldsymbol{\Lambda}}_2$$

$$\boldsymbol{N}_6 \triangleq \sum_{m=1}^{3}\left(2\bar{\boldsymbol{\chi}}_{m2}-6\bar{\boldsymbol{\chi}}_{m3}\right)+36\bar{\boldsymbol{R}}+18\bar{\boldsymbol{T}},\ \boldsymbol{N}_7 \triangleq \sum_{m=1}^{3}\left(2\bar{\boldsymbol{\chi}}_{2m}^{\mathrm{T}}-6\bar{\boldsymbol{\chi}}_{3m}^{\mathrm{T}}\right)$$

$$\boldsymbol{N}_8 \triangleq (-1)^m\sum_{m=1}^{3}\left(2\bar{\boldsymbol{\chi}}_{2m}^{\mathrm{T}}-6\bar{\boldsymbol{\chi}}_{3m}^{\mathrm{T}}\right)-24\bar{\boldsymbol{R}}-6\bar{\boldsymbol{S}},\ \boldsymbol{N}_9 \triangleq \sum_{m=1}^{3}6\bar{\boldsymbol{\chi}}_{m3}-30\bar{\boldsymbol{R}}-12\bar{\boldsymbol{T}}$$

$$\boldsymbol{N}_{10} \triangleq (-1)^m\sum_{m=1}^{3}6\bar{\boldsymbol{\chi}}_{3m}^{\mathrm{T}}+30\bar{\boldsymbol{R}}+12\bar{\boldsymbol{S}},\ \boldsymbol{N}_{11} \triangleq -4\bar{\boldsymbol{\chi}}_{22}^{\mathrm{T}}+12\bar{\boldsymbol{\chi}}_{23}^{\mathrm{T}}+12\bar{\boldsymbol{\chi}}_{32}^{\mathrm{T}}-36\bar{\boldsymbol{\chi}}_{33}^{\mathrm{T}}$$

$$\boldsymbol{N}_{12} \triangleq h^2\bar{\boldsymbol{R}}+\frac{1}{2}h^2\left(\bar{\boldsymbol{S}}+\bar{\boldsymbol{T}}\right)-2\beta_2\boldsymbol{\xi}$$

那么，系统式 (8.7) 是渐近稳定的，并且满足严格的 $(\boldsymbol{X},\boldsymbol{Y},\boldsymbol{Z})$-$\theta$-耗散性能指标。此外，设计的模糊控制器参数可以表示为

$$\boldsymbol{K}_j=\boldsymbol{\Omega}_j\boldsymbol{\xi}^{-1} \tag{8.17}$$

证明 定义

$$\bar{\boldsymbol{R}} \triangleq \boldsymbol{\xi}^{\mathrm{T}}\boldsymbol{R}\boldsymbol{\xi},\ \bar{\boldsymbol{S}} \triangleq \boldsymbol{\xi}^{\mathrm{T}}\boldsymbol{S}\boldsymbol{\xi},\ \bar{\boldsymbol{T}} \triangleq \boldsymbol{\xi}^{\mathrm{T}}\boldsymbol{T}\boldsymbol{\xi}$$

$$\bar{\boldsymbol{P}} \triangleq \boldsymbol{\xi}^{\mathrm{T}}\boldsymbol{P}\boldsymbol{\xi},\ \bar{\boldsymbol{Q}} \triangleq \boldsymbol{\xi}^{\mathrm{T}}Q\boldsymbol{\xi},\ \bar{\boldsymbol{\Lambda}}_1 \triangleq \boldsymbol{\xi}^{\mathrm{T}}\boldsymbol{\Lambda}_1\boldsymbol{\xi}$$

$$\bar{\boldsymbol{\Lambda}}_2 \triangleq \boldsymbol{\xi}^{\mathrm{T}}\boldsymbol{\Lambda}_2\boldsymbol{\xi},\ \boldsymbol{\Phi}_1^{\mathrm{T}} \triangleq \beta_1\boldsymbol{\xi}^{-\mathrm{T}},\ \boldsymbol{\Phi}_2^{\mathrm{T}} \triangleq \beta_2\boldsymbol{\xi}^{-\mathrm{T}}$$

$$\bar{\boldsymbol{\chi}}_{mn} \triangleq \boldsymbol{\xi}^{\mathrm{T}}\boldsymbol{\chi}_{mn}\boldsymbol{\xi},\ m=1,2,3,\ n=1,2,3,\ K_j\boldsymbol{\xi} \triangleq \boldsymbol{\Omega}_j$$

以及矩阵

$$\boldsymbol{\Upsilon} \triangleq \mathrm{diag}\left\{\begin{matrix}\boldsymbol{\xi} & \boldsymbol{\xi} & \boldsymbol{\xi} & \boldsymbol{\xi} & \boldsymbol{\xi} & \boldsymbol{\xi} & \boldsymbol{\xi} & \boldsymbol{\xi} & \boldsymbol{\xi} & I & I\end{matrix}\right\}$$

$$\hat{\boldsymbol{\Upsilon}} \triangleq \mathrm{diag}\left\{\begin{matrix}\boldsymbol{\xi} & \boldsymbol{\xi} & \boldsymbol{\xi} & \boldsymbol{\xi} & \boldsymbol{\xi} & \boldsymbol{\xi}\end{matrix}\right\}$$

显而易见，$\bar{F}=\hat{\boldsymbol{\Upsilon}}^{\mathrm{T}}F\hat{\boldsymbol{\Upsilon}}$。可知基于式 (8.16)，条件式 (8.10) 成立。接着，对定理 8.1中的不等式 (8.8) 和式 (8.9) 分别左乘右乘矩阵 $\boldsymbol{\Upsilon}^{\mathrm{T}}$ 和 $\boldsymbol{\Upsilon}$，可以得到不等式条件式 (8.14) 和式 (8.15)。定理 8.2得证。

8.5 仿真验证

以 8.1节介绍的非线性卡车拖车系统作为研究对象，将其简化构造为连续 T-S 模糊模型的形式，如式 (8.3) 所示。图 8.2～ 图 8.4绘制了开环系统的状态轨迹，由此可见原卡车拖车系统是不稳定的。

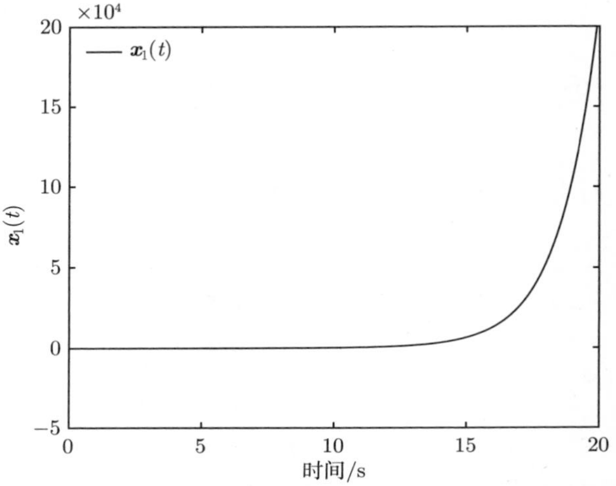

图 8.2　开环系统的状态响应 $\boldsymbol{x}_1(t)$

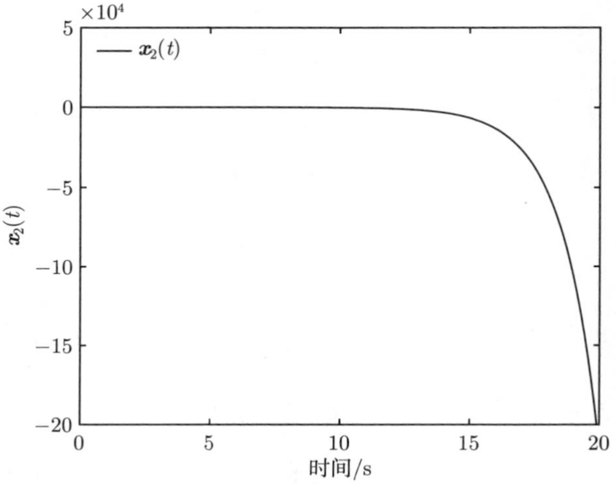

图 8.3　开环系统的状态响应 $\boldsymbol{x}_2(t)$

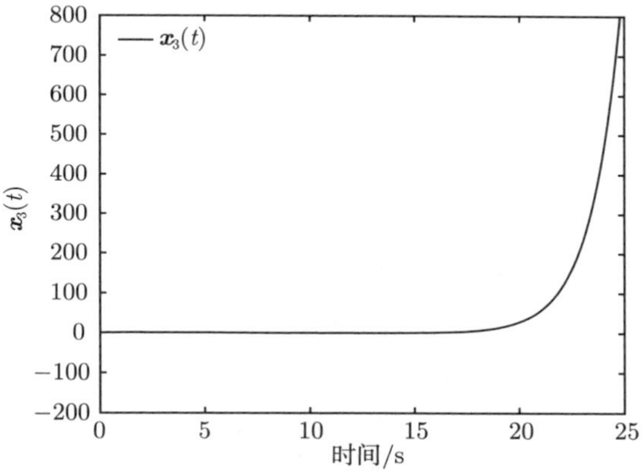

图 8.4 开环系统的状态响应 $\boldsymbol{x}_3(t)$

因此，为了确保 T-S 模糊框架下的卡车拖车系统满足 $(\boldsymbol{X},\boldsymbol{Y},\boldsymbol{Z})$-$\theta$-耗散意义下的渐近稳定性，采取 8.2节提出的事件触发条件式 (8.5) 和模糊控制器式 (8.6)，对系统进行闭环控制。运用 Matlab 工具箱求解定理 8.2中的条件，模糊控制器增益和事件触发矩阵计算如下：

$$\boldsymbol{K}_1=\begin{bmatrix} 1.0519 & -0.3633 & 0.0364 \end{bmatrix}$$

$$\boldsymbol{K}_2=\begin{bmatrix} 0.5766 & -0.1740 & 0.0321 \end{bmatrix}$$

$$\boldsymbol{W}_1=\begin{bmatrix} 622.6731 & -276.8543 & 36.0584 \\ -276.8543 & 134.5283 & -16.8499 \\ 36.0584 & -16.8499 & 2.1960 \end{bmatrix}$$

$$\boldsymbol{W}_2=\begin{bmatrix} 0.2090 & -0.0640 & 0.0078 \\ -0.0640 & 0.0481 & -0.0018 \\ 0.0078 & -0.0018 & 0.0011 \end{bmatrix}$$

之后，通过仿真结果验证本章提出的事件触发策略下的模糊控制方案可行性。设置系统状态的初始条件为 $\boldsymbol{x}(0)=\begin{bmatrix} 0.16 & -0.1 & 0.16 \end{bmatrix}^{\mathrm{T}}$，系统外部扰动选择为 $\boldsymbol{\omega}(t)=\begin{bmatrix} \sin(0.1t)\exp(-0.1t) & \sin(0.1t)\exp(-0.1t) \end{bmatrix}^{\mathrm{T}}$。针对卡车拖车系统式 (8.1)，运用上述模糊控制方案，得到如下的仿真结果。其中，事件触发释放时间和释放间隔关系如图 8.5所示。闭环控制系统的各个状态响应绘制于图 8.6～图 8.8中。通过综合分析可知，当没有控制器的作用时，卡车拖车系统处于不稳定状态，加入事件触发模糊控制器后，闭环控制系统的状态收敛到 0，即卡车拖车系统稳定运行，进而验证了控制方案的有效性。

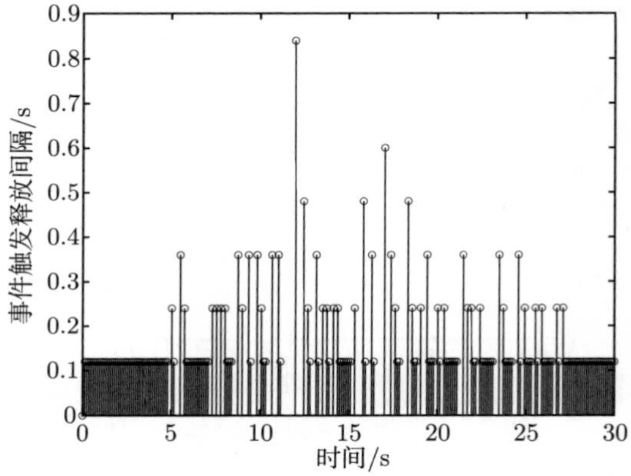

图 8.5 事件触发释放时间和释放间隔关系

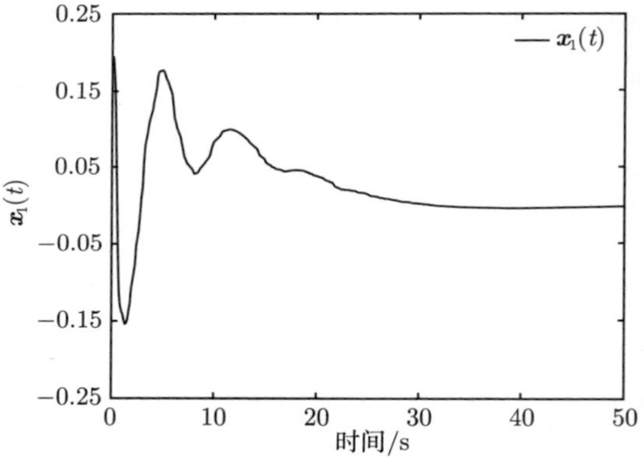

图 8.6 模糊控制系统的状态响应 $\boldsymbol{x}_1(t)$

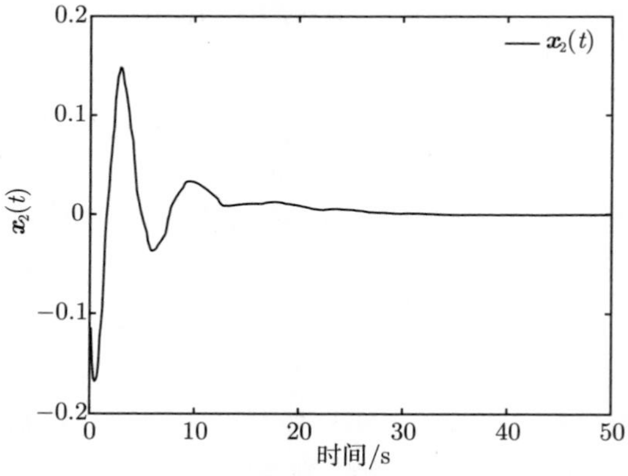

图 8.7 模糊控制系统的状态响应 $\boldsymbol{x}_2(t)$

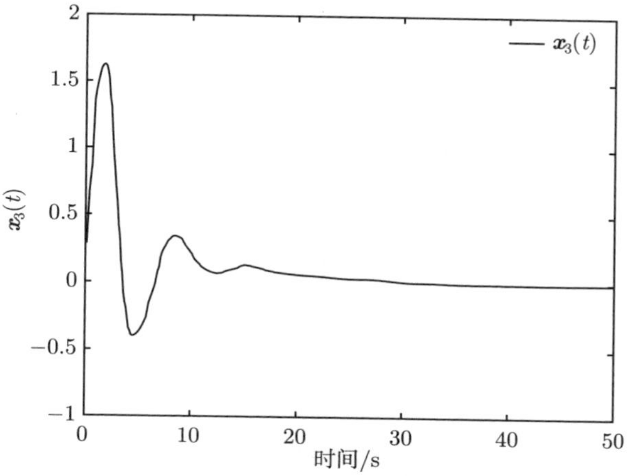

图 8.8 模糊控制系统的状态响应 $x_3(t)$

8.6 本 章 小 结

本章研究了事件触发策略下模糊逻辑系统的耗散控制问题，并以卡车拖车模型为例说明其潜在的应用性。首先，运用基于辅助函数积分不等式的经典二次函数法，建立了保证模糊闭环控制系统渐近稳定且具有特定耗散性能的充分条件，并以线性矩阵不等式的形式给出。然后，引入了典型的事件触发通信方案，构建了事件驱动模糊控制器，保证整个闭环系统实现渐近稳定。最后，针对卡车拖车模型进行了仿真研究，验证了所提方法的有效性和适用性。

参考文献

[1] 柴天佑. 工业人工智能发展方向. 自动化学报, 2020, 46(10): 2005-2012.

[2] 包为民. 无人系统, 智控未来. 控制与信息技术, 2018(6): 3.

[3] Akhter S, Nurul M, Jafor S. Modeling ant colony optimization for multi-agent based intelligent transportation system. International Journal of Advanced Computer Science and Applications, 2019, 10(10): 277-284.

[4] Miao D J, Yu K, Zhou L J, et al. Dynamic risks hierarchical management and control technology of coal chemical enterprises. Journal of Loss Prevention in the Process Industries, 2021, DOI: 10.1016/j.jlp.2021.104466.

[5] 孙宝亮, 姜春兰, 李明, 等. 基于模糊逻辑的交互式多模型网络化弹药多节点目标跟踪算法. 兵工学报, 2015, 36(4): 595-601.

[6] Zadeh L A. Fuzzy sets. Information and Control, 1965, 8(3): 338-353.

[7] Mamdani E H, Assilian S. An experiment in linguistic synthesis with a fuzzy logic controller. International Journal of Man-Machine Studies, 1975, 7(1): 1-13.

[8] Takagi T, Sugeno M. Fuzzy identification of systems and its applications to modeling and control. IEEE Transactions on Systems, Man and Cybernetics, 1985, 15(1): 116-132.

[9] Zaid S A, Albalawi H, Alatawi K S, et al. Novel fuzzy controller for a standalone electric vehicle charging station supplied by photovoltaic energy. Applied System Innovation, 2021, 4(3): 63.

[10] Amirizadeh G, Yaghoobi M, Kobravi H R. Hierarchical fuzzy optimal controller for hamilton energy of a generalized chaotic lorenz system with hidden attractors. International Journal of Control Automation and Systems, 2022, 20(9): 3088-3097.

[11] 姜兴宇, 王世杰, 赵凯, 等. 面向网络化制造的智能工序质量控制系统. 机械工程学报, 2010, 46(4): 186-194.

[12] Zou A M, Kumar K D. Adaptive fuzzy fault-tolerant attitude control of spacecraft. Control Engineering Practice, 2011, 19(1): 10-21.

[13] 吴敏, 何勇, 佘锦华. 鲁棒控制理论. 北京: 高等教育出版社, 2010.

[14] Zhu X L, Yang H Y, Wang Y Y, et al. New stability criterion for linear switched systems with time-varying delay. International Journal of Robust and Nonlinear Control, 2014, 24(2): 214-227.

[15] Fridman E, Shaked U. An improved stabilization method for linear time-delay systems. IEEE Transactions on Automatic Control, 2002, 47(11): 1931-1937.

[16] 王新超. 区间二型模糊控制器设计. 系统仿真技术, 2018, 14(4): 310-313.

[17] Qiu J B, Ding S X, Gao H J, et al. Fuzzy-model-based reliable static output feedback $\mathcal{H}_\infty$ control of nonlinear hyperbolic PDE systems. IEEE Transactions on Fuzzy Systems, 2016, 24(2): 388-400.

[18] Feng G. A survey on analysis and design of model-based fuzzy control systems. IEEE Transactions on Fuzzy Systems, 2006, 14(5): 676-697.

[19] Dong S L, Wu Z G, Su H Y, et al. Asynchronous control of continuous-time nonlinear Markov jump systems subject to strict dissipativity. IEEE Transactions on Automatic Control, 2019, 64(3): 1250-1256.

[20] 王慧敏. 仿射 T-S 模糊系统的鲁棒控制与故障诊断研究. 沈阳: 东北大学, 2015.

[21] Yang P J, Ma Y C, Yang F M, et al. Passivity control for uncertain singular discrete T-S fuzzy time-delay systems subject to actuator saturation. International Journal of Systems Science, 2018, 49(8): 1627-1640.

[22] Hassani H, Zarei J, Chadli M, et al. Unknown input observer design for interval type-2 T-S fuzzy systems with immeasurable premise variables. IEEE Transactions on Cybernetics, 2017, 47(9): 2639-2650.

[23] Li H Y, Wang J H, Lam H K, et al. Adaptive sliding mode control for interval type-2 fuzzy systems. IEEE Transactions on Systems, Man, and Cybernetics: Systems, 2016, 46(12): 1654-1663.

[24] 孙兴建. 区间二型 T-S 模糊系统的稳定性分析与控制器综合. 锦州: 渤海大学, 2015.

[25] 李友善, 李军. 模糊控制理论及其在过程控制中的应用. 北京: 国防工业出版社, 1993.

[26] Nguyen A T, Taniguchi T, Eciolaza L, et al. Fuzzy control systems: Past, present and future. IEEE Computational Intelligence Magazine, 2019, 14(1): 56-68.

[27] Sugeno M, Kang G T. Structure identification of fuzzy model. Fuzzy Sets and Systems, 1988, 28(1): 15-33.

[28] Wang H O, Tanaka K, Griffin M F. An approach to fuzzy control of nonlinear systems: Stability and design issues. IEEE Transactions on Fuzzy Systems, 1996, 4(1): 14-23.

[29] Kim S H. T-S fuzzy control design for a class of nonlinear networked control systems. Nonlinear Dynamics, 2013, 73(1): 17-27.

[30] Zeng X J. A comparison between T-S fuzzy systems and affine T-S fuzzy systems as nonlinear control system models. 2014 IEEE International Conference on Fuzzy Systems. Beijing, China: IEEE, 2014: 2103-2110.

[31] Li H F, Li C D, Ouyang D Q, et al. Observer-based dissipativity control for T-S fuzzy neural networks with distributed time-varying delays. IEEE Transactions on Cybernetics, 2021, 51(11): 5248-5258.

[32] Castillo O, Valdez F, Melin P. Hierarchical genetic algorithms for topology optimization in fuzzy control systems. International Journal of General Systems, 2007, 36(5): 575-591.

[33] Qiu J B, Feng G, Gao H J. Observer-based piecewise affine output feedback controller synthesis of continuous-time T-S fuzzy affine dynamic systems using quantized measurements. IEEE Transactions on Fuzzy Systems, 2012, 20(6): 1046-1062.

[34] Assawinchaichote W, Nguang S K. Fuzzy output feedback control design for singularly perturbed systems with pole placement constraints: An LMI approach. IEEE Transactions on Fuzzy Systems, 2006, 14(3): 361-371.

[35] Zhang D, Nguang S K, Srinivasan D, et al. Distributed filtering for discrete-time T-S fuzzy systems with incomplete measurements. IEEE Transactions on Fuzzy Systems, 2018, 26(3): 1459-1471.

[36] Li Y X, Yang G H. Adaptive neural control of pure-feedback nonlinear systems with event-triggered communications. IEEE Transactions on Neural Networks and Learning Systems, 2018, 29(12): 6242-6251.

[37] Qiu J B, Sun K K, Wang T, et al. Observer-based fuzzy adaptive event-triggered control for pure-feedback nonlinear systems with prescribed performance. IEEE Transactions on Fuzzy Systems, 2019, 27(11): 2152-2162.

[38] Philip Chen C L, Wen G X, Liu Y J, et al. Observer-based adaptive backstepping consensus tracking control for high-order nonlinear semi-strict-feedback multiagent systems. IEEE Transactions on Cybernetics, 2016, 46(7): 1591-1601.

[39] Hetel L, Fiter C, Omran H, et al. Recent developments on the stability of systems with aperiodic sampling: An overview. Automatica, 2017, 76: 309-335.

[40] Mohajerpoor R, Shanmugam L, Abdi H, et al. New delay range-dependent stability criteria for interval time-varying delay systems via Wirtinger-based inequalities. International Journal of Robust and Nonlinear Control, 2018, 28(2): 661-677.

[41] 龙雨强, 凌强, 郑伟. 基于事件触发的网络化控制系统的 L_2 稳定性分析. 信息与控制, 2016, 45(2): 171-176.

[42] 锁延锋, 王少杰, 秦宇, 等. 工业控制系统的安全技术与应用研究综述. 计算机科学, 2018, 45(4): 25-33.

[43] King P J, Mamdani E H. The application of fuzzy control systems to industrial processes. Automatica, 1977, 13(3): 235-242.

[44] Yue D, Tian E G, Zhang Y J, et al. Delay-distribution-dependent stability and stabilization of T-S fuzzy systems with probabilistic interval delay. IEEE Transactions on Systems, Man, and Cybernetics Society, 2009, 39(2): 503-516.

[45] Lam H. A review on stability analysis of continuous-time fuzzy-model-based control systems: From membership-function-independent to membership-function-dependent analysis. Engineering Applications of Artificial Intelligence, 2018, 67: 390-408.

[46] 郭岗. 时变时滞模糊系统的时滞相关稳定性分析. 信息技术与信息化, 2020(12): 102-104.

[47] Geromel J C, Korogui R H. Analysis and synthesis of robust control systems using linear parameter dependent Lyapunov functions. IEEE Transactions on Automatic Control, 2006, 51(12): 1984-1989.

[48] Johansson M, Rantzer A, Arzen K E. Piecewise quadratic stability offuzzy systems. IEEE Transactions on Fuzzy Systems, 1999, 7(6): 713-722.

[49] Tanaka K, Hori T, Wang H O. A multiple Lyapunov function approach to stabilization of fuzzy control systems. IEEE Transactions on Fuzzy Systems, 2003, 11(4): 582-589.

[50] 纪志成, 朱芸, 王艳. 基于分段模糊 Lyapunov 方法的 T-S 模糊系统 H_∞ 控制. 控制与决策, 2007, 22(12): 1357-1362.

[51] Feng G. Approaches to quadratic stabilization of uncertain fuzzy dynamic systems. IEEE Transactions on Circuits and Systems I: Fundamental Theory and Applications, 2001, 48(6): 760-769.

[52] Wang H M, Yang G H. H_∞ Controller design for affine fuzzy systems based on piecewise Lyapunov functions in finite-frequency domain. Fuzzy Sets and Systems, 2016, 290: 22-38.

[53] Wu H N, Li H X. New approach to delay-dependent stability analysis and stabilization for continuous-time fuzzy systems with time-varying delay. IEEE Transactions on Fuzzy Systems, 2007, 15(3): 482-493.

[54] Su X J, Shi P, Wu L G, et al. A novel control design on discrete-time takagi-sugeno fuzzy systems with time-varying delays. IEEE Transactions on Fuzzy Systems, 2013, 21(4): 655-671.

[55] 纪文强. 基于 T-S 模糊仿射模型的非线性系统输出反馈控制研究. 哈尔滨: 哈尔滨工业大学, 2019.

[56] Zhao Y, Gao H J, Lam J, et al. Stability and stabilization of delayed T-S fuzzy systems: A delay partitioning approach. IEEE Transactions on Fuzzy Systems, 2009, 17(4): 750-762.

[57] Park P G, Ko J W, Jeong C. Reciprocally convex approach to stability of systems with time-varying delays. Automation (Journal of IFAC), 2011, 47(1): 235-238.

[58] Azar A T, Serrano F E. Robust IMC-PID tuning for cascade control systems with gain and phase margin specifications. Neural Computing & Applications, 2014, 25(5): 983-995.

[59] Yang B, Liang G A, Peng J H, et al. Self-adaptive PID controller of microwave drying rotary device tuning on-line by genetic algorithms. Journal of Central South University, 2013, 20(10): 2685-2692.

[60] Van Cuong P, Nan W Y. Adaptive trajectory tracking neural network control with robust compensator for robot manipulators. Neural Computing & Applications, 2016, 27(2): 525-536.

[61] Lin C H. Dynamic control of V-belt continuously variable transmission-driven electric scooter using hybrid modified recurrent legendre neural network control system. Nonlinear Dynamics, 2015, 79: 787-808.

[62] 王康, 李晓理, 贾超, 等. 基于自适应动态规划的矿渣微粉生产过程跟踪控制. 自动化学报, 2016, 42(10): 1542-1551.

[63] Bekiaris-Liberis N, Krstic M. Delay-adaptive feedback for linear feedforward systems. Systems & Control Letters, 2010, 59(5): 277-283.

[64] Chen T S, Huang J. Global robust output regulation by state feedback for strict feedforward systems. IEEE Transactions on Automatic Control, 2009, 54(9): 2157-2163.

[65] Qian C J, Li J. Global output feedback stabilization of upper-triangular nonlinear systems using a homogeneous domination approach. International Journal of Robust and Nonlinear Control, 2006, 16(9): 441-463.

[66] Li X M, Lam H K, Liu F C, et al. Stability and stabilization analysis of positive polynomial fuzzy systems with time delay considering piecewise membership functions. IEEE Transactions on Fuzzy Systems, 2017, 25(4): 958-971.

[67] Zhao T, Dian S Y. State feedback control for interval type-2 fuzzy systems with time-varying delay and unreliable communication links. IEEE Transactions on Fuzzy Systems, 2018, 26(2): 951-966.

[68] 姜偕富, 费树岷, 冯纯伯. 时滞线性系统的 $\mathcal{H}_\infty$ 控制. 控制与决策, 1999, 14(6): 712-715.

[69] Zhang Z Y, Lin C, Chen B. New stability and stabilization conditions for T-S fuzzy systems with time delay. Fuzzy Sets and Systems, 2015, 263: 82-91.

[70] Wang L K, Lam H K. A new approach to stability and stabilization analysis for continuous-time Takagi-Sugeno fuzzy systems with time delay. IEEE Transactions on Fuzzy Systems, 2018, 26(4): 2460-2465.

[71] Chen B S, Tseng C S, Uang H J. Mixed $\mathcal{H}_2/\mathcal{H}_\infty$ fuzzy output feedback control design for nonlinear dynamic systems: An LMI approach. IEEE Transactions on Fuzzy Systems, 2000, 8(3): 249-265.

[72] Yoneyama J, Nishikawa M, Katayama H, et al. Design of output feedback controllers for Takagi-Sugeno fuzzy systems. Fuzzy Sets and Systems, 2001, 121(1): 127-148.

[73] Nguang S K, Shi P. $\mathcal{H}_\infty$ output feedback control design for nonlinear systems: An LMI approach. IEEE Transactions on Fuzzy Systems, 2003, 11(3): 331-340.

[74] Kau S W, Lee H J, Yang C M, et al. Robust $\mathcal{H}_\infty$ fuzzy static output feedback control of T-S fuzzy systems with parametric uncertainties. Fuzzy Sets and Systems, 2007, 158(2): 135-146.

[75] Xu S Y, Lam J. Robust $\mathcal{H}_\infty$ control for uncertain discrete-time-delay fuzzy systems via output feedback controllers. IEEE Transactions on Fuzzy Systems, 2005, 13(1): 82-93.

[76] Qiu J B, Feng G, Gao H J. Static-output-feedback $\mathcal{H}_\infty$ control of continuous-time T-S fuzzy affine systems via piecewise Lyapunov functions. IEEE Transactions on Fuzzy Systems, 2013, 21(2): 245-261.

[77] Qiu J B, Feng G, Gao H J. Fuzzy-model-based piecewise $\mathcal{H}_\infty$ static-output-feedback controller design for networked nonlinear systems. IEEE Transactions on Fuzzy Systems, 2010, 18(5): 919-934.

[78] Qiu J B, Feng G, Gao H. Asynchronous output-feedback control of networked nonlinear systems with multiple packet dropouts: T-S fuzzy affine model-based approach. IEEE Transactions on Fuzzy Systems, 2011, 19(6): 1014-1030.

[79] Wei Y L, Qiu J B, Karimi H R. Reliable output feedback control of discrete-time fuzzy affine systems with actuator faults. IEEE Transactions on Circuits and Systems I: Regular Papers, 2017, 64(1): 170-181.

[80] Wei Y L, Qiu J B, Lam H K. A novel approach to reliable output feedback control of fuzzy-affine systems with time delays and sensor faults. IEEE Transactions on Fuzzy Systems, 2017, 25(6): 1808-1823.

[81] Zhang J H, Xia Y Q. Design of static output feedback sliding mode control for uncertain linear systems. IEEE Transactions on Industrial Electronics, 2010, 57(6): 2161-2170.

[82] Qi W H, Zong G D, Karim H R. Observer-based adaptive SMC for nonlinear uncertain singular semi-Markov jump systems with applications to DC motor. IEEE Transactions on Circuits and Systems I: Regular Papers, 2018, 65(9): 2951-2960.

[83] Zhang J H, Shi P, Xia Y Q. Robust adaptive sliding-mode control for fuzzy systems with mismatched uncertainties. IEEE Transactions on Fuzzy Systems, 2010, 18(4): 700-711.

[84] Li H Y, Wang J H, Shi P. Output-feedback based sliding mode control for fuzzy systems with actuator saturation. IEEE Transactions on Fuzzy Systems, 2016, 24(6): 1282-1293.

[85] 陆卫军, 黄文君, 章维, 等. 网络化控制系统的安全威胁分析与防护设计. 自动化博览, 2019(2): 60-65.

[86] LeBlanc H J, Koutsoukos X. Resilient first-order consensus and weakly stable, higher order synchronization of continuous-time networked multi-agent systems. IEEE Transactions on Control of Network Systems, 2018, 5(3): 1219-1231.

[87] Apaza-Perez W A, Moreno J A, Fridman L M. Dissipative approach to sliding mode observers design for uncertain mechanical systems. Automatica, 2018, 87: 330-336.

[88] Yin S, Gao H J, Qiu J B, et al. Descriptor reduced-order sliding mode observers design for switched systems with sensor and actuator faults. Automatica, 2017, 76: 282-292.

[89] Zhao Y, Wang J H, Yan F, et al. Adaptive sliding mode fault-tolerant control for type-2 fuzzy systems with distributed delays. Information Sciences, 2019, 473: 227-238.

[90] Lin H G, Chen K, Lin R Q. Finite-time formation control of unmanned vehicles using nonlinear sliding mode control with disturbances. International Journal of Innovative Computing, Information and Control, 2019, 15(6): 2341-2353.

[91] Precup R E, Radac M B, Roman R C, et al. Model-free sliding mode control of nonlinear systems: Algorithms and experiments. Information Sciences, 2017, 381: 176-192.

[92] Tanelli M, Ferrara A. Enhancing robustness and performance via switched second order sliding mode control. IEEE Transactions on Automatic Control, 2013, 58(4): 962-974.

[93] Levant A, Livne M. Weighted homogeneity and robustness of sliding mode control. Automatica (Journal of IFAC), 2016, 72: 186-193.

[94] Nguyen T, Su W C, Gajic Z, et al. Higher accuracy output feedback sliding mode control of sampled-data systems. IEEE Transactions on Automatic Control, 2016, 61(10): 3177-3182.

[95] Utkin V I. Sliding mode control design principles and applications to electric drives. IEEE Transactions on Industrial Electronics, 1993, 40(1): 23-36.

[96] Mani P, Rajan R, Shanmugam L, et al. Adaptive fractional fuzzy integral sliding mode control for PMSM model. IEEE Transactions on Fuzzy Systems, 2019, 27(8): 1674-1686.

[97] Nekoukar V, Erfanian A. Adaptive fuzzy terminal sliding mode control for a class of MIMO uncertain nonlinear systems. Fuzzy Sets and Systems, 2011, 179(1): 34-49.

[98] Cheng C C, Lin M H, Hsiao J M. Sliding mode controllers design for linear discrete-time systems with matching perturbations. Automatica. 2000, 36(8): 1205-1211.

[99] Al-Mahturi A, Santoso F, Garratt M A, et al. An intelligent control of an inverted pendulum based on an adaptive interval type-2 fuzzy inference system. 2019 IEEE International Conference on Fuzzy Systems, 2019: 1-6.

[100] Jiang L, Qi R. Adaptive actuator fault compensation for discrete-time T-S fuzzy systems with multiple input-output delays. International Journal of Innovative Computing Information and Control, 2016, 12(4): 1043-1058.

[101] Ginoya D, Shendge P D, Phadke S B. Sliding mode control for mismatched uncertain systems using an extended disturbance observer. IEEE Transactions on Industrial Electronics, 2014, 61(4): 1983-1992.

[102] 彭建强, 姜金铎, 张诗雨. 信息化时代下计算机网络安全研究. 中国新通信, 2020, 22(14): 143.

[103] Zhang X M, Han Q L, Yu X H. Survey on recent advances in networked control systems. IEEE Transactions on Industrial Informatics, 2016, 12(5): 1740-1752.

[104] 游科友, 谢立华. 网络控制系统的最新研究综述. 自动化学报, 2013, 39(2): 101-118.

[105] Zhang L X, Gao H J, Kaynak O. Network-induced constraints in networked control system-A survey. IEEE Transactions on Industrial Informatics, 2013, 9(1): 403-416.

[106] 蔡自兴. 智能控制原理与应用. 3 版. 北京: 清华大学出版社, 2019.

[107] Mahmoud M S, Memon A M, Shi P. Observer-based fault-tolerant control for a class of nonlinear networked control systems. International Journal of Control, 2014, 87(8): 1707-1715.

[108] Zhang H, Cheng P, Shi L, et al. Optimal DoS attack scheduling in wireless networked control system. IEEE Transactions on Control Systems Technology, 2016, 24(3): 843-852.

[109] Wang S Q, Jiang Y L, Li Y C, et al. Fault detection and control co-design for discrete-time delayed fuzzy networked control systems subject to quantization and multiple packet dropouts. Fuzzy Sets and Systems, 2017, 306: 1-25.

[110] Montestruque L A, Antsaklis P. Stability of model-based networked control systems with time-varying transmission times. IEEE Transactions on Automatic Control, 2004, 49(9): 1562-1572.

[111] Wang T, Qiu J, Fu S, et al. Distributed fuzzy $\mathcal{H}_\infty$ filtering for nonlinear multirate networked double-layer industrial processes. IEEE Transactions on Industrial Electronics, 2016, 64(6): 5203-5211.

[112] Zheng W, Wang H B, Wang H R, et al. Dynamic output feedback control based on descriptor redundancy approach for networked control systems with multiple mixed time-varying delays and unmatched disturbances. IEEE Systems Journal, 2019, 13(3): 2942-2953.

[113] Wang D, Shi P, Wang W, et al. Non-fragile $\mathcal{H}_\infty$ control for switched stochastic delay systems with application to water quality process. International Journal of Robust and Nonlinear Control, 2014, 24(11): 1677-1693.

[114] Lee J, Chang P H, Jin M L. Adaptive integral sliding mode control with time-delay estimation for robot manipulators. IEEE Transactions on Industrial Electronics, 2017, 64(8): 6796-6804.

[115] Huang R, Zhang J H, Zhang X. Adaptive tracking control of uncertain switched nonlinear systems with application to aircraft wing rock. IET Control Theory & Applications, 2016, 10(15): 1755-1762.

[116] Pan Q, Wen X M, Lu Z M, et al. Dynamic speed control of unmanned aerial vehicles for data collection under internet of things. Sensors, 2018, 18(11): 3951.

[117] Hooshmand R, Ataei M, Zargari A. A new fuzzy sliding mode controller for load frequency control of large hydropower plant using particle swarm optimization algorithm and Kalman estimator. on European Transactions on Electrical Power, 2012, 22(6): 812-830.

[118] Sanchez-Herrera R, Mejias A, Marquez M A, et al. A fully integrated open solution for the remote operation of pilot plants. IEEE Transactions on Industrial Informatics, 2019, 15(7): 3943-3951.

[119] Zhou P, Dai W, Chai T Y. Multivariable disturbance observer based advanced feedback control design and its application to a grinding circuit. IEEE Transactions on Control Systems Technology, 2014, 22(4): 1474-1485.

[120] Mei B, Zhu W D, Ke Y L. Positioning variation analysis and control for automated drilling in aircraft manufacturing. Assembly Automation, 2018, 38(4): 412-419.

[121] 卓琨, 张衡阳, 郑博, 等. 无人机自组网研究进展综述. 电信科学, 2015, 31(4): 134-144.

[122] Heijmans S, Postoyan R, Nešić D, et al. Stability analysis of networked linear control systems with direct-feedthrough terms. Automatica, 2018, 96: 186-200.

[123] Okano K, Wakaiki M, Yang G S, et al. Stabilization of networked control systems under clock offsets and quantization. IEEE Transactions on Automatic Control, 2018, 63(6): 1708-1723.

[124] Short M, Pont M J. Fault-tolerant time-triggered communication using CAN. IEEE Transactions on Industrial Informatics, 2007, 3(2): 131-142.

[125] Lu Z B, Guo G, Wang G L, et al. Hybrid random event and time-triggered control and scheduling. International Journal of Control Automation and Systems, 2016, 14(3): 845-853.

[126] Meng M, Lam J, Feng J E, et al. Stability and guaranteed cost analysis of time-triggered boolean networks. IEEE Transactions on Neural Networks and Learning Systems, 2018, 29(8): 3893-3899.

[127] Léchappé V, Moulay E, Plestan F, et al. Discrete predictor-based event-triggered control of networked control systems. Automatica, 2019, 107: 281-288.

[128] Dang T V, Ling K V, Quevedo D E. Stability analysis of event-triggered anytime control with multiple control laws. IEEE Transactions on Automatic Control, 2019, 64(1): 420-426.

[129] Selivanov A, Fridman E. Distributed event-triggered control of diffusion semilinear PDEs. Automatica, 2016, 68: 344-351.

[130] Yue D, Tian E G, Han Q L. A delay system method for designing event-triggered controllers of networked control systems. IEEE Transactions on Automatic Control, 2013, 58(2): 475-481.

[131] 王桐, 邱剑彬, 高会军. 随机非线性系统基于事件触发机制的自适应神经网络控制. 自动化学报, 2019, 45(1): 226-233.

[132] Xiao Q, Lewis F L, Zeng Z G. Event-based time-interval pinning control for complex networks on time scales and applications. IEEE Transactions on Industrial Electronics, 2018, 65(11): 8797-8808.

[133] Su X J, Wen Y, Song Y D, et al. Dissipativity-based fuzzy control of nonlinear systems via an event-triggered mechanism. IEEE Transactions on Systems Man, and Cybernetics-Systems, 2019, 49(6): 1208-1217.

[134] Dahiya P, Mukhija P, Saxena A R. Design of sampled data and event-triggered load frequency controller for isolated hybrid power system. International Journal of Electrical Power & Energy Systems, 2018, 100: 331-349.

[135] Almeida J, Silvestre C, Pascoal A. Synchronization of multiagent systems using event-triggered and self-triggered broadcasts. IEEE Transactions on Automatic Control, 2017, 62(9): 4741-4746.

[136] Dolk V S, Borgers D P, Heemels W P M H. Output-based and decentralized dynamic event-triggered control with guaranteed-gain performance and Zeno-freeness. IEEE Transactions on Automatic Control, 2017, 62(1): 34-49.

[137] Hashimoto K, Adachi S, Dimarogonas D V. Event-triggered intermittent sampling for nonlinear model predictive control. Automatica, 2017, 81: 148-155.

[138] Batmani Y, Davoodi M, Meskin N. Event-triggered suboptimal tracking controller design for a class of nonlinear discrete-time systems. IEEE Transactions on Industrial Electronics, 2017, 64(10): 8079-8087.

[139] Yang R N, Zheng W X, Yu Y K. Event-triggered sliding mode control of discrete-time two-dimensional systems in Roesser model. Automatica, 2020, 114: 108813.

[140] Niu Y G, Ho D W C. Control strategy with adaptive quantizer′s parameters under digital communication channels. Automatica (Journal of IFAC), 2014, 50(10): 2665-2671.

[141] Zhang H G, Zhang J L, Yang G H, et al. Leader-based optimal coordination control for the consensus problem of multiagent differential games via fuzzy adaptive dynamic programming. IEEE Transactions on Fuzzy Systems, 2015, 23(1): 152-163.

[142] Shen H, Li F, Yan H C, et al. Finite-time event-triggered $\mathcal{H}_\infty$ control for T-S fuzzy Markov jump systems. IEEE Transactions on Fuzzy Systems, 2018, 26(5): 3122-3135.

[143] Siva Kumar J S V, Mallikarjuna Rao P. Sliding mode control of interleaved double dual boost converter for electric vehicles and renewable energy conversion. ICIC Express Letters, 2020, 14(2): 179-188.

[144] 陈勇, 刘哲, 乔健, 等. 轮式机器人移动过程中滑模控制策略的研究. 控制工程, 2021, 28(5): 963-970.

[145] Tariq Nasir M, El-Ferik S. Adaptive sliding-mode cluster space control of a non-holonomic multi-robot system with applications. IET Control Theory and Applications, 2017, 11(8): 1264-1273.

[146] Shtessel Y B, Moreno J A, Fridman L M. Twisting sliding mode control with adaptation. Automatica, 2017, 75: 229-235.

[147] Behera A K, Bandyopadhyay B, Yu X H. Periodic event-triggered sliding mode control. Automatica (Journal of IFAC), 2018, 96: 61-72.

[148] Su X J, Liu X X, Shi P, et al. Sliding mode control of hybrid switched systems via an event-triggered mechanism. Automatica, 2018, 90: 294-303.

[149] Wen S P, Huang T W, Yu X H, et al. Sliding mode control of memristive chua′s systems via the event-based method. IEEE Transactions on Circuits and Systems: Ⅱ: Express Briefs, 2017, 64(1): 81-85.

[150] Behera A K, Bandyopadhyay B. Event-triggered sliding mode control for a class of nonlinear systems. International Journal of Control, 2016, 89(9): 1916-1931.

[151] Chu Y C, Glover K. Stabilization and performance synthesis for systems with repeated scalar nonlinearities. IEEE Transactions on Automatic Control, 1999, 44(3): 484-496.

[152] Hwang J P, Kim E. Robust tracking control of an electrically driven robot: Adaptive fuzzy logic approach. IEEE Transactions on Fuzzy Systems, 2006, 14(2): 232-247.

[153] Li X, Hsiao J. Big data oriented intelligent traffic evacuation path fuzzy control system. Journal of Intelligent & Fuzzy Systems, 2018, 35(4): 4205-4213.

[154] Wang J Q, Lu Z Z, Shi Y. Aircraft icing safety analysis method in presence of fuzzy inputs and fuzzy state. Aerospace Science and Technology, 2018, 82-83: 172-184.

[155] Xue M, Yan H, Zhang H, et al. Dissipativity-based filter design for Markov jump systems with packet loss compensation[J]. Automatica, 2021, 133: 109843.

[156] 刘毅, 梅玉鹏, 李国燕, 等. 基于 T-S 模糊模型的多时滞非线性网络切换控制系统非脆弱 H_∞ 控制. 控制与决策, 2021, 36(5): 1087-1094.

[157] Ma M, Zhao K, Song S. Adaptive sliding mode guidance law with prescribed performance for intercepting maneuvering target. International Journal of Innovative Computing, Information and Control, 2020, 16(2): 631-648.

[158] Choi H H. Robust stabilization of uncertain fuzzy systems using variable structure system approach. IEEE Transactions on Fuzzy Systems, 2008, 16(3): 715-724.

[159] Sipahi R, Niculescu S I, Abdallah C T, et al. Stability and stabilization of systems with time delay limitations and opportunities. IEEE Control Systems Magazine, 2011, 31(1): 38-65.

[160] Karer G, Mušič G, Škrjanc I, et al. Model predictive control of nonlinear hybrid systems with discrete inputs employing a hybrid fuzzy model. Nonlinear Analysis: Hybrid Systems, 2008, 2(2): 491-509.

[161] Wu L G, Zheng W X. $\mathcal{L}_2$–$\mathcal{L}_\infty$ control of nonlinear fuzzy Itô stochastic delay systems via dynamic output feedback. IEEE Transactions on Systems, Man, and Cybernetics, Part B: Cybernetics, 2009, 39(5): 1308-1315.

[162] Aslam J, Qin S Y, Alvi M A. Fuzzy sliding mode control algorithm for a four-wheel skid steer vehicle. Journal of Mechanical Science and Technology, 2014, 28(8): 3301-3310.

[163] Caldwell T M, Murphey T D. Switching mode generation and optimal estimation with application to skid-steering. Automatica (Journal of AFAC), 2011, 47(1): 50-64.

[164] Canale M, Fagiano L, Ferrara A, et al. Vehicle yaw control via second-order sliding-mode technique. IEEE Transactions on Industrial Electronics, 2008, 55(11): 3908-3916.

[165] 耿志伟, 王爽, 杨双义. 基于反步法和分层滑模控制的轮式移动机器人轨迹跟踪. 制造业自动化, 2022, 44(6): 109-112.

[166] Zhang J H, Shi P, Xia Y Q, et al. Composite disturbance rejection control for Markovian Jump systems with external disturbances. Automatica, 2020, 118: 109019.

[167] Su X J, Wang C L, Chang H B, et al. Event-triggered sliding mode control of networked control systems with Markovian jump parameters. Automatica, 2021, 125: 109405.

[168] Junejo A K, Xu W, Mu C X, et al. Adaptive speed control of PMSM drive system based a new sliding-mode reaching law. IEEE Transactions on Power Electronics, 2020, 35(11): 12110-12121.

[169] Zhang D, Liu G H, Zhou H W, et al. Adaptive sliding mode fault-tolerant coordination control for four-wheel independently driven electric vehicles. IEEE Transactions on Industrial Electronics, 2018, 65(11): 9090-9100.

[170] Antonelli G, Chiaverini S, Fusco G. A fuzzy-logic-based approach for vehicle path tracking. IEEE Transactions on Fuzzy Systems, 2007, 15(2): 211-221.

[171] Mohammadi A, Tavakoli M, Marquez H J, et al. Nonlinear disturbance observer design for robotic manipulators. Control Engineering Practice, 2013, 21(3): 253-267.

[172] Zhang J H, Shi P, Xia Y Q, et al. Discrete-time sliding mode control with disturbance rejection. IEEE Transactions on Industrial Electronics, 2019, 66(10): 7967-7975.

[173] 王先云, 刘艳华, 马斌, 等. 基于魔术公式的轮胎特征函数计算方法. 科学技术与工程, 2016, 16(7): 265-269.

[174] Jin L S, Xie X Y, Shen C L, et al. Study on electronic stability program control strategy based on the fuzzy logical and genetic optimization method. Advances in Mechanical Engineering, 2017, 9(5): 168781401769935.

[175] Li W F, Du H P, Li W H. Four-wheel electric braking system configuration with new braking torque distribution strategy for improving energy recovery efficiency. IEEE Transactions on Intelligent Transportation Systems, 2020, 21(1): 87-103.

[176] Li B, Goodarzi A, Khajepour A, et al. An optimal torque distribution control strategy for four-independent wheel drive electric vehicles. Vehicle System Dynamics, 2015, 53(8): 1172-1189.

[177] Shuai Z B, Zhang H, Wang J M, et al. Lateral motion control for four-wheel-independent-drive electric vehicles using optimal torque allocation and dynamic message priority scheduling. Control Engineering Practice, 2014, 24: 55-66.

[178] Zhang F J，Wei M X. Multi-objective optimization of the control strategy of electric vehicle electro-hydraulic composite braking system with genetic algorithm. Advances in Mechanical Engineering, 2015, 7(3): 1-8.

[179] 李寅路. 分布式电驱动机器人横摆稳定性及轮毂电机控制研究. 石家庄: 石家庄铁道大学, 2021.

[180] Elia N, Mitter S K. Stabilization of linear systems with limited information. IEEE Transactions on Automatic Control, 2001, 46(9): 1384-1400.

[181] Park C W. Digital stabilization of fuzzy systems with time-delay and its application to backing up control of a truck-trailer. International Journal of Fuzzy Systems, 2010, 9(1): 69-84.